"十三五"国家重点出版物出版规划项目

中国工程院重大咨询项目 中国生态文明建设重大战略研究丛书(III)

第 一 卷

生态文明建设理论研究

中国工程院"生态文明建设理论研究"课题组

钱 易 主 编

李金惠 副主编

科 学 出 版 社

北 京

内 容 简 介

本书是中国工程院重大咨询项目"生态文明建设若干战略问题研究"(三期)下设的"生态文明建设理论研究"课题组的研究成果。全书梳理了生态文明理念的形成和演变,对生态文明的若干理论问题进行了研究,探讨了生态文明建设的实施途径,论述了新时代中国特色社会主义生态文明的中国社会、中国文化、国际关系等,研究提出了我国生态文明建设的路径和对策建议。

本书可供从事生态文明建设的各级政府部门工作者、关心生态文明理论研究的科研工作者,以及相关专业的研究生和本科生参考使用,也适合大中型图书馆收藏。

图书在版编目(CIP)数据

生态文明建设理论研究/钱易主编. —北京:科学出版社,2020.3

[中国生态文明建设重大战略研究丛书(Ⅲ)/赵宪庚,刘旭主编]

"十三五"国家重点出版物出版规划项目 中国工程院重大咨询项目

ISBN 978-7-03-063347-7

Ⅰ.①生… Ⅱ.①钱… Ⅲ.①生态环境建设–研究–中国 Ⅳ.①X321.2

中国版本图书馆 CIP 数据核字(2019)第 255509 号

责任编辑:马 俊 孙 青/责任校对:郑金红
责任印制:肖 兴/封面设计:铭轩堂

科 学 出 版 社 出版
北京东黄城根北街 16 号
邮政编码:100717
http://www.sciencep.com

北京凌奇印刷有限责任公司 印刷
科学出版社发行 各地新华书店经销
*
2020 年 3 月第 一 版 开本:787×1092 1/16
2020 年 3 月第一次印刷 印张:10 1/2
字数:249 000
POD定价:120.00元
(如有印装质量问题,我社负责调换)

丛书顾问及编写委员会

顾 问

徐匡迪　钱正英　解振华　周 济　沈国舫　谢克昌

主 编

赵宪庚　刘 旭

副主编

郝吉明　杜祥琬　陈 勇　孙九林　吴丰昌

丛书编委会成员

（以姓氏笔画为序）

丁一汇　丁德文　王 浩　王元晶　尤 政　尹伟伦

曲久辉　刘 旭　刘鸿亮　江 亿　孙九林　杜祥琬

李 阳　李金惠　杨志峰　吴丰昌　张林波　陈 勇

周 源　赵宪庚　郝吉明　段 宁　侯立安　钱 易

徐祥德　高清竹　唐孝炎　唐海英　董锁成　傅志寰

舒俭民　温宗国　雷廷宙　魏复盛

《生态文明建设理论研究》编委会

本书顾问委员会

本书编写委员会

丛 书 总 序

　　2017 年中国工程院启动了"生态文明建设若干战略问题研究（三期）"重大咨询项目，项目由徐匡迪、钱正英、解振华、周济、沈国舫、谢克昌为项目顾问，赵宪庚、刘旭任组长，郝吉明任常务副组长，陈勇、孙久林、吴丰昌任副组长，共邀请了 20 余位院士、100 余位专家参加了研究。项目围绕东部典型地区生态文明发展战略、京津冀协调发展战略、中部崛起战略和西部生态安全屏障建设的战略需求，分别面向"两山"理论实践、发展中保护、环境综合整治及生态安全等区域关键问题开展战略研究并提出对策建议。

　　项目设置了生态文明建设理论研究专题，对生态文明的概念、理论、实施途径、建设方案等方面开展了深入的探索。提出了我国生态文明建设的政策建议：一是从大转型视角深刻认识生态文明建设的角色与地位；二是以习近平生态文明思想来统领生态文明理论建设的中国方案；三是发挥生态文明在中国特色社会主义建设中的引领作用；四是以绿色发展系统推动生态文明全方位转变；五是发挥文化建设促进作用，形成绿色消费和生态文明建设的协同机制；六是有序推进中国生态文明建设与联合国 2030 年可持续发展议程的衔接。

　　项目完善了国家生态文明发展水平指标体系，对 2017 年生态文明发展状况进行了评价。结果表明，我国 2017 年生态文明指数为 69.96 分，总体接近良好水平；在全国 325 个地级及以上行政区域中，属于 A，B，C，D 等级的城市个数占比分别为 0.62%，54.46%，42.46% 和 2.46%。与 2015 年相比，我国生态文明指数得分提高了 2.98 分，生态文明指数提升的城市共 235 个。生态文明指数得分提高的主要原因是环境质量改善与产业效率提升，水污染物与大气污染物排放强度、空气质量和地表水环境质量是得分提升最快的指标。

　　在此基础上，项目构建了福建县域生态资源资产核算指标体系，基于各项生态系统服务特点，以市场定价法、替代市场法、模拟市场法和能值转化法核算价值量，对福建省县域生态资源资产进行核算与动态变化分析。建议福建省以生态资源资产业务化应用为核心，坚持大胆改革、实践优先、科技创新、统一推进的原则，持续深入推进生态资源资产核算理论探索和实践应用，形成支撑生态产品价值实现的机制体制，率先将福建省建设成为生态产品价值实现的先行区和绿色发展绩效的发展评价导向区。

　　项目从京津冀能源利用与大气污染、水资源与水环境、城乡生态环境保护一体化、生态功能变化与调控、环境治理体制与制度创新等五个主要方面科学分析了京津冀区域环境综合治理措施，并按照环境综合治理措施综合效益大小将五类环境综合治理措施进行优先排序，依次为产业结构调整、能源结构调整、交通运输结构调整、土地利用结构调整和农业农村绿色转型。

　　项目深入分析我国中部地区典型省、市、县域生态文明建设的典型做法和模式，提出典型省、市、县和中部地区乃至全国同类区域生态文明建设及发展的创新体制机制的政策建议：一是提高认识，深入贯彻"在发展中保护、在保护中发展"的核心思想；二是大力推广生态文明建设特色模式，切实把握实施重点；三是统筹推进区域互动协调发展与城乡融合发展；四是优化国土空间开发格局，深入推进生态文明建设；五是创新生态资产核算机制，完善生态补偿模式。

项目选取黄土高原生态脆弱贫困区、羌塘高原高寒脆弱牧区及三江源生态屏障区作为研究区域，提出了羌塘高原生态补偿及野生动物保护与牧民利益保障等战略建议和相关措施；提出了三江源区生态资源资产核算、生态补偿，以及国家公园一体化建设模式；提出了我国西部生态脆弱贫困区生态文明建设的战略目标、基本原则、时间表与路线图、战略任务及政策建议。

本套丛书汇集了"生态文明建设若干战略问题研究（三期）"项目的综合卷、4个课题分卷和生态文明建设理论研究卷，分项目综合报告、课题报告和专题报告三个层次，提供相关领域的研究背景、内容和主要论点。综合卷包括综合报告和相关课题论述，每个课题分卷包括综合报告及其专题报告，项目综合报告主要凝聚和总结各课题和专题的主要研究成果、观点和论点，各专题的具体研究方法与成果在各课题分卷中呈现。丛书是项目研究成果的综合集成，是众多院士和多部门、多学科专家教授和工程技术人员及政府管理者辛勤劳动和共同努力的成果，在此向他们表示衷心的感谢，特别感谢项目顾问组的指导。

生态文明建设是关系中华民族永续发展的根本大计。我国生态文明建设突出短板依然存在，环境质量、产业效率、城乡协调等主要生态文明指标与发达国家相比还有较大差距。项目组将继续长期、稳定和深入跟踪我国生态文明建设最新进展。由于各种原因，丛书难免还有疏漏与不妥之处，请读者批评指正。

中国工程院"生态文明建设若干战略问题研究（三期）"

项目研究组

2019 年 11 月

前　言

改革开放以来，伴随着我国工业化、城镇化的快速推进，资源消耗、环境污染、生态破坏等各类问题结构化、复杂化、压缩化并存的情况也日益严重，经济社会发展与生态环境保护的矛盾也日益突出。我国正在形成以生态文明理念为指引的中国发展新模式，加强生态文明建设理论研究的广度和深度，进一步理解生态文明的系统性和变革性，对深入推进生态文明建设具有十分重要的意义。

在生态文明理论研究方面，当代中国汲取了以"天人合一"为代表的古代生态思想精髓，对西方众多生态思想中的合理要素进行了吸收和扬弃，在长期的实践探索中逐步构建了具有本国特色的生态文明话语体系。习近平生态文明思想的确立标志着中国生态文明基本价值原则和实践框架范式的建立。

中共十八大报告明确指出：建设生态文明，实质上就是要建设以资源环境承载力为基础、以自然规律为准则、以可持续发展为目标的资源节约型、环境友好型社会。为了深刻理解生态文明建设的内涵，探索适合中国国情的生态文明建设方案，中国工程院"生态文明建设若干战略问题研究"（三期）重大咨询研究项目设置了生态文明建设理论研究专题，对生态文明的概念、理论、实施途径、建设方案与对策等方面开展了深入的探索。

本书第一章"生态文明"理念的由来与演变，由清华大学历史系梅雪芹、陈林博、刘黛军、颜蕾等编写，重点梳理了从古至今、西方与中国生态思想史脉络，描绘了生态文明理念的形成和演变。第二章生态文明理论问题研究，由清华大学人文学院卢风对"生态文明"与若干概念进行了辨析，清华大学环境学院石磊对构造文明发展的状态空间、生态文明的范式转换进行了论述，清华大学环境学院叶子云、林楚佩、石磊深入探讨了生态文明建设中人与自然、人与社会的关系，并阐述了生态文明建设与可持续发展的内在联系。第三章生态文明建设的实施途径，由清华大学化学工程系胡山鹰，环境学院田金平、刘宇宁、周静、卓玥雯，美术学院周浩明，机械工程系向东编写，从"五位一体"的角度出发，讨论了将生态文明建设融入经济建设、政治建设、文化建设、社会建设的实施途径。第四章新时代中国特色社会主义生态文明建设，第一节由清华大学环境学院卓玥雯、李金惠编写，对生态文明视野下的中国社会与中国文化进行了论述，第二节由清华大学环境学院刘宇宁、李金惠编写，分析了生态文明视野下的国际关系，第三节由清华大学环境学院温宗国、李会芳、郑凯方编写，提出了具有新时代中国特色社会主义生态文明建设的中国方案。第五章我国生态文明建设的对策研究，第一节和第二节由清华大学环境学院单桂娟、李金惠编写，分析了我国开展的生态文明试点建设的阶段性成果和认识，提出了建设中国特色生态文明的路径，第三节由清华大学环境学院石磊、高松、钱易撰写，总结了我国生态文明建设的对策建议。

2018 年 8 月，生态文明建设理论研究项目组形成了研究报告初稿。2018 年 9 月，李金惠、钱易对课题报告初稿进行了梳理和修订，并向中国工程院提交。此后，清华大学环境学院/巴塞尔公约亚太区域中心刘丽丽、单桂娟先后组织了两次报告执笔组研讨会，对课题报告进一步修改。2018 年 12 月，在"生态文明建设若干战略问题研究（三期）"项目结题评审会上对报告进行评审，并通过项目验收。2019 年 1 月以来，李金惠、单桂娟组织执笔组根据出版要求不断完善研究报告，由钱易定稿，李金惠、单桂娟、林民松、刘宇宁、卓玥雯等对书稿进行多次校对，最终形成了生态文明建设理论研究书稿。

　　本书的出版得到中国工程院"生态文明建设若干战略问题研究（三期）"项目的支持，经过上述项目组院士专家的多次研讨和反复论证，对相关观点进行锤炼、推敲和修正。本书所涉及的领域颇多，包括环境科学与工程、历史学、哲学、生态学、经济学、社会学、法学等多个学科，难免有不足或遗漏之处，敬请读者予以指正，在此表示感谢。

编　者

2019 年 7 月 14 日

目　　录

第一章 "生态文明"理念的由来与演变

生态文明理念的核心在于人与自然关系的和谐。追溯过去可以发现，人与自然的关系自古至今经历了重大的转变，如今已进入一个新的阶段。本章，我们将从"天人合一"与中国古代生态智慧、西方生态思想的历史流变、中国近现代生态思想以及新时代习近平生态文明思想的形成四个方面，梳理生态文明思想的由来与演变。

第一节 "天人合一"思想与中国古代生态智慧

中国古代的"天人合一"思想，是一种强调人与上天关系的中国古代哲学思想。它的主流思想是指建立在心性论基础上的"天人一体"，旨在为人的生命存在确立一个形而上的根据（刘学智，2000）。但在中国历史进程中，不同时期的思想家对此有不同的解读，后代思想家们不断继承发展前代思想家的理论，从而形成了一套完整的思想体系。在中国古代，"天"有三种不同含义。其一是主宰之天，有人格神的含义，它与皇天上帝、西周的"天命"信仰有关，"天"对人间具有绝对的权力。其二是自然之天，可以理解为自然界。其三是义理之天，它有超越性、道德的意思（汤一介，2005）。例如，《尚书•召诰》中有"肆惟王其疾敬德？王其德之用，祈天永命。"（慕平，2009）意思是王只有谨慎德行、很好地崇尚德治才可能祈求得到天的护佑。"天"的这三种含义在春秋战国之后经不同思想家的阐述变得逐渐明晰起来。笔者以"自然之天"为研究核心，梳理"天人合一"思想的发展脉络。

一、中国古代"天人合一"思想的流变

关于"天人合一"思想的历史，可以上溯到被儒家、道家共同奉为经典的《易》曾讲到的"易，所以会天道人道者也"（刘钶，2005）。《易》认为，"天人合一"说的是"天"与"人"存在一种"相即不离"的内在关系，即"天道"与"人道"相互依存、不可分离。《易》非常强调当"人道"服从"天道"时，才可获得成功："夫大人者，与天地合其德，与日月合其明，与四时合其序，与鬼神合其吉凶，先天而天弗违，后天而奉天时"（黄寿祺和张善文，2012）。庄子也表达过类似的思想："天地与我并生，而万物与我为一"，即是说个人欲求要化自然于无为之中，顺应天命，万不可破坏自然之道（陆永品，2006）。宋朝的张载也曾注说《易》，他认为《易》把天、地、人统一起来，所以天人是一体的："昔者圣人之作易也，将以顺性命之理。是以立天之道，曰阴与阳；立地之道，曰柔与刚；立人之道，曰仁与义"（章锡琛，1978）。同时，儒家哲学也认为"天"与"人"之间存在着"内在关系"，密不可分。由是观之，"天人合一"的思想要求我们在考虑人类自身问题的同时，必须要考虑自然界，"人"是"天"的一部分，"人"有责任来保护"天"。

汉代的董仲舒提出的"天人感应"论，可以看作是"天人合一"的一种形式。董仲舒的观念受汉代阴阳五行机械论（汤一介和庄卬，1963）的影响，它与《易》传统的有机论不同。他所谈的"天"一方面继承了"主宰之天"的意义，另一方面把自春秋战国以来形成的"自然之天"神秘化，并把它与"主宰之天"相结合。董仲舒以"天意"为中心，试图为新兴的封建社会的政治伦理确立宇宙论的基础，把"天意"作为衡量政治合法性、解释历史变迁合理性的根本标准。

唐代的柳宗元与刘禹锡对"天人合一"观做了辩证的思考。柳宗元提出天人"其事各行不相预"（范阳，1985）的观点，主张以天人的区别为前提探讨两者的关系。他认为天与人的发展变化有各自的规律，天与人各司其职，互不干预。刘禹锡认为"天人合一"是一种辩证的运动过程，提出"万物之所以为无穷者，交相胜而已矣，还相用而已矣。天与人，万物之尤者尔"（吴汝煜，1987）。他认为万事万物的发生、发展与变化之所以无穷无尽，在这万事万物之中，最突出的就是天与人，两者相互作用、相互取胜。

宋代儒学家张载明确提出了"天人合一"的命题，"儒者则因明致诚，因诚致明，故天人合一"（王夫之，1975）。"诚、明"肯定了天道与人性的统一，并且人性与天道的内容是变化的。张载"天人合一"的思想继承了传统的元气论思想，内容来源于三个方面，其一是《易传》的天人合德观念，其二是《中庸》的性命、诚明观念，其三是孟子的尽心、知性、知天观念（刘学智，2000）。张载的"天人合一"有政治意义，即人要符合表现为政治秩序的天命，他的"天人合一"也包括个人的立身之道，如"顺承天意"。在张载看来，富贵福泽、贫贱忧戚都是上天对自己的厚爱与磨炼，人没有理由去抱怨。张载建立了一套天人一体的世界秩序，这也是一种更为完善的新的政治哲学理论。

之后，"天人合一"经过宋代二程（程颢、程颐）、朱熹、陆九渊，明代王阳明、王夫之等的发展，内容越发丰富。例如，程颢说："只心便是天，尽之便知性，知性便知天，当处便任取，更不可外求"（程颐和程颢，1992），即心就是天，尽心就能知性，知性就可以知天，在天人关系上只要尽心就可以。程颐与程颢稍有不同，他重视天道与人道的一致性，他曾说"安有知人道而不知天道者乎？道一也，岂人道自是人道、天道自是天道？"（程颐和程颢，1992）。程颐认为天道与人道是一个道。二程的思想与张载没有根本性的矛盾，对于人来说都需要通过自身的努力达到"天人合一"的境界。

朱熹没有十分明确的谈及"天人合一"，但他的整个思想体系却是对张载"天人合一"思想的发展。他在天人关系上不讲"天人合一"而论"天人一理"，他的理念表现在对天的认识上，即由气所构成的自然之天与"天即理"的"主宰之天"是不可分离的，这个"主宰之天"就是上帝，上帝的主宰性体现在他向人间发布天命，天命的主要内容赋予了人善良的本性——天理，如果人不违背天理也就是遵循上帝的命令。在"天人合一"的途径上，朱熹主张通过个人的努力来达到理想状态。

陆九渊是心学的代表人物。他认为"理"或"道"是宇宙最高的本体，任何人都必须听命于它。他从"心即理"出发，追求天人之间更高层次的"合一"——"宇宙便是吾心，吾心即是宇宙"（陆九渊，1980）。他没有否定天人之间的同一性，他主张人应该通过进修成为圣人，最终达到"天人一体"。此后，王阳明虽然没有明确阐述，但他的思想处处体现了"天人合一"的精神，从他对理气关系、对致良知的推崇、对"知行合一"的理解都可以看出端倪。王夫之复归、发展了张载的"天人合一"思想，他以"气本论"为基础,将"气"作为世界的本原,将"虚"作为"气"的属性,承认"气"的本体地位,也就是承认了"天人一气",即人要通过自身的修行最终达到"天人合一"的境界。

通过梳理可以看出,中国传统哲学中的"天人合一"的实质是追求建立一种合理的人际道德关系,当我们将"天人合一"中的"天"取义"自然之天"时,人与"天"便是统一的,是天的一部分。因此理解以"天人合一"为代表的中国古代生态智慧时,我们着重回溯与分析人顺应自然规律、人与自然和谐相处、人在对自然资源的可持续地利用方面的"天人合一"观。

此外,尽管"天人合一"一词出自儒家经典,但诸子各家的学说都蕴含着"天人合一"的生态智慧。先秦时期是"天人合一"思想的萌芽期,人们在此时就已经开始思考"天人感应",如《吕氏春秋》中的"十二纪",记录了一年十二个月每个月的气候变化和对应的农事、政治、宗教、军事事务,吕不韦认为人们按照时令办事就会一切顺利,违反时令就会受到天的惩罚(徐小蛮,2016)。《淮南子》继承了《吕氏春秋》的思想——这两部经典都融合了各家学说,认为"天之与人,有以想通也。故国危亡而天文变,世惑乱而虹霓见,万物有以相连,精祲有以相荡也"(刘文典,2013)。其中"天之与人,有以想通也"指的是天与人之间的感应。同时人们开始承认四季更替、气候变化、水涝干旱与人是有联系的,此类天人观与自然开发、资源利用、生态保护直接相关。同时,思想家们为了巩固政权、发展生产,也开始从符合生态、自然规律的角度来寻求政治、经济发展的智慧与途径。

二、以"天人合一"为代表的中国古代生态智慧的表现

在道德理想方面,中国古代思想家们将"人"纳入到"天地"的系统当中,以达到"天人相通""天人相类"的境界。在这种理念的作用下,他们追求一种纯粹的人与自然的和谐。萌芽于夏商之前、形成于周秦之际、至两汉时期成为一种完整思想体系的"三才"理论,就体现了天、地、人相通相融的思想。《吕氏春秋》有"夫稼,为之者人也,生之者地也,养之者天也"的说法(徐小蛮,2016)。董仲舒在《春秋繁露》中说:"天地人,万物之本也。天生之,地养之,人成之"(苏舆,2015)。中国古代的"三才"理论并不专属于某一特定的思想流派,它是诸家学说普遍采用的思想框架,并成为中国古代社会的建设思想的纲领。如此,"三才"作为中国传统哲学的一种宇宙模式,把天、地、人看成是组成宇宙的三大要素,人们也习惯用天时、地利、人和这种通俗的语言来表述它。但当我们讨论"天人合一"的生态智慧时,我们取义"自然之天",即自然界,那么此处的"天"就已经包含了"天与地"的含义。

道家的"天"是自然之天,它比其他学派更深刻地强调人与自然的统一。《老子》说:"有物混成,先天地生。寂兮寥兮,独立而不改,周行而不殆,可以为天地母。吾不知其名,强字之曰'道',强为之名曰'大'。大曰'逝',逝曰'远',远曰'反'。故道大,天大,地大,人亦大。域中有四大,而人居其一焉。人法地,地法天,天法道,道法自然"(饶尚宽,2016)。老子认为在天地形成以前就已经存在一个混然而成的东西。它循环运行永不衰竭,不依靠任何外力且独立长存永不停息,可以视作万物的根本。这

种东西寂静空虚，我们既听不到它的声音，也看不见它的形体。这种东西勉强被称为"道"，老子称它为"大"。它广大无边、运行不息；运行不息、伸展遥远；伸展遥远又返回本原。所以说道大、天大、地大、人也大。宇宙间有四大，而人居其中之一。人取法地，地取法天，天取法道，而道取法自然。在此，"道"含有规律、道理、道术等多重意义，但最主要的是作为天地万物发生的根源和基础的本体意义，在"道"的基础上，天、地、人成为统一的整体。

孔子言："知者乐水，仁者乐山。知者动，仁者静。知者乐，仁者寿"（皇侃，2014）。孔子用水来比拟聪明的人，这些人反应敏捷思想活跃，有如水一样不停地流动。用山来比拟仁厚的人，他们仁慈宽容不宜冲动，有如山一样稳重不迁。因此在孔子看来，作为自然的产物，人与自然是一体的，山与水的特点也反映在人的素质之中，以自然作比从而实现天人合一。《论语》说："子钓而不纲，弋不射宿"（皇侃，2014）。孔子提倡用鱼竿钓鱼而不是用渔网捕捞，用射杀的方法获取猎物但从来不射杀休息的猎物。这不仅是说孔子有仁爱之心，他不杀生、不乘危，也体现了孔子对待自然的态度，即人与自然的和谐相存。

儒家亚圣孟子有云："尽其心者，知其性也。知其性，则知天矣。存其心，养其性，所以事天也。夭寿不贰，修身以俟之，所以立命也"（金良年，2016）。孟子认为，充分用心灵思考的人，才能知晓人的本性。此时，人也就知道了天命。保持思考、涵养本性，这就是对待天命的方法。不管寿命有多长，人都需要一心一意地修身以待天命，这是安身立命的方法。孟子的逻辑前提是人性是由天授予的，因此只要充实和发挥人性，即可达到"知天"的境界，作为"天人相通"的表现。

在君王立政方面，天人合一要求君王顺应自然规律，"不违农时"。《逸周书》称："山林非时不升斤斧，以成草木之长；川泽非时不入网罟，以成鱼鳖之长；不麛不卵，以成鸟兽之长。畋渔以时，童不夭胎，马不驰骛，土不失宜"（黄怀信，1995）。这是周文王在受命的第九年向太子姬发传授的治国经验。山林不到季节就不要拿斧子去砍伐，这样可以保证草木的生长；河流湖泊不到季节就不要下渔网捕捞，这样可以成就鱼鳖的生长；不要吃鸟卵和幼兽，这样可以成就鸟兽的生长。狩猎要按照季节来进行，不可杀小羊、不杀怀胎的羊，不驱赶马驹奔跑；要保持土地肥沃的状态，各项活动也要符合自然万物生长的规律。在周文王看来，这些是身为"人君"所要坚守的德行，他希望姬发可以继承下去并把它们流传给子孙后世。

孟子曰："不违农时，谷不可胜食也；数罟不入洿池，鱼鳖不可胜食也；斧斤以时入山林，材木不可胜用也。谷与鱼鳖不可胜食，材木不可胜用，是使民养生丧死无憾也。养生丧死无憾，王道之始也"（金良年，2016）。这是孟子向梁惠王进谏如何实现"王道"——以德行政的途径。孟子认为按照自然规律来播种、捕捞、采伐，在索取资源时留有余地，不可竭泽而渔，这样自然资源就可以满足人们的需求，社会也不会因为资源短缺而动荡不安。曾子在《祭义》提到："树木以时伐焉，禽兽以时杀焉……断一树，杀一兽，不以其时，非孝也"，体现了儒家生态道德与伦理道德的内在统一（陈成国，2004）。

儒家的另一代表人物荀子的生态伦理思想包括三个方面："天行有常"的生态认识论；"制天命而用之"、"天人相参"和"强本节用"的生态实践观与节用观；"谨其时禁"

和取物以时的生态责任观（徐昌文，2009）。例如，在谈及君主的治国理念与保护资源的关联时，他认为："圣王之制也，草木荣华滋硕之时则斧斤不入山林，不夭其生，不绝其长也；鼋鼍、鱼鳖、鳅鳝孕别之时，罔罟、毒药不入泽，不夭其生，不绝其长也；春耕、夏耘、秋收、冬藏四者不失时，故五谷不绝，而百姓有余食也；洿池、渊沼、川泽谨其时禁，故鱼鳖优多，而百姓有余用也；斩伐养长不失其时，故山林不童，而百姓有余材也"（王威威，2014）。顺应自然规律，因时因地取用各类资源，是君王政治稳定、百姓安居乐业的保障。如若否认规律，挥霍资源，就会出现："万物失宜，事变失应，上失天时，下失地利，中失人和，天下敖然，若烧若焦"的恶果（王威威，2014）。无论是对君王、臣子还是百姓，荀子都非常提倡开发利用自然资源需兼得天时、地利与人和的协调统一。

春秋时期齐国的政治家管仲有言，"为人君而不能谨守其山林菹泽草菜，不可以立为天下王"（黎翔凤，2004）。"山林虽广，草木虽美，禁发必有时。国虽充盈，金玉虽多，宫室必有度。江海虽广，池泽虽博，鱼鳖虽多，网罟必有正"（黎翔凤，2004）。管仲认为君主如果想要稳定政权，那么一定要谨慎地守护他们国家的山林、沼泽、草木，维护良好环境。在经济方面君王要努力做到节用、节制，才可以垂拱而治，为万世开太平。《管子》中说："天生四时，地生万财，以养万物而无取焉。明主，配天地者也，教民以时，劝之以耕织，以厚民养，而不伐其功，不私其利"（黎翔凤，2004）。天有春夏秋冬四季，大地附带富饶资源，天地养育万物，无计报酬。明智的君主应与天地相似，他教育子民不违农时，鼓励耕织作业，君主不自矜其功也不独占其利。因此明君的施政方针要以与民生攸关的农业为基础，以"三才"观为指导。

在农事发展方面，先秦思想家们认为经济生产一定要与资源条件相适应。山林川泽资源不仅关乎国计民生，而且对抗御自然灾害、百姓度荒保命有特殊的意义。据《国语》记载，单襄公说："国有郊牧，疆有寓望，薮有圃草，囿有林池，所以御灾也"（上海师范大学古籍整理组，1978）。同时，人们也认识到山林川泽资源并非取之不尽、用之不竭。例如，在法家经典《韩非子》中有引述雍季的话："焚林而田，偷取多兽，后必无兽"。《吕氏春秋·有始览·应同》有"夫覆巢毁卵，则凤凰不至；刳兽食胎，则麒麟不来；干泽涸渔，则龟龙不往"（徐小蛮，2016）。《孝行览》引雍季的话："竭泽而渔，岂不获得？而明年无鱼。焚薮而田，岂不获得？而明年无兽。诈伪之道，虽今偷可，后将无复，非长术也"等（徐小蛮，2016）。思想家们明确指出了"取用有节"的重要性，过度消费既违背上天生生之德，也会使山麓川泽失去繁育能力，樵采捕猎生产难以为继。

清代，浙江为了适应明清以来对山林资源不断深入开发的经济形势，在竹笋开发方面出现了"大年留笋，小年采笋"的生态思想。大年指的是竹笋产量高、长势壮的一年，相对的小年就是竹笋产量低、不旺盛的一年。因为竹材与竹笋是人们追求的两项主要的竹产品，但养竹成材与掘竹食笋却相矛盾，由是"大年留笋，小年采笋"的方法在一定程度上解决了两者间的矛盾，这也是山林保护的一项措施。同治年间《安吉县志》记载道："毛笋有大年小年，小年听他人挖掘，若大年则全赖冬笋，春笋稍一掘之，便难成林，乡民生产无著。故乾隆十六年，绅士吴洪范等，嘉庆十年绅士张晋辅等，迭次以偷笋呈控县宪刘洪、府宪德善、桌宪德张，迭奉批准勒石严禁，石碑现在县署大门外。附注于此以昭法禁"（王利华，1993）。最终到清代乾嘉时期，"大年留笋，小年采笋"的习俗作为一种制度在浙江地区以地方法规的形式确立下来。

在日常生活方面，"顺应天时""顺天而动"的思想处处体现在人们的日常生活中。《诗经》讲述了上古农民按时劳作的事实：正月修缮农具，二月下地，三月整理桑树、采桑养蚕，七月至十月则是收获季节，一年大部分时间都在野外劳动，直到冬季才熏鼠塓户、入室而处，但还要狩猎、习武和"执宫功"（包括采茅、搓绳、修缮房屋、藏冰等）。我们从中可以看出当时已经出现了农家"月历"。通过《诗经》我们也可以看到以自然万物为师，掌握时宜、顺时而动的农业社会生活模式已初具规模。《夏小正》率先明确排列了诸多社会活动与自然变化之间的时间对应关系，它以草木生、发、荣、华、莠、秭和各种动物行为作为指时标识，实际奠定了古代物候历的基础，这也体现了社会节奏顺应自然节律的精神。

《礼记》以月份为序，排列在春、夏、秋、冬四季十二个月的众多事项，可以划分为自然和社会两大系统：自然系统包括星象、气象和物候等，社会系统则包括经济、政治、军事、祭祀、乐舞、日常生活等许多方面（杨天宇，2004）。这两个系统具有明确的时间对应关系，星象、物候是时序更替的表现，它们也是确定社会活动时宜的依据，自然变化的节律决定了社会生活相应的节奏。《月令》中有关天子起居与百官政事的安排是一套相当理想的模式化的制度设计，凸显了顺时而动的原则。同时它对违时行为也制定了明确的禁令，包括禁止违时樵采渔猎、发兵动众、兴建土木和从事其他某些政治大事和生活小事，以保证动植物以时孳育、及时开展农业生产、饮食起居、将养休息有节。《月令》关于山林川泽资源的种种"节用"和"时禁"规定，直接体现了人们对自然资源再生和经济可持续发展的高度重视。《月令》提供了一个天、地、生、人彼此互动、感应、反馈的宏大的思想结构（王利华，2014）。

三、对中国古代"天人合一"生态智慧的评价

上述有关"天人合一"思想的几个方面，实际是紧密关联的，它们具有特殊的时代性与历史性。人与自然和谐相处的道德理想是指导行动的思想本源。在中国古代农业社会，"天"的重要性首先表现为"天时"的重要性，而"天时"主要指的是"农时"。受国家重视"农本"与山林川泽资源控制的经济导向的影响，无论是孟子还是荀子所谏言的"治国之道"，都体现出当时思想家们对"农时"的重视，这是社会经济发展对国家政治所提出的时代要求——敬天顺时。同时，在思想家们看来，保证自然资源的永续留存可以上升到"王道"与"王制"的高度，关乎君王是否可以长期有效地治国理政。此外，这种以"农时"为主的"天时"也影响了人们的日常生活。人们会按照农业经验制定节气，农谚也体现了日常生活经验与农事经验的结合，如"清明难得晴，谷雨难得雨"的古谚，流传至今。

同时，诸子百家"天人合一"的目标不尽相同。有的纯粹为了追求"天人和谐"的理想，也有的是为了保证政治、经济长期有序发展而追求环境与资源平衡。纵观中国古代的"天人合一"思想，人类的生存必须仰仗于自然资源，因此只有更好地探求自然规律才可以更好地利用资源。于是，当时"天人合一"的生态理念便有了"天道是实现人道的尺度"的意味。但不论这些理念的出发点如何，这些理念都有助于维护当时的生态

秩序，而且这种顺应自然规律、节制的发展理念对于当今建设生态文明社会有很大的思想启发意义。我国古代"天人合一"的传统智慧，是中华文化遗产的重要组成部分，为生态文明理念的形成打下了坚实的基础。

此外，对比中外的生态思想，两者的思想渊源大相径庭。中国古代的生态思想一方面集中体现在对"天人"关系的哲学思考，另一方面还体现在农业实践中总结得出的生态智慧。中国古代社会以农耕经济为主，开展农业劳作是获取自然资源的一种途径，中国古人以"天人合一"为基础的生态智慧，包含着"顺应自然"与"利用自然"的双重内涵。人类对工业革命的反思酝酿了西方的生态思想。工业革命带来了物质经济与科学技术的迅猛发展，同时也造成了严重的环境和资源问题，伴随着人口暴涨、竞争加剧等社会矛盾与冲突。当时西方所流行的是以"天人相分""主客体相离"为基础的人类中心主义自然观，认为人类是一切价值的主体、承担者和创造者，而自然并不存在价值。但少数有识之士沿着非人类中心主义的思维路径，苦苦思索如何将人类从工业社会中解放出来，回归并融入自然之中。

第二节　西方生态思想的历史流变

自人类诞生以来，关于人与自然关系的探讨在西方学术界就从未中断过。从最开始的人类中心主义，再到人与自然和谐相处的思想观念，对于人与自然关系的看法主要分为两类：一种是追求理性、鼓励开发利用自然资源的人类中心主义；另一种是追求浪漫主义，强调自然内在价值属性的非人类中心主义。在历史长河中，这两种思想既有对立矛盾之处，又有统一融合的态势。生态马克思主义的出现，就是学术界对这两种思潮发展的一种回应。时至今日，人类越发意识到生态文明的重要性，人与自然和谐相处也成为认识人与自然关系的主流。

一、人类中心主义

《韦氏第三版新编国际辞典》从三个层面解释"人类中心主义"的概念：第一，人是宇宙的中心；第二，人是一切事物的尺度；第三，根据人类价值和经验解释或认识世界（余谋昌和王耀先，2004）。在西方文明中，人类中心主义经历了四个发展阶段。

第一种观点始于古代，即自然目的论。古希腊哲学家普罗泰戈拉曾说过：人是万物的尺度。亚里士多德也曾明确指出，"植物的存在是为了给动物提供食物，而动物的存在是为了给人类提供食物……由于大自然不可能毫无目的、毫无用处地创造任何事物，因此，所有的动物肯定都是大自然为了人类而创造的"（亚里士多德，1997）。"大自然是为人类而创造的"这一观点对后世影响深远，即使到了19世纪，许多学者仍然对这一观点表示赞同。例如，法国动物学家居维叶就认为"鱼的存在……无非是为了给人提供食物"；英国地理学家赖尔也写道："大自然赋予马、狗、牛、羊和许多家畜的那些适应各种气候的能力，明显地是为了使它们能够听从我们的调遣，使它们能为我们提供服务和帮助"（余谋昌和王耀先，2004）。这些观点都将动植物视为人类的工具，并认为动植物的存在是依附于人类的。

除此之外，基督教也是人类中心主义的重要载体。在基督教世界观中，世界是由上帝创造的；而在上帝的所有创造物里，赋予灵魂的只有人类。在基督教创世纪中，人不是自然的成员，而是自然的主人；人类的生命高于其他生命。上帝创造的万物都是以为人类利益提供服务为目的的。因此，在这一时期人类对大自然的统治具有绝对性。中世纪最著名的神学家和哲学家托马斯·阿奎那曾明确宣称，在自然存在物中，人是最完美的存在物。上帝为了人本身的缘故而给人提供神恩；他给其他存在物也提供神恩，但这仅仅是为了人类（托马斯·阿奎那，2013）。因此，人可以掌控动植物的生命。总体而言，这一观点是以"地球中心说"为基础提出的。

第二种观点始于近代，即破除神学目的论。文艺复兴之后，上帝逐渐式微，人类开始破除压在心头的神秘力量——自然和宗教。为了自己的生存和发展，有志之士开始积极追求理性，为自己的生存发展寻求出路。近代启蒙运动推动了理性主义的传播，促使人类开始摒弃宗教的神秘力量，而转向人自身，但此观点过分夸大了人的思想理性与主体地位。这一方面的代表人物是笛卡儿。笛卡儿认为，人类的存在显然高于动物和植物，因为人类不仅有躯体，还有灵魂，而动植物只有躯体，没有灵魂。因此它们无法感知"痛苦"，故而我们可以随意对待它们。康德也支持这种观点，他认为，人类就是一种理性存在物，因此人类本身就具有内在价值。理性对所有的理性存在物来说都是相同的，而理智世界就成为所有理性存在物共同追求的目标。康德明确表示："就动物而言，我们不负有任何直接的义务。动物不具有自我意识，仅仅是实现一个目的的工具。这个目的就是人。"（刘作，2014）。

第三种观点属于近代人类中心主义，即强人类中心主义。近代人类中心主义认为，非人类存在物只具有工具价值，不具有内在价值，不是伦理体系的原初成员，道德只与理性存在物有关；在不对他人利益造成损害的前提下，人类对自然具有绝对的支配、统治、处置权。由此可见，征服自然、主宰自然就成为近代人类中心主义的主旨，从而实现摆脱自然对人的奴役的最终目标。但是，这种人类中心主义是十分危险的，其必将导致资源枯竭和环境危机，将人类引向自我毁灭的灾难。

第四种是现代人类中心主义，即弱人类中心主义。该学说是伴随着现代生态伦理学的发展而产生和发展的。现如今生态危机日趋严重，人类应重新审视自身在宇宙中的地位，重新看待人与自然的关系。布赖恩·诺顿（Bryan Norton）是弱人类中心主义的代表人物。他的主张有两个重要特点：一是主张环境主义者的联盟，尽管他们用来证明这些政策的哲学和价值观不同，但他们的政策目标基本上是相同的；二是认为大自然具有改变和转化人的世界观和价值观的功能（Norton，1984）。现代人类中心主义主张一切以人为本，以人类的生存与可持续发展为最终目标，将全人类的利益作为衡量一切行为的标准，强调整体利益和长远利益高于一切，要考虑子孙后代的发展前景，使后代人能够稳定、持续发展，将人类文明延续下去。

二、非人类中心主义

在漫长的人类中心主义统治时代中，人类的生存环境也逐渐恶化，许多人开始站出来反思人与自然的关系，呼吁人与自然的和谐相处。由哲学家、思想家、文学家引领的非人类中心主义生态伦理浪潮，成为历史上浓墨重彩的一笔。

（一）近代浪漫主义

18世纪浪漫主义初期，大卫•亨利•梭罗（David Henry Thoreau）作为"浪漫主义之父"较早提出了"回归自然"的口号。他认为，自然状态能够恢复人的本性，唤回人的德行。梭罗的呼吁对后世的影响深远，从法国到英国、德国、美国，在全球点燃了浪漫主义狂潮。他的代表作品《瓦尔登湖》以人对自然的沉思为主题，成为美国民众精神上的休憩佳园（大卫•亨利•梭罗，2009）。

具体来说，梭罗的生态思想可以总结为以下两个方面：一方面，梭罗认为存在着"超灵"（oversoul），它渗透于自然的每一事物之中。他坚持动物身上最重要的就是它的灵魂，植物也是如此。在承认动植物跟人一样拥有灵魂之后，梭罗提出了"崇敬生命"的观点。他谴责马萨诸塞州花费大笔资金去研究被视为有害的昆虫和杂草，却从未考量过这些生物的价值。另一方面，梭罗很早就开始关注荒野的价值。在隆隆的机器声中，荒野的面积大幅下降。他曾指出："我们所谓的荒野，其实是一个比我们的文明更高级的文明"（罗德里克•纳什，1999）。他也曾积极建言，城镇应该规划原始森林区，以便民众了解自然体系是如何作用的。

20世纪环保运动的兴起，使得梭罗关于自然的思想得到更为丰富的生态化阐释，成为非人类中心环境观的标志。梭罗本人也在美国文学史上画下了浓墨重彩的一笔，并被誉为自然的代言人。梭罗对现代环保运动的影响深远，他的一部《瓦尔登湖》，抒发了他对自然的热爱，洞察了人与自然的和谐关系，此外，随着《瓦尔登湖》的扬名，他也对那个时代所流行的资本主义经济进行了深刻的批判，这些生态含义都为生态伦理提供了重要素材。

（二）约翰·缪尔与自然保护主义

在梭罗的影响下，约翰•缪尔（John Muir）也扛起了自然保护的大旗，于19世纪末20世纪初掀起了自然保护的高潮。缪尔自幼就对自然表现出浓厚的兴趣，成年之后更是专注于自然保护运动。

除了从事自然保护工作，缪尔也在生态理论方面取得重大成就。一方面，他主张尊重自然界的所有创造物，这一观点是缪尔生态思想体系的根本。具体来说，这一理论主要包括两个方面的内容：第一，自然的存在并不是以人的存在为前提的；第二，任何动物、植物都有生存的权利，都值得给予尊重。另一方面，缪尔坚持人类非但不能破坏自然，反而应该保护自然，承担起保护自然的责任和义务。在他看来，保护自然的重要方法就是建立自然保护区；当然，自然保护区不是封锁自然，而是保留现有的自然风光，从而能够让更多的人欣赏、享受这一份魅力。他曾在《我们的国家公园》一书中总结道："自从耶稣时代，在所有美妙而沧桑的世纪里，长久以来一直是上帝照看着这些树，把它们从干旱、疾病、雪崩以及上千次毁灭性的风暴与洪水中拯救出来；然而现在他却无法从白痴手中拯救它们了，能够拯救它们的只有山姆大叔"（约翰•缪尔，1999）。总而言之，缪尔对把人与自然人为割裂开来的基督教文明发起了挑战，且他对这种西方主流价值观的批判是离经叛道的，而他正是在这种批判和挑战中构建了自己的生态理论。他渴望以万物关联的生态意识来重写人与自然的关系,用生态学的话语来阐释万物平等的理念。

(三)施韦泽与"敬畏生命"

阿尔贝特•施韦泽(Albert Schweitzer)是法国著名的哲学家、神学家。他是"敬畏生命"生态思想的创始人和实践者。受到基督教博爱精神的洗礼,施韦泽敬畏生命的伦理思想将博爱这一概念赋予了全部生命(阿尔贝特•施韦泽,2008)。

敬畏生命的基本含义是:对人类以及一切有生命的物体,都必须持一种敬畏的态度。"敬畏生命不仅适用于精神的生命,而且也适用于自然的生命……人越是敬畏自然的生命,也就越敬畏精神的生命"(阿尔贝特•施韦泽,1995)。因此,敬畏生命最基本的含义即善待一切生物;换句话说,崇拜生命、尊重生命、善待生命即敬畏生命。保护、促进、完善所有生命是敬畏生命的伦理支点。

施韦泽认为,不仅人有生命意志、感受痛苦的能力,所有的生物都有生命意志和痛苦的感觉。正如他书中提到的,"动物能与自己的后代共同感受,能以直至死亡的自我牺牲精神爱它的后代,但拒绝与非其属类的生命休戚与共"(阿尔贝特•施韦泽,1995)。在阐释了所有生命都有生命意志之后,他继续论述道,整个宇宙的生命体都有生存的权利,这一权利不是人类所特有的;正因为在生命面前所有生物都是平等的,所以人类要对所有生命体都持同等的敬畏之心。施韦泽的这一理论站在更为高远的角度,以批判神学与哲学为前提,从反思欧洲文化危机的根源出发,进而对生命进行全新的阐释。这一理论有助于人类检讨对传统伦理的坚持、审视人之外的生命,进而做到尊重生命,敬畏自然。值得一提的是,施韦泽不仅在理论上积极倡导敬畏生命的伦理原则,并在实践中自觉遵循敬畏生命的伦理准则。他曾深入非洲丛林行医服务,大声疾呼反核试验。他的行动和思想得到高度褒奖,并在1952年获得诺贝尔和平奖。

(四)利奥波德和土地伦理

奥尔多•利奥波德(Aldo Leopold)是美国著名的思想家、环境保护主义理论家。他关于土地伦理的论述,成为美国环保主义运动的思想火炬。

在《沙乡年鉴》中,利奥波德对土地伦理思想的论述主要包括七个方面:土地共同体、土地金字塔、土地健康、生态学意识、伦理的演变次序、土地伦理的代用语和分歧(赵晓庆和汪应宏,2013)。具体来说,土地伦理学主要包括三个方面的含义。第一,利奥波德对土地的概念进行了界定。通过赋予土地新的意义,他改变人类对土地的态度。第二,道德情感是土地伦理的重要基础。利奥波德借用社会进化理论提出了伦理演进三段说。他认为道德对演变发展经历了三个阶段,第一阶段是处理人与人的关系,第二阶段是处理个人和社会的关系,第三阶段则扩大到处理人与土地的关系。这三者紧密联系,层层递进,共同构建了他的伦理演进学说。第三,他提出了"土地金字塔"的概念。利奥波德认为土地上存在一个"高度组织化的结构",这一结构是由生物和非生物组成的。在这个结构中,由下到上依次是土壤层、植物层、昆虫层、鸟类与啮齿动物层、大型食肉动物层;因其形状类似于一个金字塔,故称之为"土地金字塔"。

土地伦理把生物共同体的完整性和稳定性视为最高的善,它并不是把道德直接赋予植物、动物、土壤和水等存在物，共同体本身的"利益"才是确定其构成部分的相对价值的标准。利奥波德的土地伦理"是现代生物中心论或整体主义伦理学中最重要的思想源泉"（罗德里克·纳什，1999）。但是他的思想也存在不足之处，它在强调整体利益的时候，却牺牲了个体的利益，这种观点甚至被称之为"环境法西斯主义"（余谋昌和王耀先，2004）。但伴随着二战之后美国掀起的环境保护主义狂潮的到来，利奥波德的土地伦理"恰似茫茫夜空中的北斗，真正显示了他的光彩"（奥尔多·利奥波德，1997）。

（五）奈斯与深层生态学

阿伦·奈斯（Arne Naess），挪威奥斯陆大学教授，是一位享誉世界的生态哲学家。早在 1973 年，他在《探索》（*Inquiry*）杂志上发表的《浅层生态运动与深层生态运动：一个总结》中，首次提出了"深层生态学"概念（Naess，1973），开始进行生态理论方面的探究。

深层生态学的基本特点，可以通过与浅层生态学的对比加以理解。首先，相比于浅层生态学只关注生态学这一独立的学科，深层生态学则将生态学视为一种新的思想范式。它涵盖价值论、政治学和伦理学等多种学科，其目的是倡导一种与自然协调的新生活方式。其次，深层生态学认为人与环境是紧密联系的，但浅层生态学则否认这种观念。深层生态学承认非人类生物也同样拥有内在价值，打破了人类中心主义的思想枷锁，对现代社会提出质疑。最后，浅层生态学赞成经济增长，它关注资源的管理和利用，提倡以改良的方式来推动社会的进步和发展。但深层生态学则主张以生态承受力为衡量社会进步的标准，进而取代经济增长的概念，推动社会的可持续发展。

自我实现（self-realization）是深层生态学最独特的理论贡献之一。"对奈斯而言，自我实现的过程就是人不断扩展自我认同对象范围的过程，这意味着我与他物的疏离感在缩小；随着认同范围扩大，被认同的他物的利益即成为了我自身利益的一部分"（雷毅，2010）。奈斯自己也谈到，自我实现理论坚信："人类的成熟程度能够在一个范围内——从自私自利到扩大的自我实现来衡量，即通过自我的拓宽和深化来衡量，而不是根据尽职尽责的利他主义之程度来衡量。我将愉快地分享和关怀视为人类成长的自然进程"（Naess，1998）。在他看来，自我实现原则试图引导人去自觉地维护生态环境，实现人与自然的和谐相处。

深层生态学提出的质疑精神，可以指导我们公开地对每一个经济、政治政策予以追问，并相应地提出有深度的解决方案，突破传统的发展模式，走向现代文明——生态文明的新道路。和其他一些深层生态学家一样，奈斯也反对西方社会的消费主义生活方式，倡导勤俭节约的生活方式，这也为"绿色消费"提供重要的理论基础。

（六）罗尔斯顿与自然价值论

霍尔姆斯·罗尔斯顿（Holmes Rolston）是科罗拉多州立大学的教授，除了《哲学走向荒野》《科学与宗教：一个批判性的考察》《环境伦理学》等著作外，他还撰写了 100 多篇重要的学术论文，为生态伦理学的发展作出了重要贡献。

自 1975 年起，罗尔斯顿一直为以自然价值论为中心的整体主义环境伦理学论证、辩护。经过逾 30 年的发展完善，自然价值论已成为环境伦理学的代表性理论之一，在学界产生了较大影响。罗尔斯顿对自然的价值论述得十分清楚，他认为："自然系统的创造性是价值之母，大自然的所有创造物，只有在它们是自然创造性的实现意义上，才是有价值的。……价值是这样一种东西，它能够创造出有利于有机体的差异，使生态系统丰富起来，变得更加美丽、多样化、和谐、复杂"（霍尔姆斯·罗尔斯顿，2000a）。

罗尔斯顿强调，想探究自然给人类带来了何种价值，首先需要探讨自然本身的价值所在。他根据自然价值的种类，并将其详细分为 14 种价值（Rolston，1988）。他又从整体上将自然价值分成三个类别：工具价值、内在价值与系统价值。工具价值是指拿来作为达到某种目标的方法的事物。内在价值则是其环境伦理学的核心观点。人类的思想历程中，内在价值作为一种体现、总结与反映人类称之为自然界演变的高级产物、自然之灵所固定的极致价值的一种概念，作为人类的特殊身份蕴藏在人的本身（霍尔姆斯·罗尔斯顿，2000b）。系统价值是充满创造性的过程，这个过程的产物就是被编织进了工具利用关系网的内在价值。

罗尔斯顿的自然价值论对我国生态文明建设具有重要的借鉴意义。一方面，自然价值论具有导向性作用，导引我们重新反思人与自然的关系。罗尔斯顿的环境伦理学从内在价值和环境整体主义两个方面证明了自然的价值所在，论证了人类与自然的和谐关系，是一种相互促进、协同进化的共生关系，而不是征服与被征服的敌对关系。这是可持续发展观的理论基础之一。另一方面，罗尔斯顿在论证自然环境之价值的时候，指出了现代工业文明的负面影响，以及人类自以为是的心态。这对于生态文明建设也具有启发性。协调经济发展与环境保护，探索可持续发展的现代化道路，也可从自然价值论中找到答案。

三、生态马克思主义

马克思、恩格斯关于生态思想的经典论述，概括起来，为以下三点：①人与自然本质上具有统一性。人是自然界发展到一定阶段的产物，是与自然界环境一起发展起来的。"历史本身是自然史的即自然界成为人这一过程的一个现实部分"（马克思和恩格斯，2006）。自然系统对社会发展和人的发展都具有重要作用。②自然规律对人类社会发展的决定性。"我们不要过分陶醉于我们对自然的胜利，对于每一次这样的胜利，自然界都报复了我们"（恩格斯，1984）。恩格斯明确指出了"征服自然"观念的错误性。③社会发展与自然生态系统协同进化。"自然只有进入'人和自然的统一'，而且这种统一在每一个时代都随着工业或慢或快的发展而不断改变"（马克思和恩格斯，1995）。由此可见，社会发展同自然生态系统之间的协调需要同步进行，方能实现人与自然的和谐相处的目的。马克思、恩格斯关于生态思想的论述对后来兴起的生态马克思主义具有重要意义。

从 20 世纪六七十年代开始，以美国为首的欧美资本主义国家兴起大规模的环境保护，在这一背景下，批判资本主义发展模式的现代生态学也应运而生，并引起人们的普遍关注；而立足于经典马克思主义的生态马克思主义也蓬勃兴起。学者们更多地放弃了从伦理层面探讨人类中心主义与非人类中心主义"孰轻孰重"，更多地转向探究资本主义制度危机、文化危机，对这两种思潮所关注的"人与自然关系"问题进行反思和重构。

总体来看，生态马克思主义是这两种思潮的进一步完善和发展。他们尝试通过各种方案将马克思主义与现代生态学结合起来以寻找一种能够指导解决生态危机以及人类自身发展问题的"双赢"理念。生态马克思主义的形成大致经过了法兰克福学派的酝酿、本·阿格尔的确立以及奥康纳、福斯特等的发展等阶段（马万利和梅雪芹，2009）。

（一）法兰克福学派的酝酿阶段

西方马克思主义者对生态学的关注最初来自于法兰克福学派。起初，根据马克思的论断，科学技术和生产力发展到一定程度会出现新的力量推翻现有的社会制度，最终走向社会主义和共产主义。但伴随着时间的推移，由于资本主义采取国家干预政策，工人阶级并未处于极端贫困之中；人类自身受到的科学技术的奴役和统治逐步增强；资本主义国家与苏联等社会主义国家，都引发了无法弥补的生态灾难。这种情况下，法兰克福学派开始对马克思、恩格斯论述过的科学技术的作用产生了怀疑和争论（梁苗，2013）。

法兰克福学派的代表人物包括马克斯·霍克海默（M. Max Horkheimer）、狄奥多·阿多诺（Theodor L. W. Adorno）以及赫伯特·马尔库塞（Herbert Marcuse）。在其代表作《启蒙辩证法》中，霍克海默和阿多诺指出，凭借科技进步，人类首先是征服和掠夺自然资源，进而把人类本身作为征服和掠夺的对象。这种无休止的掠夺方式不仅引发严重的生态危机；更为重要的是，这种方式也导致人类的严重异化。鉴于如此严重的后果，他们主张，人类必须实现人与自然的和解，但前提条件是抛弃自然服从于人类的"粗野"的企图；唯有如此，才能解决资本主义的生态危机。

马尔库塞是"法兰克福学派第一代学者中从资本主义制度的角度对科学技术与生态环境危机之间的关系论述得最多和最充分的人物之一"（刘仁胜，2007），其代表作《单向度的人》和《反革命与造反》集中体现了他的生态批判思想。在《单向度的人》一书中，他提出了"真实需求"和"虚假需求"概念，揭示了当代西方社会日益走向物欲化和消费主义的倾向（赫伯特·马尔库塞，1988）。他还对资本主义的生态危机和"科学技术的资本主义使用"进行了批判。马尔库塞指出，资本主义环境危机的根源是由科学技术引发的人与自然关系的异化。资本主义通过科学技术对人和自然进行双重统治，导致了严重的生态危机。由此可见，法兰克福学派对马克思主义经典的生态学解读，虽然带有强烈的"技术色彩"，但为构建生态马克思主义的理论体系奠定了基础。

（二）本·阿格尔与生态马克思主义的确立

本·阿格尔（Ben Agger）生于1952年，现任教于得克萨斯大学，其主要代表作有《西方马克思主义概论》《论幸福和被毁灭的生活》等。1979年出版的《西方马克思主义概论》一书中首次明确提出了"生态马克思主义"（ecological Marxism）一词，对生态马克思主义的内涵作了开创性的论述。

阿格尔在《西方马克思主义概论》一书中明确表示："我们的中心论点是，历史的变化已使原本马克思主义关于只属于工业资本主义生产领域的危机理论失去效用。今天，危机的趋势已转移到消费领域，即生态危机取代了经济危机"（本·阿格尔，1991）。由此可以看出，他的生态马克思主义理论其实是围绕"消费异化"（consumption alienation）这一命题展开的，其核心内容是生态危机已取代经济危机成为当代资本主义国家最根本的矛盾体现。

阿格尔的主要观点有三个方面。

第一，资本主义社会的消费是一种异化消费。消费异化观是建立在对马克思劳动异化观的认可基础之上的（高宇，2018）。在他看来，由于劳动的异化，使人类在劳动活动中无法实现自由，于是人类开始在消费领域追逐自由。在意识到追逐消费自由的趋势后，资本家开始刻意地制造和煽动这种"虚假需求"，将消费变成了一种具有较强的隐蔽性和实用性的社会控制工具。

第二，重新构建资本主义的危机理论。他认为，与经济危机一样，生态危机根源于资本主义社会的基本矛盾。他构建的需求理论是，"将从创造性的、非异化的劳动而不是从以广告为媒介的商品的无止境的消费中得到满足。即人类的真正需要在于创造性劳动，人们可以在社会有用的生产活动中，实现自己本身的基本愿望和价值。"（本•阿格尔，1991）。他坚持按需求去创造劳动才是人们真正的合理需求，使得人们在生产领域能够得到有效满足，这或许能够有效地缓解当前的生态危机。

第三，提出了解决生态危机的方案。阿格尔进一步提炼了生态马克思主义的基本观点，认为其核心是生态危机，而不是经济危机。而且生态危机的严重程度与日俱增，已经成为目前西方发达国家所面临的最重要的危机。而要想摆脱这一危机，根本措施就是消除异化消费，鼓励人们追求真正的合理需求。由此可见，阿格尔明确构建了一条生态-消费-社会的发展脉络，以阐述生态危机的起因与解决方法。这一理论对当代如何建设生态文明提供了有益的启示。

（三）奥康纳、福斯特等的全面发展阶段

美国著名生态学家詹姆斯•奥康纳（James O'Connor）以马克思主义理论为基点，在继承马克思主义批判精神的前提下，运用矛盾分析法对资本逻辑带来的生态危机进行了生态学分析与批判。奥康纳提出的"生产性正义"概念，是其生态学社会主义理论的核心概念（詹姆斯•奥康纳，2003）。奥康纳直指资本主义的双重矛盾，而正是这种矛盾性催生了一系列经济危机与生态危机。他将生态危机与马克思主义的核心理论结合起开，丰富了马克思主义的批判视野，而这种批判理论也成为我国生态文明建设的重要参考。

2000 年，美国著名生态马克思主义理论家约翰•贝拉米•福斯特（John Bellamy Foster）出版《马克思的生态学：唯物主义与自然》一书，系统研究了马克思主义的生态思想（约翰•贝拉米•福斯特，2006）。福斯特认为，如今的生态危机已经严重威胁着地球的生命，而这种危机是由资本主义经济发展导致的。在对马克思主义理论进行生态化梳理之后，福斯特将马克思主义理论蕴含的深刻的生态学思想展示出来，并以此来揭示了当代全球生态危机的根源——资本主义制度。他认为有必要建立一种健康的生态道德价值观，并利用这套价值观引导我们重新学习如何在地球上生存，实现人与自然的和谐发展。

西方生态思想的演变过程，也是西方人逐步深入认识自然的过程。先是人类中心主义与非人类中心主义的论争，再到生态马克思主义的提出，西方哲学家、伦理学家们构建了宏大的生态思想体系。这一体系不仅为"动物权利""生态危机的渊源""环境正义与环境权利"等问题提出了富有洞见的思考，也在影响中国知识分子尝试利用西方生态思想分析视角重新看待人和自然的关系。

第三节 中国近现代的生态思想

工业时代之后，面对日益严峻的生态环境问题，中国学者们充分吸收、阐释和继承中国古代传统的生态文化和智慧，并积极引进西方近现代生态伦理思想，逐步发展形成了具有中国特色的生态文明思想体系。

一、对中国古代"天人合一"思想的继承和阐发

近代以来，随着西方先进的科学技术、科学思维传入中国，特别是"进化论"学说和"理性主义"思潮进入中国之后，中国近代思想家分析并继承了主客二分的哲学思维模式，试图突破"天人合一"的传统模式以重新理解自然。康有为提出以进化论为基础的"元"学，即世界的本原、进化的载体，即"元"，奠定了中国近代本体论发展的方向（康有为，1987）。谭嗣同提出"以太—仁"学说，将西方的"以太"概念与中国传统的"仁"概念相结合，跳出了中国古代一元论的框架（谭嗣同，1998）。严复从西方自然科学中引入"质"和"力"的概念，提出"质力相推"学说，形成了进化论的自然观（严复，1986）。章太炎提出二重本体论学说，突破了"天不变、道亦不变"的传统观念（章太炎，1981）。孙中山将进化看成自然界变化、人类社会进步的本体论依据，提出进化本体论学说，基本上完成了由古代哲学形态到近代哲学形态的转变（孙中山，1982）。上述学者都是在本体论层面选择主客二分的解释模式，而在价值论方面依旧延续着"天人合一"的思维模式（宋志明，2011）。他们试图把两种模式结合起来，通过吸收和引进近代西方自然科学理论，积极地改造中国传统哲学。

由现代工业文明所造成的生态危机愈发严峻，20世纪80年代后，在中国哲学、伦理学、思想史研究领域，学者们更加深入地反思人与自然的关系问题，并逐渐对"天人合一"观念产生浓厚兴趣。与近现代学者不同，当代学者们不再依据"主客二分"的"金科玉律"过于简单地否定和扬弃中国传统的"天人合一"观念的本体论地位，而是通过"追根溯源、回到本初"的研究路径，反思和重识其在哲学史和现实世界的价值和意义。学者们提出了很多富有洞见的观点，产出了突出的研究成果。首先，思想史梳理与学术综述。张岱年、张世英等学者从不同角度系统地回顾了西周至清朝的"天人合一"思想脉络。他们认为，"天人合一"的内涵丰富而复杂，是"自然界和精神的统一"。但是它只为人与自然的和谐共处提供了本体论依据，却不能直接指导实践（张岱年，1985）。其次，热点问题和专题研究。以"天"与"人"的概念意涵、"天人合一"观念的发展演进、以"天人合一"为代表的天人关系问题，是学界关注的重点。例如，刘立夫等学者从"天"与"人"是否"主客体二分"为切入点，探讨"天人合一"是否可以等同于"人与自然相和谐"，引起了学界的热烈讨论，但各方观点仍以莫衷一是而告终（刘立夫，2007；林晓希，2014；张世英，2007）。事实上，支持者和反对者的观点并不矛盾，因为他们的研究角度各不相同。支持者更多地考察"天人合一"的现实意义，而反对者则还原"天人合一"概念历史原貌。最后，重要思想家的研究。这方面的研究非常丰富，较有代表性的如：蒙培元认为，张载"乾坤父母"、"民胞物与"以及"大其心以体天下

之物"的提法，强调自然的内在价值，与西方非人类中心主义学说存在着相通之处（蒙培元，2002）。韩星从宗教、哲学、伦理视角对董仲舒的"天人合一"等观念进行辨析，强调董仲舒对于天人关系的阐释，其目的是重建道德理想和伦理秩序（韩星，2015）。这种"否定之否定"的研究转向，推进了中国哲学史研究，且有助于学者理性看待中国传统文化和西方现代文化之间的"你中有我、我中有你"的内在联系。

21 世纪之后，学界对"天人合一"的探讨，已经不仅仅局限于传统哲学、伦理学、思想史等既定框架，而逐渐延展至其他学科领域。研究者们积极汲取"天人合一"思想的合理要素，提出了很多新的解释路径和实证创见。在教育学领域，何小英（2004）、洪頔（2013）认真挖掘"天人合一"所蕴含的朴素的价值观，将其融入生态伦理教育和课堂教学方案设计中。特别是后者以"天人合一"观念为指导思想，论述了构建师生和谐共生、教学情景相融、学生知行合一的新课堂的可行性方案。在中医领域，尹冬青和李俊（2009）认为"天人合一"观念与中医追求人体生命与自然万物整体和谐的目标完全一致，是养生理论、气功理论的重要来源。"天人合一"观念，也在城市规划、园林管理、室内设计等领域产生了深远的影响。有学者认为，"万景天全""虚实相生""天人相依"的宇宙观，是中国古典园林"天人合一"境界的真实写照。这提示我们在进行现代园林设计时，应以"天人合一"的意境为目标，将园林与城市整体布局融为一体，让游园者体验身心俱怡、物我双忘、如入仙境的观赏体验（黄海静，2002）。李韶楠等学者认为，追求合理分配空间布局、装饰及家具元素的多样化、循环材料利用的绿色室内设计，能够充分反映出人文环境、自然环境与理想人格共通相融的"天人合一"人居理念（李韶楠，2018；王树声，2009）。这些研究，不仅为"天人合一"赋予更具活力的现代内涵，也不断为理论研究开辟新的应用路径。

上述研究，不仅为"天人合一"与生态文明研究的紧密结合奠定了坚实的理论基础，而且提供了一定的实践依据。各领域研究者都从不同的角度看到了两者的密不可分。一些学者看到了"天人合一"观念对生态文化的促进作用。有学者认为，天人合一观念"敬天""畏天""人道服从天道"的思想，有助于提升公民的精神境界，可以引领全新的生活方式，有利于公民践履生态文明的道德责任（陈思敏，2009）。还有的学者看到了"天人合一"与生态文明实践的关联性。有学者认为，在中西方生态伦理的互补中建构融贯中西的生态文明理念是学者的当务之急。学界应从"哲学转向"走向"实践转向"，将生态文明观念融入政治、经济、文化、社会等多个领域，为生态文明建设提供理论基础和现实参照（庞昌伟和龚昌菊，2015）。

总之，虽然单单凭借"天人合一"观念无法清晰地指导生态文明实践，但是它成为构成生态文明理念的必要元素。"天人合一"告诉我们，善待他人和万物（或曰"自然"）也是善待自己，同样，善待自己便是善待自然。对自我、他人和自然保持善意，这是生态文明理念的精髓。充分吸收"天人合一"观念的生态文明理念是一整套以实践为基础的社会建构体系，是构建和谐社会的行动指南。

二、对西方生态思想的吸纳与回应

在充分继承中国古代传统的生态智慧，特别是"天人合一"观念的同时，随着西方生态思想传入中国，中国近现代知识分子对其同样做了介绍、吸收、批判和回应。这一过程，可以体现为如下三个方面。

（一）鲜明的生态危机意识

晚清至民国以来，随着环境破坏和生态危机形势越发严重，知识分子越发为其感到深深的担忧。而西方进化论与生态思想的传入，则更加深了他们对生态危机的认识。晚清维新派代表人物陈炽认为："地力之不尽，水利之不兴，民生之所由敝也"，将自然环境的破坏归结为经济凋敝的重要原因（赵树贵和曾丽雅，1997）。他认为，只有兴修水利、植树造林，才是解决生态危机问题的治本之策。

在鲁迅的青年求学期间，他对西方自然科学抱有非常浓厚的兴趣，形成了浓厚的生态危机意识。在小说集《故事新编》中，鲁迅的生态保护意识和生态整体观能够得以更淋漓尽致的展现。《奔月》讲述了这样的故事：后羿不仅滥捕鸟兽，而且一味追求过度消费，只吃熊掌、驼峰，其余部分皆浪费，致使生态平衡破坏，飞禽走兽无一幸免。《理水》的故事告诉我们，因为鲧违背自然规律一味堵塞，致使治水失败。而大禹顺应天时，疏通水道，取得成功，表达人与河流的和谐统一（鲁迅，2005）。鲁迅对西方生态意识的吸收、传统神话故事的"新编"和解读，明确地体现他对传统征服自然观念的深入批判，对生态危机的深深忧思。

当利奥波德的《沙乡年鉴》在美国广泛传播之时，青年哲学家冯友兰正在美国留学。利奥波德所提出的"整体主义""土地伦理"观念，深深地影响到了冯友兰"天地境界"伦理观的形成（沈幼琴，2002）。此种"天地境界"，是一种超越道德的最高的人生境界："人能从宇宙的观点看，则其对于任何事物底改善，对于任何事物底救济，都是对于宇宙底尽职。对于任何事物了解，都是对于宇宙底了解。从此观点看，此各种行为，都是事天底行为"（冯友兰，2000）。在冯友兰看来，人不仅应该对社会承担责任，更应该对更广大的整体——自然界乃至宇宙承担责任。人类的一举一动，都与宇宙的瞬息万变息息相关。"天"既有其内在价值，人类应该顺应天道和宇宙之理，摈弃人类居于自然中心的定位。追求不违天意、顺势而为的人生境界，才可谓达到人生的最高境界。冯友兰思想是严复以来西方"宇宙""道德"等生态思想传入中国后一种有效地吸收和回应。

随后，现代知识分子从不同的角度对生态危机的根源、机理进行学理上的研讨和论析，寻求解决之策。竺可桢强调自然界中各种因素相互联系、相互制约，人类必须按照自然规律办事。在工农业生产中，他认为人类应该抛弃"征服自然""破坏自然"的行为，合理开发自然资源（竺可桢，1993）。可以说，竺可桢是可持续发展的先驱，他的思想和实证研究为后人打下了非常好的基础。近年来，关于"生态危机"问题的探讨，学术界已经取得了丰硕的成果。总体而言，现当代知识分子不仅具有鲜明的生态危机意识，而且普遍承认树立生态文明理念、确立可持续发展模式、运用现代科学技术、建立完善的法治才是解决生态危机治本之道（巨乃岐，1997；贾学军，2013）。

（二）人类中心主义与非人类中心主义的论争

20世纪90年代，"人类中心主义与非人类中心主义"之争，在中国学术界引起了不小的震动。学者们积极介绍人类中心主义的发展历史及主要观点，介绍非人类中心主义的形成演进、具体流派和主要观点（包庆德和王志宏，2003；余谋昌，1994）。学者们普遍认为，是否将自然界其他生命赋予内在价值和主体地位，是人类中心主义与非人类中心主义观念最本质的区别；是否考虑到人类社会的可持续发展，是强人类中心主义与弱人类中心主义的根本区别。强人类中心主义是对可持续发展的彻底背弃，而弱人类中心主义则肯定了人类在自然界中的主体地位。学者们强调"以人类利益为先导"而进行的生态保护，具有一定的先进性。

在观点倾向性上，诸多学者表现不一。很多学者支持非人类中心主义，也有学者认为弱人类中心主义更具合理性（郑慧子，2005；王云霞和杨庆峰，2009）。随着该问题讨论的深入，学者逐渐发现这两种观点各自的局限性，也有的学者试图从人性论、后人类中心主义等多个角度调和两者之间的矛盾（曹孟勤，2003；王子彦和陈昌曙，1998）。在这一过程之中，很多学者注意到，生态文明理念是对人类中心主义和非人类中心主义的一种超越。一些学者看到了人类中心主义和生态文明的继承关系：两者都强调人类在改造自然中的主体性，坚持以人为本，注重人与自然之间的平衡关系和和谐共处，强调不同国家、阶层、族群需要承担的生态义务（杨光生，2010）。也有学者认为非人类中心主义应该作为生态文明的指导思想：非人类中心主义展现了无与伦比的优越性，其倡导的满足人类合理、适度的物质需求、精神需求和生态需求的同时，实现人与自然的互利共生的观念，也正是生态文明的实质及内涵，可以为社会主义生态文明建设所充分吸收和借鉴（落瀚卿，2018）。学者们积极地把人类中心主义和非人类中心主义中的合理要素积极地引入生态文明的理论框架中。

虽然上述学者的论述角度和学术观点均不相同，但他们都肯定了人类中心主义和非人类中心主义伦理思想之中人类改造自然的主体能动性，强调两者在维护生态系统的稳定、构建人与自然的和谐关系上的共通性和内在一致性。换句话说，生态文明能够调和人类中心和非人类中心之间的对立，并且生态文明更强调从实践的角度实现人类中心主义与非人类中心主义的共同目标——可持续发展和人与自然的和谐关系。生态文明是一项社会主义建设实践，是一门以人类中心和非人类中心为基础的、更具实践性的生态伦理。

（三）生态马克思主义

20世纪80年代，生态马克思主义开始传入中国，国内学术界对其的研究可分为如下方面。①学术综述类研究及理论研究。学者们的研究既涵盖了"控制自然""异化消费""第二重矛盾""无限扩张""利润挂帅""经济理性"等理论对资本主义生态危机的不同阐释，又包括生态马克思主义的发展历程和逻辑基础（包庆德和夏雪，2010）。②厘清生态马克思主义与相关概念之间的关系，对代表性人物的主要思想的分析综述（王雨辰，2006）。③生态马克思主义的中国化研究，特别是把生态马克思主义观点、分析框架与生态文明的理论建构相结合。

生态马克思主义固然给中国的马克思主义的本土化研究带来了新思路，但它并非放之四海而皆准的普世标准。中国的现当代知识分子们，经过去粗取精的批判过程，从社会制度批判、概念解析、实证研究等角度寻求西方马克思主义理论与中国学术实践及社会实践的契合点（陈学明，2008）。这些大胆的尝试，将生态马克思主义理论中的合理有效之处与构建社会主义生态文明密切结合，为后者寻找到了更加坚实的理论支撑点。

三、构建中国特色的生态话语体系——生态文明理念

在党的十七大正式提出"生态文明"概念之前，中国知识界，很早就开始尝试积极构建"生态文明"的话语体系了。1978 年，"生态文明"（ecological civilization）的概念最早由德国学者伊林·费切尔（Iring Fetscher）提出：追求极限增长的工业文明最终必将威胁自然界和人类社会，用人道的、自由的、生态友好的生态文明取代前者，是大势所趋（Fetscher，1978）。此后，20 世纪 80 年代至 90 年代末，国内学者侧重于探讨生态文明的定义、价值和意义，以及"生态文明"与相关概念的辨析等。1984 年，著名生态学学者、经济学者叶谦吉在苏联的学术期刊上首先使用了"生态文明"这一概念（Ye，1984）。1987 年，在全国生态农业问题讨论会上，他第一次正式呼吁"大力提倡生态文明建设"（叶谦吉，1987）。此后，知识界就"生态文明"与"可持续发展""社会主义现代化"关系问题展开了持久而热烈的讨论，出现了大批量高质量的学术论著（谢光前，1992；申曙光，1994；邱耕田，1997）。此后，刘湘溶（1999）在综合上述成果的基础上发表了专著《生态文明论》，以思维变化、社会发展、消费形式、科学进步的生态化为主要内容，首次系统地、全面地构建了社会主义生态文明思想。同年，美国作家、评论家罗伊·莫里森（Roy Morrison）在《生态民主》（*Ecological Democracy*）一书中，在西方社会首次系统地阐释了生态文明（eco-civilization）的内涵、价值和意义（Morrison，1999）。两人都认为，"生态文明"取代"工业文明"是历史的必然。中西方两位学者巧合般地共话生态文明的美好明天，为人类生态文明思想共同续写华美乐章。

在此基础上，21 世纪初的学者们对于生态文明兴致渐笃，出产了汗牛充栋般的论述，他们的研究呈现较为鲜明的特征：从主题选取来看，概念辨析和理论建构性选题较多，个案实证性选题较少。"生态文明与社会主义现代化建设"、"物质文明、精神文明、政治文明与生态文明的关系"、"农业文明、工业文明到生态文明的演进轨迹"以及"生态文明与生产生活方式转变"都是学者们青睐的主题（伍瑛，2000；陈少英和苏世康，2002；钱易等，2015）。从研究视角来看，社会科学视角下的生态文明研究较多，而自然科学对其涉足不深。政治学、哲学、伦理学、经济学视角下的生态文明研究较为丰富，而从生态学、环境科学等角度的理论研究较为少见（刘薇，2013；徐海红，2010）。

近年来，学术界对于生态文明的研究又有了新的进展。从研究趋向来看，徐海红（2010）认为，生态文明未来的研究趋势就是，生态文明开始出现实践转向。目前的生态文明理念研究的"实践转向"已经硕果累累，并朝向更专业化、细致化的方向发展。例如，在会计学领域，学者们充分探讨如何树立"生态会计"理念，运用大数据方法、建构生态补偿机制模型、公开自然资源资产负债表、探讨生态成本会计核算机制等方法等，真正将生态文明实践落到实处（王泽霞等，2014）。从主题选择来看，研究者们更多地选择了更新奇、更富有挑战性和实践的选题，出现了大量跨学科研究选题。生态文明思想与"碳汇"、"后现代农业"、"能源互联网"和"海绵城市"等新概念紧密结合，不断扩大着生态文明的研究成果（赖功欧，2017；金振文和王维，2018；侯立安，2018）。

从研究领域来看，社会科学研究者的研究进一步细化，大量自然科学研究者进入生态文明研究领域，生态文明理念已经深入到各学科领域之内。如前文所述，学者们在中西方生态思想的历史的维度内寻找生态文明的历史渊源。又如，有学者基于随机森林回归算法，建构了水生态文明评价模型和径向基神经网络模型作为对比模型，为构建更大规模的水生态文明评价指标体系和分级标准提供了现实参照和技术支持（崔东文和金波，2014）。从出版物数量来看，生态文明的相关论文、专著、新闻报道呈现爆炸式增长。在中国知网上，以"生态文明"为主题的各学科论文为例，1985～2005 年的作品数量仅为 1467 篇，而 2006～2017 年的论文数量高达 89 799 篇。可见，现阶段中国知识分子对于生态文明理念的研究，呈现出丰富性、多样化、理论与实践相结合的特点（中国知网，2018）。

近现代知识分子批判性地继承了中国古代"天人合一"的思想，又将近现代西方生态思想优秀成果借鉴而来，赋予其新内涵，逐步发展形成了中国特色的社会主义生态文明思想体系。总之，生态文明思想既是一门以实践为基础的生态伦理学，又是社会主义和谐社会建设的行动指南。而党和国家领导人特别是习近平对生态文明的大力提倡，为实现中华文明的伟大复兴提供了坚实的理论基础和行动方向。

第四节　习近平生态文明思想的形成

从陕北知青到县委书记、省委书记、中共中央总书记，习近平同志一直在实践中学习，在学习中实践，不断吸收中国传统生态智慧和近现代西方生态思想的营养。从最初朴素的"资源可持续利用"思想，到一整套宏大的"生态文明"思想体系，习近平的生态文明思想也经历了不断锐意创新的过程。可以说，中国古代生态智慧、近现代西方生态思想以及务实的生态实践，是习近平生态文明思想丰富发展的源泉。

一、习近平早期生态文明思想的萌发

回顾习近平同志早期在各地的任职实践，特别是在陕西延川的梁家河、河北正定、福建宁德地区以及任福建省省长时期，他的生态思想已经清晰地体现在日常工作之中，处处体现了绿色生态发展观。

（一）习近平知青岁月的"资源可持续利用"思想

1969 年，习近平在陕西省延川县文安驿公社梁家河大队，开始了为时七年的知青岁月。在此期间，习近平深刻感受到生态环境恶化给人们生产生活带来的不便。习近平发现，从四川引进现代化的沼气池技术应用于陕北农村，既可以解决社员的点灯问题，又可做饭，而且沼气池废料可作为庄稼的肥料。在沼气池建设过程中，习近平既是指挥员又是技术员，遇到困难都由他来解决。有一次，为了维修沼气池的裂缝问题，习近平带领几个青年，把沼气池里面的水、粪便全部挖出来，然后下到沼气池里，借用手电筒的亮光找裂缝，冲洗并仔细修补。当他们排除了这些技术故障后，沼气池很快就可以正常产气（中央党校采访实录编辑室，2017）。

沼气普及之后，梁家河点燃了陕北第一盏沼气灯。村民们做饭、照明都可以用沼气，沼气池里清出来的肥料、沼液可以给庄稼上肥，这比一般的粪肥肥力要大得多（中央党校采访实录编辑室，2017）。当地村民曾经做过试验：施沼液作物与施粪肥作物相比，前者比后者长势喜人、产量更高（中央党校采访实录编辑室，2017）。习近平建成的陕西第一口沼气池，在延川县掀起了一场轰轰烈烈的"新能源革命"，树立了资源节约利用的典型。习近平主持修建沼气池，不仅让当地农民真正尝到了"变废为宝"和可持续利用的甜头，更为日后综合型生态农业的开展提供了一次成功的案例。

（二）习近平的"综合全面发展"思想

在 20 世纪 80 年代改革开放的浪潮中，经济建设是国家发展的重心。习近平的执政理念则显露出鲜明的生态环境保护意识：既重视本地区的经济发展，更重视资源保护、城乡统筹、产业协调的综合全面发展。20 世纪 80 年代初时任河北省正定县县委书记的习近平高瞻远瞩，认为正定县农业需走农林牧副渔全面发展和农工商综合经营的道路（习近平，2015）。他还一贯坚持"与民惜物"的生态智慧，非常注重人口数量、自然资源利用与生态环境承载力相适应。习近平强调："在合理利用自然资源、保持良好的生态环境、严格控制人口增长的三大前提下搞农业，这一发展是符合客观规律的"（习近平，2015）。习近平对正定可持续农业发展格局的整体把握，无不体现出他的前瞻性。

1988~1990 年，习近平同志任福建省宁德地委书记期间，他在雷厉风行地推进反腐倡廉工作的同时，不忘为宁德地区经济发展与环境保护谋划整体蓝图。宁德曾是全国十八个集中连片贫困地区之一，制定宁德发展规划难度可见一斑。基于无数次的基层调查，习近平发现了宁德丰富的自然资源优势，同时又认识到宁德企业之间生产联系不够、协作不强、难以实现区域内的互补协作等问题（习近平，2014）。就此，习近平提出，在闽东要依据区情区力，处理好资源开发与行业结构的关系，着眼于发展本地资源的加工利用产业（习近平，2014）。他特别提出经济发展要处理好资源开发与产业机构调整之间的关系。例如，习近平主持的林权制度改革方案、森林资源保护策略，能够充分体现出他先进的生态发展思想。他认为，林业有很高的生态效益和社会效益，如森林能够美化环境、涵养水源、保持水土、防风固沙、调节气候、实现生态经济的良性循环。历经 15 年的积极探索、大胆突破和持续改革，这场由习近平同志亲手抓起、亲自主导的集体林权制度改革，为福建保护生态、农民增收带来巨大活力（吴毓健等，2017）。

1990~1993 年，时任福州市委书记的习近平审时度势，率先提出了"海洋福州"的战略布局。在 20 世纪 90 年代初期，习近平并没有效法其他内陆省份追逐"开发陆地经济"的热潮，而是敏锐地指出，在改革开放和经济建设的大趋势下，福州应合理开发江海资源。在制定福州市"八五"计划和江海开发总体要求时，习近平不仅强调解放思想、深化改革的必要性，更注重经济效益、生态效益和社会效益的和谐统一。对于日益严峻的环境污染问题，习近平绝不手软，狠抓落实。1992 年，习近平主持编制了《福州市20 年经济社会发展战略设想》（简称"3820"工程），他用了近十页的篇幅对城市环境的现状、预测、规划目标及指标体系、综合治理、区划等方面的问题做出了细致而全面的策划。"3820"工程策划不仅给福州各个方面的发展指明了方向，也为其以后的"生态省"建设打下了牢固的基础。

（三）习近平的"生态省"思想

2000～2002年，时任福建省省长的习近平明确提出"生态省"的建设目标。他强调"任何形式的开发利用都要在保护生态的前提下进行，使八闽大地更加山清水秀，使经济社会在资源的永续利用中良性发展"（郑璜和方炜杭，2014）。鉴于福建省初步具备建设"生态省"的基本条件，"生态省"成为21世纪福建省的整体发展战略。在治理关乎国计民生的重点问题方面，习近平将江河水患治理特别是长汀水土流失治理视为重点问题。习近平曾五次亲赴长汀县调研，在资金、人员、技术等方面全力支持水土流失治理。经过多年的努力，长汀县奇迹般地实现了"荒山—绿洲—生态家园"的历史性转变，成为全国生态文明建设示范县（阮锡桂和郑璜，2014）。而今，福建省成为全国唯一水、大气、生态环境质量均保持优良的省份（郑璜和方炜杭，2014）。如此可喜的成就，与习近平构建"生态省"的远景和实践是分不开的。

2002～2007年习近平主政浙江期间，继续擘画"生态省"建设事业，希冀建设一个社会安康、山川秀美、文明和谐的"绿色浙江"。在发展方式转变上，2005年，习近平在湖州市安吉县余村考察时，首次提出了"绿水青山就是金山银山"的科学论断。此后，湖州市利用生态优势，将"两山"理论融入经济、政治、文化和社会建设的全过程，为"生态省"建设树立典型、打造样板（武卫政等，2018）。在政绩考核方面，习近平提出："经济增长是政绩，保护环境也是政绩"，大力推广绿色GDP核算体系（周天晓和沈建波，2017）。习近平经常赴基层指导工作，要求各级领导干部树立正确的政绩观，勿以牺牲环境为代价换取短视的经济利益。在治理污染方面，习近平将环境污染整治工作，当成"生态省"建设的一项基础性工作狠抓落实。对于严重污染环境的企业，政府予以停产整治甚至关停。到2011年，全省环境污染防治能力明显增强，环保产业迅速发展，环境质量稳步改善（浙江省环境保护厅，2018）。在生态文化推广方面，习近平指出："生态文化建设是生态文明建设的根基"（王依涵和王秀萍，2018）。推进"生态省"建设，不仅需要发展方式的彻底变革，更需要思想观念的彻底转变。可见，从基础调研、体系规划、理论论证到实践推进，习近平参与了浙江"生态省"建设的全过程。浙江已成为中国生态文明建设过程中的一个欣欣向荣又充满活力的典范。

纵观习近平在各地任职期间的实践活动，习近平早期的生态思想既包括对中国传统文化中生态智慧的挖掘，也能从近现代西方生态思想汲取营养。从知青时期的生态实践——建设沼气池，到宁德时期发展绿色可持续的经济，再到主政福建、浙江以来的"生态省"的总体规划，习近平在发展经济的同时注重资源可持续利用，始终坚持"绿色为重"的发展理念，他的生态思想实现了继承性与创新性的统一，在理论和实践方面均具有重要的借鉴意义。

二、十八大到十九大"生态文明"概念的提出

（一）十八大与生态文明的完善

习近平的生态文明思想体系在党的十八大后得以深化、发展。自十七大首次从国家

战略的角度明确提出了"生态文明"的概念之后,在总发展方针上,十八大确立将生态文明建设置于社会主义建设中的突出地位。十八大报告指出:"坚持节约资源和保护环境的基本国策,坚持节约优先、保护优先、自然恢复为主的方针,着力推进绿色发展、循环发展、低碳发展,形成节约资源和保护环境的空间格局、产业结构、生产方式、生活方式,从源头上扭转生态环境恶化趋势,为人民创造良好生产生活环境,为全球生态安全作出贡献"(十八大报告全文,2018)。

在具体执行措施上,十八大提出了"生态价值"和"生态产品"概念,将生态文明融入和贯穿于经济建设之中。报告指出:"深化资源性产品价格和税费改革,建立反映市场供求和资源稀缺程度、体现生态价值和代际补偿的资源有偿使用制度和生态补偿制度。积极开展节能量、碳排放权、排污权、水权交易试点。加强环境监管,健全生态环境保护责任追究制度和环境损害赔偿制度"(十八大报告全文,2018)。通过经济调控来促进生态环境的优化,将经济活动融入生态文明建设之中,才能有效避免走"先污染后治理"的不可持续之路。才能更好地引导我国经济走绿色发展之路,实现建设"美丽中国"的战略目标。

十八大明确提出了建设生态文明的总体布局,并将生态文明建设纳入中国特色社会主义事业"五位一体"总体布局中。党中央从体系建设的层面系统地制定了保护生态环境的整体路线方针,将"中国共产党领导人民建设社会主义生态文明"明确写入党章,并以"美丽中国"为生态文明建设的宏伟目标。习近平强调,建立国土空间开发保护制度,完善最严格的耕地保护制度、水资源管理制度、环境保护制度;建立体现生态文明要求的目标体系、考核办法、奖惩机制;加强环境监管,健全生态环境保护责任追究制度和环境损害赔偿制度(十八大报告全文,2018)。此外,还要"加强生态文明宣传教育,增强全民节约意识、环保意识、生态意识,形成合理消费的社会风尚,营造爱护生态环境的良好风气"(十八大报告全文,2018)。只有环保意识深入民心,并用严格的制度约束,才能促进生态文明建设。

总之,党的十八大以来,以习近平同志为核心的党中央高度重视社会主义生态文明建设,规划建立完整的生态文明体系。坚持把生态文明建设纳入"经济建设、政治建设、文化建设、社会建设、生态文明建设"——"五位一体"总体布局之中。坚持生态文明作为协调推进"全面建成小康社会、全面深化改革、全面依法治国、全面从严治党"——"四个全面"战略布局的重要内容。坚持生态文明建设与节约资源和保护环境并重的基本国策。坚持通过生态文明建设推进绿色发展。坚持把生态文明建设融入社会主义各项建设之中,加大对环境污染和生态破坏的惩戒力度,推动生态文明建设在重点突破中实现整体推进。

(二)十九大与生态文明建设的推进

2017 年 10 月 18 日,十九大顺利召开。这是一次总结过去、立足现在、谋划未来的盛会,是一纸全面建设小康社会进入攻坚阶段的动员令,是一份实现中华民族伟大复兴的新蓝图。十九大报告是十几年来共产党人推进社会主义建设的集中反映。该份报告中所蕴含的生态文明思想,体现了构建生态文明的新境界。

首先，十九大报告总结了过去五年在中国共产党领导下我国所发生的历史性变革（黄瑾和高雷，2018）。习近平充分肯定了过去五年我党在生态文明制度体系、重大生态保护工程进展、生态环境治理等方面所取得的可喜成就（习近平，2018）。可以预见，在以习近平为核心的党中央的正确领导下，社会主义生态文明建设事业会取得更大程度的进步。其次，习近平明确提出坚持和发展中国特色社会主义的总任务，就是实现社会主义现代化和中华民族伟大复兴。而生态文明，就是实现这一目标的基本保障。习近平指出，建设生态文明是中华民族永续发展的千年大计，在国家层面必须树立和落实"绿水青山就是金山银山"的发展理念（十九大报告全文，2018）。再次，习近平认为推动构建"人类命运共同体"思想也离不开中国的生态文明建设。习近平认为，中国"构筑尊崇自然、绿色发展的生态体系""始终做世界和平的建设者、全球发展的贡献者、国际秩序的维护者"（十九大报告全文，2018）。承袭中西方传统的生态智慧，构建人类命运共同体，全面推进世界性的生态文明建设，承担世界环境正义和污染治理的责任，是中国社会主义实践经验为全球其他饱受生态恶化之苦的国家和地区提供的中国方案与中国智慧，也是中国为构建绿色、和平、稳定的全球治理新秩序所作出的贡献。最后，习近平还为中国未来的生态文明建设和绿色发展指明了方向、规划了行动路线（石敏俊，2018）。习近平从"推进绿色发展，着力解决突出的环境问题，加大生态系统保护力度，改革生态环境监管体制"四个方面详细阐释了生态文明制度建设的方案（十九大报告全文，2018）。这些丰富具体、切实可行的指导方针，不仅是习近平早期生态思想的延续，更是十六大以来共产党人集体智慧的结晶。生态文明建设是一项长期性、系统性的艰苦事业，这更要求我们以十九大报告为行动指导，脚踏实地地推进生态文明建设。

总之，十九大报告把"生态文明建设"和"坚持人与自然和谐共生"提升为新时代中国特色社会主义建设的基本方略，充分体现了社会主义生态文明观的新境界（曹淼和万鹏，2018）。历史的经验告诉我们，人类只有遵循自然规律，充分学习中国的传统生态思想，借鉴世界各国的生态智慧，才有可能在环境保护和资源利用方面少走弯路。只有坚持走生态文明的发展道路，选择资源节约、环境友好的发展方式，同时推动人类命运共同体以应对全球环境问题，才能保护好人类赖以生存的地球。习近平总书记所提出的"绿水青山就是金山银山""像对待生命一样对待生态环境""将科学处理人与自然的关系作为中国特色社会主义的应有之义"等论断，具有鲜明的时代特征和现实意义，是生态思想史上的又一次飞跃。

三、习近平生态文明思想的形成

2018年5月18日至19日，全国生态环境保护大会在北京召开。习近平总书记的讲话涵盖了新时代生态文明建设的理论基础、指导原则和行动指南等丰富内容。本次大会既勾勒出了新时代生态文明建设的美好愿景，拟定了时间表和路线图，更为重要的是，回答了新时代生态文明建设"怎么看、怎么办、怎么干"等一系列重要问题，标志着习近平生态文明建设思想的形成（温宗国和刘航，2018）。习近平生态文明思想不仅是建设美丽中国的行动指南，也为构建人类命运共同体贡献了思想和实践的"中国方案"。

　　首先，习近平进一步提升"生态文明"的定位和重要性：将十九大报告中建设生态文明是中华民族永续发展的"千年大计"，上升为"根本大计"，这凸显了党中央树立"生态兴则文明兴"的根本认识和"一张蓝图绘到底"的坚定决心。其次，习近平强调十八大以来生态文明建设取得了显著的成绩，生态环境质量呈现出稳中向好的趋势，但成效尚不稳固。再次，习近平提出了生态文明建设的 5 点要求：加快构建生态文明体系、全面推动绿色发展、要把解决突出生态环境问题作为民生优先领域、有效防范生态环境风险并提高环境治理水平。最后，习近平将上述思想总结为推进生态文明建设的 6 个原则：坚持人与自然和谐共生；绿水青山就是金山银山；良好生态环境是最普惠的民生福祉；山水林田湖草是生命共同体；用最严格制度最严密法治保护生态环境；共谋全球生态文明建设。可以说，目前生态文明建设仍处于最为关键的时刻，共产党人需要敢于直面问题、迎难而上，用断腕的决心、背水一战的勇气、攻城拔寨的拼劲和狠抓落实的工作作风抓好生态文明建设工作。

　　针对如何解决生态文明建设中遇到的种种问题，习近平提出以下举措。第一，要加快构建以生态文化体系、生态经济体系、目标责任体系、生态文明制度体系和生态安全体系为核心的生态文明体系（习近平，2018）。此"五大体系"，系统界定了生态文明体系的基本框架，清晰地勾勒出"美丽中国"建设的宏伟设计蓝图。第二，要全面推动绿色发展。我们要设定"绿色"底线思维，在实现生产系统和生活系统循环链接方面下功夫，在全社会形成绿色的生产、生活理念。第三，要把解决突出生态环境问题作为民生优先领域（习近平，2018）。我们要向空气污染、水体污染、土壤污染、脏乱差的人居环境宣战，还老百姓以蓝天白云、清水绿岸、百花怒放、鸟语花香。第四，要有效防范生态环境风险（习近平，2018）。以此为基本原则，我们要将生态环境风险纳入常态化行政管理事务中，划定生态保护的底线，形成一整套多层次的生态风险管控机制和监督执法体系，严格责任追究。第五，要提高环境治理水平（习近平，2018）。要充分运用市场化手段，完善资源环境价格机制，采取多种方式支持政府和社会资本合作项目，加大重大项目科技攻关，对涉及经济社会发展的重大生态环境问题开展对策性研究。第六，推动和引导建立公平合理、合作共赢的全球气候治理体系，推动构建人类命运共同体（习近平，2018）。我们要明确中国在全球环境保护之中的责任，在全球范围内强力推进绿色发展方式，真正实现由"工业文明"到"生态文明"的转变。

　　习近平生态文明思想，是人类生态文明建设思想史上的一次伟大创新。其思想深度及广度，其国内关照和国际视野，其具体措施和理论体系，是人类文明发展史中的一大理论创新。它充分吸收了中国古代传统生态智慧和近现代西方生态思想中的合理要素，为人与自然能否和谐相处这个古老话题赋予了新的实践意义，实现了马克思主义理论本土化、世界化的理论更新迭代。习近平所发展的生态文明思想，是实现中华民族伟大复兴的指路明灯，是建设人类命运共同体和生命共同体的行动指南。总之，习近平新时代生态文明思想，能够为我国乃至世界各国构建"美丽中国"和"美丽地球"提供新的认识视角和实践范式。

参 考 文 献

阿尔贝特·施韦泽. 1995. 敬畏生命. 陈泽环, 译. 上海: 上海社会科学院出版社: 20,156

阿尔贝特·施韦泽. 2008. 文化哲学. 陈泽环, 译. 上海: 上海世纪出版集团: 37

奥尔多·利奥波德. 1997. 沙乡年鉴. 侯文蕙, 译. 北京: 吉林人民出版社: 236

包庆德, 王志宏. 2003. 走出与走进之间: 人类中心主义研究述评. 科学技术哲学研究, 20(2): 12-14

包庆德, 夏雪. 2010. 国内学界关于生态学马克思主义生态危机根源研究述评. 南京林业大学学报(人文社会科学版), 10(2): 1-11

本·阿格尔. 1991. 西方马克思主义概论. 慎之, 等译. 北京: 中国人民大学出版社: 486, 488, 497

曹孟勤. 2003. 超越人类中心主义和非人类中心主义. 学术月刊, (6): 19-24

曹淼, 万鹏. 2018. 光明日报评论员: "坚持人与自然和谐共生——九论深入学习贯彻党的十九大精神". http://theory. people. com. cn/n1/2017/1105/c40531-29627370. html [2018-9-1]

陈少英, 苏世康. 2002. 论生态文明与绿色精神文明. 江海学刊, (5): 44-48

陈戍国. 2004. 礼记校注. 长沙: 岳麓书社: 368

陈思敏. 2009. 论"天人合一"与公民生态文明意识. 山西师大学报(社会科学版), 36(1): 25-28

陈学明. 2008. "生态马克思主义"对于我们建设生态文明的启示. 复旦学报(社会科学版), (4): 8-17

程俊英. 1985. 诗经译注. 上海: 上海古籍出版社: 265-269

程颐, 程颢. 1992. 二程遗书 二程外书. 上海: 上海古籍出版社: 17, 141

崔东文, 金波. 2014. 基于随机森林回归算法的水生态文明综合评价. 水利水电科技进展, 34(5): 56-60, 70

大卫·亨利·梭罗. 2009. 瓦尔登湖. 王家湘, 译. 北京: 十月文艺出版社

恩格斯. 1984. 自然辩证法. 北京: 人民出版社: 304-305

范阳. 1985. 柳宗元哲学著作注释. 南宁: 广西人民出版社: 93-172

冯友兰. 2000. 新原人. 上海: 华东师范大学出版社: 556

高宇. 2018. 本·阿格尔的生态学马克思主义理论及其当代启示. 中共山西省委党校学报, 41(255): 129-131

韩星. 2015. 董仲舒天人关系的三维向度及其思想定位. 哲学研究, (9): 45-54

何小英. 2004. "'天人合一'思想与当代生态伦理教育". 船山学刊, (3): 56-59

赫伯特·马尔库塞. 1988. 单向度的人. 刘继, 译. 重庆: 重庆出版社: 143

洪颖. 2013. "天人合一"和谐教学观下的课堂生态研究. 长沙: 湖南师范大学

侯立安. 2018-4-14. "生态文明视阈下的海绵城市建设". 黄河报, 第 002 版

皇侃. 2014. 论语义疏. 北京: 中华书局: 143-154, 174

黄海静. 2002. 壶中天地天人合———中国古典园林的宇宙观. 重庆建筑大学学报, 24(6): 1-5

黄怀信. 1995. 逸周书汇校集注. 上海: 上海古籍出版社: 253-254

黄瑾, 高雷. 2018. "习近平说, 过去五年取得了改革开放和社会主义现代化建设的历史性成就". http://cpc. people. com. cn/19th/n1/2017/1018/c414305-29594172. html [2018-9-1]

黄寿祺, 张善文. 2012. 周易译注. 上海: 上海古籍出版社: 16

霍尔姆斯·罗尔斯顿. 2000a. 环境伦理学. 杨通进, 译. 北京: 中国社会科学出版社: 10

霍尔姆斯·罗尔斯顿. 2000b. 哲学走向荒野. 刘耳, 叶平, 译. 长春: 吉林人民出版社: 189

贾学军. 2013. 现代工业文明与全球生态危机的根源. 生态经济(中文版), (1): 18-23

金良年. 2016. 孟子译注. 上海: 上海古籍出版社: 5, 282

金振文, 王维. 2018. 致力能源互联——国网天津电力助力生态文明建设. 当代电力文化, (2): 22-23

巨乃岐. 1997. 试论生态危机的实质和根源. 科学技术哲学研究, (6): 20-25

康有为. 1987. 康有为全集第 2 卷. 上海: 上海古籍出版社: 285

赖功欧. 2017. 后现代农业的土地关怀及其初步尝试. 鄱阳湖学刊, (4): 45-50, 126

雷毅. 2010. 阿伦·奈斯的深层生态学思想. 世界哲学, (4): 20-29

黎翔凤. 2004. 管子校注上. 北京: 中华书局: 263, 1179, 1426

李保印, 张启翔. 2006. "天人合一"哲学思想在中国园林中的体现. 北京林业大学学报(社会科学版), 5(1): 16-19

李韶楠. 2018. 浅谈"天人合一"思想在室内设计中的应用. 现代园艺, (12):94-95

梁苗. 2013. 当代西方生态马克思主义理论评析. 生态经济, (12): 36-41

林晓希. 2014. 近三十年来"天人合一"问题研究综述. 燕山大学学报(哲学社会科学版), 15(4): 20-25

刘立夫. 2007. "天人合一"不能归约为"人与自然和谐相处". 哲学研究, (2): 67-71, 127

刘仁胜. 2007. 生态马克思主义概论. 北京: 中央编译出版社: 25

刘薇. 2013. 生态文明建设的基本理论及国内外研究现状述评. 生态经济(学术版),(2): 34-37

刘文典. 2013. 淮南鸿烈集解. 北京: 中华书局: 808

刘湘溶. 1999. 生态文明论. 长沙: 湖南教育出版社

刘学智. 2000. "天人合一"即"天人和谐"?——解读儒家"天人合一"观念的一个误区. 陕西师范大学学报(哲学社会科学版), 29(2): 5-12

刘钊. 2005. 郭店楚简校释. 福州: 福建人民出版社: 181

刘作. 2014. 康德论对动物的间接义务. 山东科技大学学报(社会科学版), 16(5): 84-89

卢风. 2016. 非物质经济、文化与生态文明. 北京: 中国社会科学出版社:139-154

鲁迅. 2005. 鲁迅全集. 北京: 人民文学出版社: 370-407

陆九渊. 1980. 陆九渊集. 钟哲, 点校. 北京: 中华书局: 273

陆永品. 2006. 庄子通释. 北京: 中国社会科学出版社: 16

章锡琛. 1978. 张载集. 北京: 中华书局: 235

罗德里克•纳什. 1999. 大自然的权利: 环境伦理学史. 杨通进, 译. 青岛: 青岛出版社: 43, 85

落瀚卿. 2018. 人类中心主义与非人类中心主义的生态文明观探析. 绿色科技, (10): 279-280

马克思, 恩格斯. 1995. 马克思恩格斯选集第 1 卷. 北京: 人民出版社: 76-77

马克思, 恩格斯. 2006. 马克思恩格斯全集第 42 卷. 北京: 人民出版社: 128

马万利, 梅雪芹. 2009. 生态马克思主义述评. 国外理论动态, 24(2): 82-87

蒙培元. 2002. 张载天人合一说的生态意义. 人文杂志, (5):27-32

慕平. 2009. 尚书. 北京: 中华书局: 206

庞昌伟, 龚昌菊. 2015. 中西生态伦理思想与中国生态文明建设. 新疆师范大学学报(哲学社会科学版), (2): 104

钱易, 何建坤, 卢风. 2015. 生态文明十五讲. 北京: 科学出版社

邱耕田. 1997. 三个文明的协调推进: 中国可持续发展的基础. 学术评论, (3): 24-26

饶尚宽. 2016. 老子. 北京: 中华书局: 66

阮锡桂, 郑璜. 2014-10-31. "习近平在福建治山治水: 绿水青山就是金山银山". 福建日报, 第 1 版

上海师范大学古籍整理组. 1978. 国语. 上海: 上海古籍出版社: 70

申曙光. 1994. 生态文明及其理论与现实基础. 北京大学学报(哲学社会科学版), (3): 31-35

沈幼琴. 2002. 中国哲学和可持续发展——冯友兰"天地境界"研究. 见: 胡军. 传统与创新——第四届冯友兰学术思想研讨会论文集. 北京: 北京大学出版社

十八大报告全文. 2018. http://cpc. people. com. cn/n/2012/1118/c64094-19612151. html [2018-9-1]

十九大报告全文. 2018. http://news. cnr. cn/native/gd/20171027/t20171027_524003098. Shtml [2018-8-1]

石敏俊. 2018. "十九大报告: 生态文明建设和绿色发展的路线图". http://guancha. gmw. cn/2017-10/24/content_26592293. htm [2018-9-1]

宋志明. 2011. 论中国近代本体论转向. 社会科学战线, (10): 12-19

苏舆. 2015. 春秋繁露义证. 北京: 中华书局: 165

孙中山. 1982. 孙中山全集. 北京: 中华书局: 514

谭嗣同. 1998. 谭嗣同全集. 北京: 中华书局: 432-433

汤一介. 2005. 论"天人合一". 中国哲学史, (2): 5-10, 78

汤一介, 庄印. 1963. 董仲舒的哲学思想及其历史评价. 北京大学学报(哲学社会科学版), (3): 41-52

托马斯·阿奎那. 2013. 神学大全. 段德智, 译. 北京: 商务印书馆

王夫之. 1975. 张子正蒙注. 北京: 中华书局: 333

王利华. 1993. 略述中国古代的竹笋开发. 中国农史, (2): 65-72

王利华. 2014. 《月令》中的自然节律与社会节奏. 中国社会科学, (2): 185-203

王树声. 2009. "天人合一"思想与中国古代人居环境建设. 西北大学学报(自然科学版), (5): 915-920

王威威. 2014. 荀子译注. 上海: 上海三联书店: 81, 141

王依涵, 王秀萍. 2018. "生态文明引领浙江乡村振兴". http://www. zjwmw. com/07zjwm/system/2018/04/27/021662956. shtml [2018-9-1]

王雨辰. 2006. 生态辩证法与解放的乌托邦——评本·阿格尔的生态学马克思主义理论. 武汉大学学报(人文科学版), 59(2): 134-139

王云霞, 杨庆峰. 2009. 非人类中心主义的困境与出路——来自生态学马克思主义的启示. 南开学报(哲学社会科学版), (3): 57-63

王泽霞, 江乾坤, 叶继英. 2014. 生态文明、大数据与财务成本管理创新——中国会计学会财务成本分会 2014 学术年会综述. 会计研究, (11): 93-96

王子彦, 陈昌曙. 1998. 现代自然观与可持续发展——关于"后人类中心主义"的一点设想. 自然辩证法研究, (2): 30-33

温宗国, 刘航. 2018. "加快构建生态文明体系, 推动美丽中国再上新台阶". https://baijiahao. baidu. com/s?id=1601781141700458759&wfr=spider&for=pc [2018-9-1]

吴汝煜. 1987. 刘禹锡诗文选注. 上海: 上海古籍出版社: 121

吴毓健, 林侃, 方炜杭. 2017-7-18. "习近平总书记在福建的探索与实践·改革篇". 福建日报, 第 1 版

伍瑛. 2000. 生态文明的内涵与特征. 生态经济, (2): 38-40

武卫政, 孙秀艳, 顾春. 2018-4-20. 绿水青山就是金山银山——浙江湖州生态文明建设纪实之一. 人民日报, 第 02 版

习近平. 2014. 摆脱贫困. 福州: 福建人民出版社: 66, 127-128

习近平. 2015. 知之深 爱之切. 石家庄: 河北人民出版社: 140

习近平. 2018-5-20. 坚决打好污染防治攻坚战 推动生态文明建设迈上新台阶. 人民日报, 第 01 版

谢光前. 1992. 社会主义生态文明初探. 社会主义研究, (3): 32-35

徐昌文. 2009. 荀子生态伦理思想及其对当今生态文明建设的启示. 中华文化论坛, 2(2):109-112

徐海红. 2010. 国内外生态文明研究现状述评及展望. 北京: 传统文化与生态文明国际研讨会暨第22届国际易学大会北京年会

徐小蛮. 2016. 吕氏春秋. 上海: 上海古籍出版社

亚里士多德. 1997. 政治学. 北京: 商务印书馆: 23

严复. 1986. 严复集第 5 册. 北京: 中华书局: 1320

杨光生. 2010. 论相对人类中心主义与生态文明的内在同一性. 学术交流, (12): 37-40

杨天宇. 2004. 礼记译注. 上海: 上海古籍出版社

叶谦吉. 1987-6-23. 真正的文明时代才刚刚起步——叶谦吉教授呼吁开展生态文明建设. 中国环境报, 第 1 版

尹冬青, 李俊. 2009. "天人合一"思想在中医养生文化中的积极影响. 医学与社会, 22(3): 18-20

余谋昌. 1994. 走出人类中心主义. 自然辩证法研究, (7): 8-14

余谋昌, 王耀先. 2004. 环境伦理学. 北京: 高等教育出版社: 48-49, 87

约翰·贝拉米·福斯特. 2006. 马克思的生态学: 唯物主义与自然. 刘仁胜, 肖峰, 译. 北京: 高等教育出版社

约翰·缪尔. 1999. 我们的国家公园. 郭名倞, 译. 长春: 吉林人民出版社: 250

詹姆斯•奥康纳. 2003. 自然的理由: 生态学马克思主义研究. 唐正东, 臧佩洪, 译. 南京: 南京大学出版社: 440

张岱年. 1985. 中国哲学中"天人合一"思想的剖析. 北京大学学报(哲学社会科学版), 22(1): 3-10

张世英. 2007. 中国古代的"天人合一"思想. 求是, (7): 34-37

章太炎. 1981. 章太炎选集. 上海: 上海人民出版社: 47

赵树贵, 曾丽雅. 1997. 陈炽集. 北京: 中华书局: 21

赵晓庆, 汪应宏. 2013. 论利奥波德的土地伦理思想及其生态环境学意义. 求索, (11): 96

浙江省环境保护厅. 2018. 2011 年浙江省环境保护及相关产业基本情况调查状况公报. http://www. zjepb. gov. cn/col/col1201499/index. html [2018-9-1]

郑璜, 方炜杭. 2014-11-1. 进则全胜, 不进则退. 福建日报, 第 1 版

郑慧子. 2005. 从人类中心主义到非人类中心主义: 一个文化进化的观点. 河南大学学报(哲学社会科学版), 45(1): 58-63

中国知网. 2018. 主题词检索. http://kns. cnki. net/kns/brief/result. aspx?dbprefix=scdb [2018-8-1]

中央党校采访实录编辑室. 2017. 习近平的七年知青岁月. 北京: 中共中央党校出版社: 187-189, 245, 326

周天晓, 沈建波. 2017-10-18. 习近平总书记在浙江的探索与实践: 绿水青山就是金山银山. 浙江日报, 第 1 版

竺可桢. 1993. 关于自然资源破坏情况及今后加强合理利用与保护的意见. 科技导报, (5):48-51

Fetscher I. 1978. Conditions for the survival of humanity: on the dialectics of progress. Universitas, 20(3): 168-171

Morrison R. 1999. Ecological Democracy. New York: South End Press

Naess A. 1973. The shallow and the deep, long-range ecology movement: A summary. Inquiry, (16): 95-100

Naess A. 1998. The Deep Ecological Movement: Some Philosophical Aspects. *In*: Zimmerman M E. Environmental Philosophy: From Animal Rights to Radical Ecology. Upper Saddle River: Prentice-Hall Inc: 10

Norton B. 1984. Environmental ethics and weak anthropocentrism. Environmental Ethics, 6(2): 131-148

Rolston H. 1988. Environmental Ethics: Duties to and Values in Natural World. Philadelphia: Temple University Press: 3-26

Ye Q J. 1984. Ways of Training Individual Ecological Civilization under Mature Socialist Conditions. Moscow: Scientific Communism: 2

第二章　生态文明理论问题研究

第一节　"生态文明"与若干概念辨析

在 2007 年中国共产党"十七大"提出生态文明建设之前，国内外已有极少数学者提出"生态文明"概念。早在 1987 年 5 月，在安徽阜阳市举行的全国生态农业研讨会上，叶谦吉说：我们要大力提倡生态文明建设。"所谓生态文明，就是人类既获利于自然，又还利于自然，在改造自然的同时又保护自然，人与自然之间保持着和谐统一的关系。"（张春燕，2013）。国外最早提出这个概念的学者或许是德国法兰克福大学政治系教授费切尔（Fetscher），他在 1978 年发表的"论人类生存的环境——兼论进步的辩证法"（最初发表于《宇宙》英文版 1978 年第 3 期）一文中指出："人们向往生态文明是一种迫切的需要，这种文明有别于舍尔斯基所说的技术国家，是以设定有一种自觉地领导这一制度的社会主体为前提的，达到这种文明要靠人道的、自由的方式，不是靠一群为在世界范围内实行生态专政服务的专家来搞，而只靠大多数人从根本上改变行为模式。把一切希望完全寄托于无限进步的时代即将结束。人们对自己所幻想的终能无限驾驭自然的时代究竟能否实现，已深感疑惑。正是因为人类和非人的自然界之间处于和平共生状态之中，人类生活才可以进步，所以必须限制和摒弃那种无限的直线式的技术进步主义"（费切尔，1982）。费切尔提出"生态文明"比叶谦吉早 9 年。在 2007 年举行的中国共产党"十七大"之前关于生态文明的研究成果极少，2007 年之后，这方面的研究成果突然增多，这得益于中共中央的重视。中国共产党"十八大"把生态文明建设提到了很高的战略高度，习近平总书记又极为重视生态文明建设。近年来对生态文明研究的资助力度明显加大，研究成果倍增。但许多人（包括学者）对何谓生态文明不甚了了，人们对"生态文明"概念的界定和理解也存在一定的分歧，因此厘清"生态文明"概念的源流和内涵，尤其是与"可持续发展""绿色发展""循环经济"等相关概念的异同之处，仍是一项十分重要的学术任务。

一、"生态文明"中的"文明"与"生态"

"生态文明"这一概念将"生态"和"文明"两个术语结合起来，这两个术语的内涵非常丰富，有多重含义。因此，要理解"生态文明"，首先就要明确我们在什么意义上理解这一概念中的"生态"和"文明"。对"生态文明"的解读一般有两个出发点，其中一条沿着"原始文明—农业文明—工业文明—生态文明"的线索展开，另一条沿着"物质文明—精神文明—政治文明—生态文明"的线索展开。可以看出，在这两种思路中"生态文明"的含义是非常不同的，而其中的核心差别在于对"文明"一词的理解上。在本节中，我们首先分析生态文明概念中"文明"一词的含义，其次再界定"生态"的含义。

1. "文明"一词的含义

"文明"这一概念有两种用法，一是在日常语言中的用法，二是历史学家的用法。

日常语言中的"文明"指开化、进步、美好的社会状态或人类行为，与野蛮、落后、丑恶相对。我们通常说，"随地吐痰不文明"，"损坏公物不文明"，"在公共场所大声喧哗不文明"，就指这层意思。2000 年版《辞海》对"文明"一词的释义指出了这一点："'文明'指人类社会进步状态，与'野蛮'相对。"我国官方意识形态在列举"物质文明"、"精神文明"、"政治文明"和"生态文明"时，"文明"一词也是在这种意义上使用的。社会主义核心价值观中的"文明"当然也指这层意思。

历史学家所说的"文明"则有所不同。19 世纪法国著名历史学家、政治家基佐（F. P. G. Guizot）说，文明就是各民族"世代相传的东西"，是"从未曾丧失而只会增加"而形成的"一个越来越大的团块"，且要"继续下去直到永远"。"文明是一个可以被描写和叙述的事实——它是历史。""这个历史是一切历史中最伟大的历史，因为它无所不包"（基佐，1998）。"文明这个词所包含的第一个事实……是进展、发展这个事实"（基佐，1998）。文明须具备两个条件："社会活动的发展和个人活动的发展，社会的进步和人性的进步。哪个地方人的外部条件扩展了、活跃了、改善了；哪个地方人的内在天性显得光彩夺目、雄伟壮丽，只要看到了这两个标志，虽然社会状况还很不完善，人类就大声鼓掌宣告文明的到来。"（基佐，1998）。文明所要求的发展和改善不仅指物质生活条件、政治经济制度（如财富分配制度）以及人际关系的改善，还指道德和精神的改善。

19 世纪日本学者福泽谕吉的文明论受过基佐的影响。福泽谕吉说："文明是一个相对的词，其范围之大是无边无际的，因此只能说它是摆脱野蛮状态而逐步前进的东西。""文明之为物，至大至重，社会上的一切事物，无一不是以文明为目标的"（福泽谕吉，1995）。"文明恰似海洋，制度、文学等犹如河流。流入海洋水量多的叫做大河，流入少的叫做小河。文明恰似仓库，人类的衣食、谋生的资本、蓬勃的生命力，无一不包罗在这个仓库里。社会上的一切事物，可能有使人厌恶的东西，但如果它对文明有益，就可以不必追究了"（福泽谕吉，1995）。"文明就是指人的安乐和精神的进步。但是，人的安乐和精神的进步是依靠人的智慧和道德取得的。因此，归根结底，文明可以说是人类智德的进步"（福泽谕吉，1995）。

20 世纪英国著名历史学家阿诺德·汤因比（Arnold Joseph Toynbee）认为，"历史研究的可以自行说明问题的单位既不是一个民族国家，也不是另一个极端上的人类全体，而是我们称之为社会的某一群人"（汤因比，1997）。文明是超越了原始社会的高级社会。"已知的文明社会的数目是很小的。已知的原始社会的数目却大得多"（汤因比，1997）。汤因比认为，原始社会和文明社会之间的根本区别是"模仿的方向"。模仿行为是一切社会生活的属性。"在原始社会里，模仿的对象是老一辈，是已经死了的祖宗，虽然已经看不见他们了，可是他们的势力和特权地位却还通过活着的长辈而加强了。在这种对过去进行模仿的社会里，传统习惯占着统治地位，社会也就静止了。在文明社会，模仿的对象是富有创造精神的人物，这些人拥有群众，因为他们是先锋。在这种社会里，那种'习惯的堡垒'是被切开了，社会沿着一条变化和生长的道路有力地前进"（汤因比，1997）。"从原始社会变到文明社会这一件事实是包括在从静止状态到活动状态的过渡当中"（汤因比，1997）。这里，汤因比显然与基佐和福泽谕吉一致，强调文明一定是发展、进步的，或者说文明是生长的。"怎么衡量这种生长呢？能不能把它当作是对于社会的外部环境加强了控制来衡量呢？这样的加强控制有两种情况：对于人为情况的加强控制，这个情况是以征服附近地区人民的形式出现，以及对于自然环境的加强控制，这里是以改进物质技术的形式出现。许多事例证明这两种现象——政治的和军事的扩张或技术改进——都不是真正造成生长现象的原因。军事扩张一般来说是军国主义的结果，而军国主义本身乃是衰落的象征。无论农业还是工业上的技术改进都同真正的生长很少有关系，或干脆没有关系。事实上，在真正的文明衰落期也会出现技术改进的现象"。"真正的进步包括在一种解释为'升华'的过程中。这个过程是克服物质障碍的过程。社会的精力通过这个过程解放出来，对挑战进行应战。这个过程是内部的，不是外部的；是属于精神的，不是属于物质的"（汤因比，1997）。在汤因比的叙事中"文明"也就是"文明社会"，是较发达的社会之整体，是历史研究的基本单位，即"可以自行说明问题的单位"。

显然，历史学家所说的"文明"蕴含了当代日常语言中"文明"一词的基本含义：开化、进步与美好，但历史学家所说的"文明"还指人所特有的生产、生活方式，指社会形态或社会整体，指人超越非人动物所创造的一切。用基佐的话说，文明是特定族群创造的世代相传、持续增加的"一个越来越大的团块"，人们创造的一切都在这个"团块"之中。用福泽谕吉的话说，文明是人类创造的无所不包的"大仓库"，其中不仅有美好的东西，也有"使人厌恶的东西"。汤因比把文明的标准规定得高一些，并非属人的一切都是文明的，原始社会不算文明，跨越了原始社会而进入高级阶段后的社会才是文明。本节所援引的三位历史学家都强调文明必须是发展（或生长）的，但他们所说的发展绝不仅指经济增长，而指社会的全面改善，尤其是包含精神的提升或道德的进步。

历史学家所说的"文明"与人类学家所说的"文化"相当。西方的著名人类学家马林诺斯基（Malinowski）认为，文化是"一个有机整体（integral whole），包括工具和消费品、各种社会群体的制度宪纲、人们的观念和技艺、信仰和习俗。无论考察的是简单原始、抑或是极为复杂发达的文化，我们面对的都是一个部分由物质、部分由人群、部分由精神构成的庞大装置（apparatus）"（马林诺斯基，1999）。马林诺斯基讲的文化这种"庞大装置"，显然就是基佐讲的那种庞大"团块"，或福泽谕吉讲的那种"仓库"，即文明。当然，"文化"有广义和狭义之分。狭义的文化指文学、艺术、宗教、哲学等。而人类学家讲的"文化"是广义的，通常和历史学家讲的"文明"大致同义，在许多语境中两者甚至可以互换，都指人类超越非人动物而创造的一切，或指人类超越于非人动物的生活方式。这里的"生活方式"是广义的，包括人类生活的一切，不与"生产方式"对照，生产也是生活的一部分，故广义的"生活方式"涵盖了"生产方式"。广义的"文明"和"文化"都指人类超越非人动物的生活方式的社会状态，指人类社会形态或社会整体。

如果不像汤因比那样把原始社会排斥在文明之外，则可认为人类文明的发展大致经历了这样几个阶段：采集渔猎文明、农牧文明、工业文明。采用了汤因比的观点，则人类文明由原始社会发展而来，已经历了农牧文明和工业文明这样两个发展阶段。工业文明发源于 18 世纪的欧洲，如今正在全球铺展。本文之所以着力辨析"文明"一词的用法，因为目前关于生态文明的讨论涉及以上辨析的两种不同含义，有的仅在"开化、进步、美好"的意义上使用"文明"，有的则在历史学的意义上使用"文明"。不注意辨析词义就不明白那些都在谈论生态文明的人何以有那么严重的分歧。

2. "生态"概念辨析

要清晰界定"生态文明"这个概念，除了要明白何谓"文明"而外，还必须明白何谓"生态"。"生态"一词的含义与生态学密切相关。

"生态学"（ecology）这一词语由德国学者海克尔（Haeckel）于 1866 年提出，是研究生物有机体与其无机环境之间相互关系的自然科学。20 世纪三四十年代是生态学的基础理论发展的关键时期，一是提出了"生态系统"的概念，二是营养动力学的产生和研究方法量化。1940 年林德曼（Lindeman）提出，"生态学是物理学和生物学遗留下来的并在社会科学中开始成长的中间地带。"20 世纪 80 年代，尤根·欧德姆（Odum）在其《基础生态学》论著中称生态学是一门独立于生物学甚至自然科学之外，联结生命、环境和人类社会的有关可持续发展的系统科学（李文华，2013）。

美国著名环境历史学家唐纳德·沃斯特（Donald Worster）说："生态学突然在 20世纪 60 年代登上了国际舞台。在此之前，各个领域的科学家都已习惯于作为社会的施舍者出现。人们期望他们能够为国家指出怎样才能增加实力，为广大公民指出怎样才能增加财富。但是现在科学家们却要在一个更为紧张、更为忧心忡忡的时代里充当一种新角色，因为他们似乎掌握着生与死的奥秘。尤其是创造出历史上最为恐怖的武器——原子弹的物理学家们，已经被一种氛围包围着，那氛围就如同古老的萨满教僧操纵着邪恶神灵时的氛围一样。生态学家是以脆弱生命的保护者角色出现的。'生态学时代'这一词语出自 1970 年第一个'地球日'的庆祝活动，它表达了一种坚决的希望——生态学科将只是提供保证地球持续生存的行动计划"（唐纳德·沃斯特，1999）。

生态学不是像物理学那样的有统一范式的科学，即生态学家们的基本观点也不一致，但这正是科学发展到高级阶段的基本特征之一——科学多元化。物理学家在实验室中研究一个特定问题时较容易达成一致，因为他们所研究的已是高度简化的问题，而不是处于自然状态的事物。自然事物本身总是处于复杂的关系之中，任何一个具体事物都是不同层级的系统中的事物。在研究复杂生态系统时，不同研究者和不同学派难免会提出不同观点。

生态学力倡一种新的科学思维方法：整体论的系统方法。这是真正兼顾综合与分析的思维方法。

霍华德·欧德姆（Howard Odum，尤根·欧德姆的兄弟）也称生态学的思维方式为宏观系统观点（the macroscopic systems point of view）。霍华德对宏观系统观点做了如下论述：自列文虎克用显微镜研究了不可见世界，和古希腊原子论在化学研究中一步一步地获得了经验证实以来，数个世纪人们都认为，自然界之结构和功能就是不同层级的部分。人类用这种微观解剖的方法取得了很多进步。但是，到了 20 世纪，这种微观知识的加速进步不能解决人类环境、社会体制、经济和生存的某些种类的问题，因为缺失的信息根本不在对微观成分和部分的辨识中。人类确实很好地看到了由部分构成的世界。但他们刚开始看到联系各部分的各种系统。

在这两个世纪，微观分析的科学进步的同时，我们发现当代世界开始通过系统科学的宏观视角去看事物，并要求具有分辨由部分构成的系统的特征和机制的方法。宏观思维方法在不同科学和学者们的哲学态度中一点一滴地进步。每日的世界气候图，获自卫星的信息，各国和世界的宏观统计资料，国际地球物理学的合作研究，海洋化学物质循环的放射研究，都在激励一种新的观点。宏观系统思维方法与惯于通过研究部分去发现机械性说明的做法相反。人类已经有了无比复杂的关于部分的清晰观点，现在必须后退几步，抽身出来，占领制高点，把各个部分组装起来，简化概念，擦亮蒙上了霜雪的眼镜，以便发现大图示。天文系统尽管是无穷大的，也只有拉开距离才能见其主要特征。我们对地球上事物的认识是缓慢的，只因为我们离得太近了。正如那句关于森林和树木的古老谚语所说的，由部分我们看不到全部。

霍华德所说的"宏观系统观点"就是生态学的基本方法，就是我们解决当代许多重大问题必须运用的方法。

中国著名生态学家李文华院士说：伴随着地球生态问题的日益尖锐，生态学研究的对象正从二元关系链（生物与环境）转向三元关系环（生物-环境-人）和多维关系网（环境-经济-政治-文化-社会）。生态组分间已经不是泾渭分明的单一因果关系，而是多因多果，连锁反馈的网状联系。生态科学的方法论也从物态到生态、从技术到智慧、从还原论到整体论到两论融合。生态学研究对象开始从物理实体的格"物"走向生态关系的格"无"，辨识方法也从物理属性的数量测度走向系统属性的功序测度，调节过程则从控制性优化走向适应性进化，分析方法从微分到整合。生态学通过测度生态系统的属性、过程、结构与功能去辨识、模拟和调控生态系统的时、空、量、构、序间的生态耦合关系，化生态系统复杂性为社会经济的可持续性。人类从认识自然、改造自然、役使自然而后到保护自然、顺应自然、品味自然，经历了从悦目到感悟的过程，生态学方法论也在逐渐从单学科跨到多学科的融合（李文华，2013）。

可见，"生态的"即"自然关系之中的"，自然关系既包括不同物种之间的关系，也包括生物与其物理环境之间的关系。值得强调的是，自然物之间的关系是复杂的，而不是简单的；自然系统都是处于生长或生成过程中的系统，而不是只受永恒不变的法则支配的现象或对象。人是地球诸物种中的一种，是创造出了文化的一个物种。人在自然系统之中如鱼在水中。

生态学方法可归类于 20 世纪下半叶逐渐兴起的非线性科学（包括复杂性理论）或系统科学[①]。非线性科学力图采用霍华德所说的"宏观系统观点"，而避免还原论的片面性。

生态文明是以生态学、非线性科学、生态哲学为基本指南而谋求人类与地球生物圈协同进化的文明，是自觉运用生态学知识、"宏观系统观点"和生态智慧指导人类之生产和生活的文明。未来的人类实践将日益证明，把生态学、非线性科学、生态哲学与历史学中的"文明"概念有机地结合起来而提出"生态文明"概念是人类思想史上的一次无比伟大的革命。

有了生态学、非线性科学和生态哲学我们才能发现，为什么按照物理科学（包括物

---

① 非线性科学的兴起和生态哲学的出现都表明西方人的思维方式开始向中国的"综合的尽理之精神"靠拢。但非线性科学还不是主导性科学，生态哲学更不是主导性哲学。以牛顿物理学为典范的分析性科学仍牢牢地居于主导性科学地位，分析哲学也牢牢地居于主导性哲学地位。

理学、化学、生物学等）规律进行生产的一个个企业之高效运转的整体效应是环境污染、生态退化和破坏以及气候变化，为什么按主流经济学、政治学、管理科学进行组织和管理的各种企业、组织的高效运作非但不能遏制环境污染、生态破坏和气候变化，相反，效率越高，污染和破坏越严重。原因就是，人们只追求一个个企业或组织的高效率和高效益，而忘了一切企业、组织乃至整个人类社会都只是生态系统的子系统。人们只追求局部利益的最大化，而不顾全人类的整体利益，更不顾生态系统和地球生物圈的健康；人们只追求短期利益，而不考虑人类文明的可持续性。由生态学、非线性科学和生态哲学，我们会明白，只有进行工业文明所有维度的联动变革，才能走出工业文明带来的危机。实现工业文明所有维度的联动改变就不是对工业文明进行修补，而是对工业文明的超越。

二、生态文明的内涵

到 21 世纪初，工业文明的工业发展到了信息化、智能化阶段。它既展现了无比辉煌的成就，又出现了空前深重的危机——全球性环境污染、生态退化和破坏以及气候变化的危机。我们不妨把其简称为生态危机。生态危机加上核武器和现代高新科技军事应用的危险，对人类的持续发展构成空前的威胁。当前，越来越多的国内外学者认为工业文明不可持续，因而必须超越工业文明，走向另一种文明。这里的"越来越多"指 20世纪六七十年代开始的一种变化趋势，非指如今相信这一点的人已占世界人口的绝对多数。事实上，拒不承认这一点的人仍占多数，他们甚至仍占据主导地位。但是，工业文明不可持续论的影响在扩大和增强，总有一天，多数人会接受这一观点。

越来越多的有识之士在探讨超越工业文明而谋求文明之可持续发展的出路。西方学者是先行者，但他们中的多数过分局限于分析性思维，故提出的方案或多或少地带有"头痛医头脚痛医脚"的特征。有人认为，现阶段工业文明不可持续的根本原因在于能源和技术问题，有了清洁能源和清洁生产技术，问题就解决了；有人认为，环境污染问题归根结底是个经济问题，主要是企业外部性问题，有了污染权交易市场，这个问题就解决了；西方人提出的最富有远见的解救之道或许是伦理学、哲学层面的，如利奥波德提出"土地伦理"，奈斯等提出深生态学和生态哲学（ecosophy），罗尔斯顿提出自然价值论，等等。然而，工业文明的危机是缠绕于文明的不同维度的，仅从能源、技术、组织、制度、观念、哲学等任何一个单一层面，都无法解决问题，难以走出危机走向可持续发展之路。必须将文明（或文化）作为"有机整体"出发，对文明整体进行条分缕析和全面"诊断"，才能发现工业文明的"病根"，也只能通过社会文明整体各维度的联动变革，才能挽救我们的人类文明。

中国人率先重视"生态文明"概念并开始在实践中着手建设生态文明，这与当代中国人还没有彻底告别传统文化密切相关，与中国人的思维方式尚未被西方人的思维方式彻底同化密切相关。迄今，西方虽然也零星地有几个学者，如柯布（John Cobb）、盖尔（Arran Gare）、莫里森（Roy Morrison）等，接受、使用"生态文明"这一概念，德国学者费切尔甚至算是最早提出"生态文明"概念的人，但绝大多数西方学者（包括研究生态危机、可持续发展、环境伦理学的学者）拒不使用这一概念。之所以这样，就因为传统中国人的精神是"综合的尽理之精神"，而西方人的精神是"分解的尽理之精神"（郑家栋，1992），或说"东方的思维模式是综合的，西方的思维模式是分析的"（季羡林，2006）。固守牛顿物理学式的科学思维和分析哲学的哲学思维，人们必然认为"生态文明"是个模糊不清的概念。当然，西方科学和哲学也在发生变化，非线性科学和生态哲学也正力图用整体论、系统论思想补充分析性思维的不足。

现代性（modernity）是工业文明的意识形态①。在今日中国，人们对工业文明的前景和现代性的得失的看法大相径庭。绝大多数人刚刚享受到工业化所带来的物质富足且正沉浸其中，故对现代性也深信不疑。但由于我们在享受物质富裕的同时，环境污染严重，生态破坏加剧，贫富差距拉大，社会极度腐败，于是越来越多（亦指变化趋势而非指绝对多数）的人们开始反思工业文明的得失和现代性的错误。在这样的社会背景下，人们对生态文明也有不同的理解。

一部分人坚信现代性而拥护工业文明，他们认为，生态文明是现代文明（即工业文明）的一个维度，正如物质文明、精神文明和政治文明是现代文明的三个不同维度。从18世纪到20世纪六七十年代，现代文明缺了生态文明这一维度，即人们没有文明地对待生态环境，才造成了现在严重的环境的污染、生态的破坏和气候的变化。只要能将生态文明这一维度补上，现代文明（即工业文明）就安然无恙了。不妨称这种生态文明观为修补论。如今持此论的人们原本不谈生态文明，只因为中共中央十分重视生态文明建设，所以也跟着谈论②。在他们看来，生态文明建设不过就是节能减排、保护环境，即文明地对待生态环境。可见，他们所说的"文明"多指开化、进步、美好，而非指整个社会形态。这是日常语言中的"文明"。当然，这一派人有时也难免在"社会形态"意义上使用"文明"，这时他们认为，生态文明不是什么超越工业文明的新文明，充其量只是工业文明的新阶段，有人称其为"科学的工业文明③"。

对工业文明、现代性以及文明的危机反思较多的人们则认为，工业文明的发展方向是十分危险的，是根本不可持续的，现代性是包含严重错误的。生态文明不是工业文明的一个维度，而是超越工业文明的一种新的文明形态。不妨称这种生态文明论为超越论。持此论者所说的"文明"多指社会形态，即历史学家所说的文明。超越是扬弃，即克服工业文明的根本弊端——不可持续性，继承工业文明的积极成果，如民主法治、信息技术等，并创造出绿色技术、绿色金融、绿色市场、绿色政治、绿色消费、绿色生活方式等新成果。只有超越了工业文明，走向生态文明，人类文明才能持续发展。习近平总书记认同了这种观点。他说："人类经历了原始文明、农业文明、工业文明，生态文明是工业文明发展到一定阶段的产物，是实现人与自然和谐发展的新要求。"（中共中央宣传部，2014）这里所说的"文明"显然就是历史学家所说的"文明"。

修补与超越都是针对工业文明而言的。修补论和超越论会长期相持下去，即使在工业文明如日中天的时候，也暴露了其内在的深层次的危机，生态文明建设也是在这一历史关头开始的。"瘦死的骆驼比马大"，工业文明的衰落势必经历一个较长时期。工业文

---

① 关于现代性的文献已汗牛充栋，故不在此阐释这一概念。

② 当然也不能排除这种情况，在2007年之前极少数的讨论生态文明的学者中有一部分人的思想视野完全未超出现代性视域，于是如今也持修补论立场。

③ 在2017年3月1日中国生态文明研究与促进会召开的一个座谈会上，一位学者（博士、研究员）兼官员明确地说："生态文明不是什么不同于工业文明的新文明，而只是科学的工业文明。"

明的衰落期也就是生态文明的生长期，这个生长期必然也是相当长的。所以支持工业文明的人数不会骤然减少。修补论与超越论的分歧主要是现代性与非现代性之间的分歧。现代性的拥护者目前占据社会各领域的主导地位，但一种支持生态文明建设的非现代性思想——以生态学、非线性科学为知识资源的经济学、社会学、政治学、哲学正迅速成长。当然，修补论与超越论之间也有重叠共识，即都赞成节能减排、保护环境。双方可在共识基础上，取长补短，积极对话，以推动生态文明理论研究的深化。

三、可持续发展理念

在国际社会和西方语境中，相比于"生态文明""可持续发展"（sustainable development）是一个更加常见的术语，无论是联合国机构和其他国际组织发表的各类环境政策报告，还是各国出台的环境评价和保护政策均将可持续发展作为重要目标。当然，与许多其他重要的和充满活力的思想观念一样，"可持续发展"概念也具有丰富的内涵，在日常语言使用和学术讨论中并没有完全界定清楚。本节将首先讨论可持续发展概念在西方产生和发展的思想基础、历史源流，然后讨论这一理念在中国的实践状况及与中国现实国情结合而产生的理论发展。

由于发展阶段的不同，工业发达的西方社会普遍比其他社会更早遭遇到严重的环境问题。例如，20 世纪发生的伦敦烟雾事件、洛杉矶光化学烟雾事件、日本水俣病事件等几次震惊世界的环境公害事件均发生在欧美和日本等发达国家。因此，可持续发展理念和实践起源于西方国家，并不足为奇，让人疑惑的反而是为什么直到环境问题和生态危机如此严重、范围波及全球之时，可持续发展理念才被提出并广为接受？这一点其实与西方社会的殖民扩张和科学技术的发展等形塑现代工业文明的诸多因素密切相关。

可持续发展理念被提出的背景是人类社会认识到"不可持续性"，也就是认识到人类生存空间和资源的限度。人类很早就意识到局地的资源是有限的，是可能耗竭的。也正因此，人类历史上为争夺资源发生过无数次冲突和战争。但是，要认识到全世界资源的总量是有限的，却不是一件容易的事情。人类社会在应对资源短缺的状况时，除了发生直接和激烈的冲突，还可以通过对外扩张和人口迁移得到缓解。伴随着所谓"地理大发现"而来的是西方社会在全世界范围的殖民扩张，这大大缓解了西方资本主义发展过程中可能遇到的各种危机，同时也将西方工业化进程中对环境的破坏稀释、分摊了。在欧洲中心主义的思潮下，只要还存在着西方探险家、殖民者没有进入的荒野和没有开发的处女地，只要还存在着等待开拓的边疆，就只存在如何突破原来的界限的问题，而不是发展的不可持续问题。即使 16 世纪初麦哲伦环球航行已经有力证明了地球是一个球体，球体就意味着面积有限，但是直到 1972 年由阿波罗 17 号上的宇航员拍摄到清晰而完整的地球全貌时，人类才对地球空间的有限有了感性上的认识。即使到今天，人类已经不论在感性上还是在理性上都意识到人类所在的地球存在空间和资源上的界限，但是在社会上仍然存在很强的力量否认人类迟早会面临资源短缺问题。地球上几乎每一寸土地都已经被人类所涉足，但是很多人仍然幻想着通过外星殖民来应对人类发展可能存在的物理边界。对这些人来说，充满幻想的外星殖民似乎比人类发展存在限度更易于接受。

当然，随着科学技术的发展，许多原先被认为是环境瓶颈制约的极限确实得到了突破。在近现代很长一段时间内，可供人类利用的资源与能源形式不断丰富。在前工业文明，人类主要的能源来自燃烧树枝、秸秆等生物质能，以及通过简单的方式利用风能和水能。但是工业革命之后，人类不仅开始大规模使用化石能源，而且大大提升了水能、风能、太阳能等能源的利用效率，甚至能够使用可控核裂变等全新能源。而随着勘探、开采技术的提升，可供人类开发的化石燃料、矿产资源的探明储量不是在逐年减少而是在逐年增加。除此之外，在过去的几百年间，人类各方面的发展都呈现指数型增长模式，不论是人口、粮食还是商品制造，数量都保持着快速增长，几年就翻一番。科学技术的革新创造出一种对人类发展永无止境的信仰。

从这些因素就可以看出，认识到人类发展尤其是经济发展可能"不可持续"，认识到可供人类利用的资源、能源是有限的，确实需要经过长期深入的反思和对人类当时流行的很多观念的决然摈弃。在这个意义上，1972 年在瑞典首都斯德哥尔摩召开的第一届联合国人类环境会议上提出的"只有一个地球"的口号就是人类理智发展历程中的重要成就。在为这次会议准备的《只有一个地球》非官方报告中，作者们通过整理大量的人类历史和自然科学事实证明：当前的人类发展模式是不可持续的。在最后结论中写道："在这个太空中，只有一个地球在独自养育着全部生命体系。它最大限度地滋养着、激发着和丰富着万物。这个地球难道不是我们人世间的宝贵家园吗？难道它不值得我们热爱吗？难道人类的全部才智、勇气和宽容不应当都倾注给它，来使它免于退化和破坏吗？我们难道不明白，只有这样，人类自身才能继续生存下去吗？"（芭芭拉·沃德和勒内·杜博斯，1997）。而这次会议正式通过的《联合国人类环境会议宣言》也明确了"为今代和后世维护和改善人类环境，已经成为人类的迫切目标"，并且人人都有"为当代和后世保护和改善环境的神圣责任"（联合国，1973）。

第一届"联合国人类环境会议"是世界各国第一次就环境保护问题聚集起来召开国际大会，该会议揭示出人类当前发展的模式对自然环境的巨大影响，并明确提出人类即使出于自己和未来世代人类的利益也应该对自然环境进行保护和改善。这些观点在当时是振聋发聩的，具有相当重要的历史意义。在此会议召开的同年，一个名为"罗马俱乐部"的国际组织发表了影响深远的《增长的极限：罗马俱乐部关于人类困境的报告》。1968 年该组织由来自不同国家的几十位科学家、经济学家和企业家在罗马成立，其主要关注点是当前时代人类面临的重大问题。受该组织委托，麻省理工学院教授丹尼斯·梅多斯（Dennis Meadows）作为主要负责人，组建了一个科学家团队，从人口增长、农业生产、自然资源、工业生产和环境污染五个方面对人类可持续发展和全球经济可持续增长的可能限制条件展开了分析，并在 1972 年发表了他们的报告。该报告强化了地球具有物理极限的观念，并特别指出地球自然资源正在逐渐枯竭，自然环境吸收工农业废弃物的能力也在快速下降。该报告第一次向人们揭示，在地球物理环境的限制下，人类可能在未来的某个时刻陷入增长的停滞，甚至陷入文明的崩溃。地球环境能够提供的资源、能源和环境吸纳污染的能力总量是有上限的。然而人类的人口呈指数增长。与此相关的，人类对粮食、水、土地、矿产、能源等需求也呈指数增长。随之而来的，对环境的污染也会呈指数增长。这意味着人类在以越来越快的速度接近地球环境的限度，也意味着留给人类做出改变的时间和机会正在以越来越快的速度减少。

　　虽然《联合国人类环境会议宣言》和《只有一个地球》、《增长的极限》等报告已经呈现了许多与"可持续发展"相关的思想观点，但这一术语或相关概念"可持续性"（sustainability）并没有出现在这些文献中。虽然早在 20 世纪 70 年代出版的其他一些文献中，已经有学者开始使用这些术语，但直到 1980 年，由世界自然保护联盟（IUCN）、联合国环境规划署（UNEP）和世界自然基金会（WWF）共同发表了《世界自然保护大纲：保护生物资源，促进可持续发展》（*The World Conservation Strategy: Living Resource Conservation for Sustainable Development*）之后，"可持续发展"及相关术语才被广泛讨论和使用。

　　1983 年世界环境与发展委员会（World Commission on Environment and Development）作为联合国框架下的一个研究机构得以成立。1987 年该委员会发表了题为《我们共同的未来》的研究报告，围绕可持续发展提出了一揽子政策目标和行动建议。该报告指出："可持续发展是既满足当代人的需要，又不对后代人满足其需要的能力构成危害的发展"（世界环境与发展委员会，1997）。这一基本定义包括两个重要概念：需要（needs）和限制（limitations）。前者是指民众（特别是世界上最贫困地区的民众）的基本需求要得到保障，后者是指为了满足当代人和未来人的需求而对技术和社会组织之利用环境的力量加以限制。虽然学者们和政治家们对可持续发展的具体含义和实现路径至今仍未达成一致，但普遍认同《我们共同的未来》提出的可持续发展的基本原则。

　　到 1992 年，联合国在巴西的里约热内卢召开"联合国环境与发展大会"（又称"地球会议"）。此次会议共有 183 个国家和地区以及 70 个国际组织的代表参加，其中 102 位国家元首或政府首脑与会并发言，会议规模之高举世罕见。会议通过了《里约环境与发展宣言》和《21 世纪议程》两项纲领性文件，其中可持续发展成为最核心的议题。可以说，通过这次会议，国际社会将可持续发展作为当代人类发展的核心主题。自此之后，不论是在学术研究文献中，还是在政府政策公报中，"可持续发展"概念都广为使用。

　　可持续发展概念的大范围流行，来自不同领域的学者、政治家、社会活动家都纷纷使用这一概念，这一状况造成了可持续发展概念内涵的模糊化。在西方语境中，对可持续发展概念的内涵，不同领域的研究者会有相当不同的侧重。概括起来大致可分为三个方面的内涵：首先，科学家常常强调可持续发展概念的自然属性，尤其强调生物资源的保护和合理开发、对可再生和不可再生资源、能源的可持续利用等。例如，国际生态学联合会和国际生物科学联合会将其定义为："保护和加强环境系统的生产和更新能力"。其次，社会学和政治领域强调可持续发展的社会属性。他们特别强调公平性原则，要求可持续发展的实现以消除极端贫困、财富过度失衡为基础，要求改善世界最贫困人口的基本生活质量、保障人类平等自由的基本权利。最后，经济学家和政策制定者则强调可持续发展的经济属性，强调经济的持续的高质量增长，当前对自然资源的利用开发不以减少未来世代实际收入和福利为代价。在西方对这一理念的实践中，这三个方面的内涵又以经济属性为核心。事实上，有不少学者认为当前国际上的可持续发展实践，实质就是持续的经济增长。例如，英国经济学家戴维·皮尔斯指出："给可持续发展下定义非常简单，那就是人均消费，或 GNP，或不论什么达成共识的发展指标要持续增长，或至少不能下降。这也是大多数经济学家在谈及这一问题时对可持续发展的诠释"（Pearce，1993）。

　　对经济增长的可持续性的过分强调，使得可持续发展概念遭受了一定的非议。而中国恰恰在继承国外可持续发展理念和实践的基础上，进行了理论创新，强调了以人为本的全面协调的可持续发展。

四、绿色发展和循环发展

绿色发展概念和可持续发展概念紧密相连。有的学者把绿色发展等同于可持续发展，将绿色发展的范围扩展到经济、社会、生态环境的协调发展；也有的学者把绿色发展等同于绿色经济，主要指在可持续发展理念下将原有的"大量生产、大量消费、大量排放"的生产生活方式转变为在可持续发展理念下"资源节约型和环境友好型"的生产生活方式。

绿色发展有时候也被称为绿色增长，经济合作与发展组织（OECD）认为，"绿色增长是指在确保自然资产能够持续为人类幸福提供各种资源和环境服务的同时，促进经济增长和发展"，"既追求经济增长和发展，又防止环境恶化、生物多样性丧失和不可持续地利用自然资源"，既强调经济与环境协调发展，又强调通过"改变消费和生产模式，完善社会福利、改善人类健康状况、增加就业，并解决与此相关的资源分配问题"（OECD，2011）。可以看出，绿色发展或绿色增长的核心仍然是在经济方面的持续增长。

在绿色发展的框架下，一个重要的概念是"绿色GDP"。在经济学中，国民生产总值（GDP）是指一定时期内一个国家或者区域生产的全部产品与劳务价值的总和。当前通行的GDP算法忽略了经济活动对资源的损耗与环境污染造成的损失。因此，绿色GDP要求将生态环境损失成本核算进一个国家或地区的GDP之中。简单地说，绿色GDP就等于现行GDP减去环境污染与资源损耗成本及资源环境的保护成本。1993年联合国提出并推荐使用《综合环境与经济核算体系》（*System of Integrated Environmental and Economic Accounting*），首次明确提出了绿色GDP概念，并确定了自然资源和环境统计标准及评价方法。当然，对资源和环境的具体价值评价尚存在较大争议，也存在一些尚待解决的评价技术问题。美国、挪威、芬兰和法国等国家曾开展过绿色GDP核算的研究工作，但至今在世界范围内仍然不存在一套取得共识的绿色GDP核算办法。中国在2004年3月由国家环保总局和国家统计局牵头正式实施绿色GDP核算研究项目，2年后发布了《中国绿色国民经济核算研究报告2004》。这是中国第一份有关环境污染经济核算的国家报告（钱易和唐孝炎，2010）。但是由于一些技术和政策上的困难，中国绿色GDP的核算工作仍然处在研究、试验和示范的阶段。

"循环经济"是与"可持续发展""绿色发展"密切相关的概念。20世纪60年代，美国经济学家肯尼斯博尔丁（Kenneth Boulding）提出"宇宙飞船经济理论"。这是循环经济概念的雏形。博尔丁将地球看作是在宇宙中遨游的一架封闭的宇宙飞船，人类在地球上长期生存的前提条件是尽可能地实现飞船内的资源的循环利用，尽可能地减少最终废弃物。一旦人类将地球上的资源消耗殆尽或者过度排放污染物，人类必然面临灭绝的结局，甚至造成地球生态系统整体上的毁灭。这一理论具有相当的超前性，在当时并未受到广泛关注。直到20世纪90年代，随着国际上的可持续发展浪潮的兴起，源头预防和全过程控制的理念逐渐代替末端治理的做法，并成为世界范围内的环境保护和经济发展工作的主要内容。循环经济思想也在这个时期得到蓬勃发展，与此相关的诸多概念，如"零排放工厂""零废物生产""产品生命周期"纷纷被提出并在学术界和社会中流行（曲向荣，2014）。

循环经济的关键在于资源的循环利用。简单地说，就是将每一个生产步骤中的废弃物、排放物"变废为宝"，转化为另一个生产步骤的原料。1996 年德国出台的《循环经济与废弃物管理法》将循环经济定义为物质闭环流动型经济，明确了企业生产者和产品交易者承担循环经济发展的最主要责任。我国在 2008 年全国人大常委会审议通过、并在 2009 年 1 月实施的《中华人民共和国循环经济促进法》中将循环经济定义为：在生产、流通和消费等过程中进行的减量化、再利用、资源化活动的总称。其中减量化是指在生产、流通和消费等过程中减少资源消耗和废物产生；再利用是指将废物直接作为产品或者经修复、翻新、再制造后继续作为产品使用，或者将废物的全部或者部分作为其他产品的部件予以使用；资源化是指将废物直接作为原料进行利用或者对废物进行再生利用（环境保护常用法规手册编辑组，2009）。

《中华人民共和国循环经济促进法》对循环经济的定义揭示出其三大基本原则（常被称为"3R"原则）：减量化（reduce）、再利用（reuse）和再循环（recycle）。其中减量化原则是减少进入生产和消费过程的物质总量。再利用原则是延长产品服务的时间，通过多次利用减少对产品的存量需求。再循环原则是把废弃物变成二次资源重新利用，减少填埋、焚烧等低效率的末端处理。这三个原则的排列并非是任意的，而是根据重要性排列的。减量化是其中最优先的原则，只有在源头上有意识地节约资源，才能真正降低资源的浪费和消耗。这一点对不可再生资源和能源尤其重要（曲向荣，2014）。

根据循环经济适用的范围大小，还可以把循环经济分成三个层次：第一个层次是推动工厂、农场、企业的清洁生产；第二个层次是推动循环工业园区和生态农村建设；第三个层次是建设循环型社会。在第一个层次中，主要的目标是预防污染，最大限度地减少原料和能源消耗，降低生产和服务成本，提高资源和能源利用率。在第二个层次中，要仿照自然系统中的生态关系网络，在不同生产过程中互通物料、互通信息、优化配置，在工业园区和农村生态系统中实现各成员间副产品和废物的有效交换，实现能量、水及其他资源的逐级利用及基础设施和其他设施的共建共享，最大限度地谋求经济、社会和环境三个效益的统一。在第三个层次中，更重要的是实现产品的循环利用和废弃物的有效回收。总之，循环经济是一个系统工程，涉及社会生产生活的各个方面（李永峰，2014）。

五、"生态文明"视野下的可持续发展、绿色发展和循环发展

可持续发展理念的普及使人类认识到自身活动对自然环境和生态系统已经造成了巨大影响，当前的生产生活方式是不可持续的。全球生态系统的健康正在因为人类不加节制地开发、利用和破坏而趋于恶化，人类文明的续存因而面临威胁。可持续发展不仅指人类经济的持续发展，而且也进一步强调当代人类内部以及当代和未来世代人类之间的公平性原则，强调人类社会的可持续发展。因此，不论在国外还是在国内，不论在学术界还是联合国机构、政府部门、社会团体中，可持续发展已经成为应对日益严重的全球环境问题和生态危机的重要手段。绿色发展概念与可持续发展概念在内涵上有很多重

叠的部分。在一般的学术和政策讨论中，绿色发展往往偏向于强调绿色经济发展，特别强调在衡量经济发展水平时应该考虑自然和生态的成本。因此绿色发展特别关注在生产上通过技术革新降低污染、降低能耗，在政策上如何扶持与环境保护相关的行业、企业，以及在经济发展评价上如何体现环境和生态成本等问题。循环经济实际上是对如何进行绿色发展或可持续发展的一种具体回答，强调在社会生产和生活的各个环节减少各类副产品和废弃物的产生，并尽可能地将这些副产品和废弃物转化为下一个生产环节的原料，实现资源的循环利用。

总的来说，可持续发展、绿色发展和循环经济三种观念是当前国内外社会中应对环境问题的三种具有较大影响的方案。这三种方案涉及的范围是逐渐缩小的，可持续发展相关的领域最广泛，绿色发展和循环经济相关的领域则相对较小。然而，即使是可持续发展理论也并未涉及全球性环境问题和生态危机的全部内容和深层本质，特别是没有反思造成问题的根本性原因。在这个意义上，不论"可持续发展"还是"绿色发展"，与"循环经济"，都是综合性、概括性较低的理念。

走出环境问题和生态危机，必须实现工业文明各个维度的联动变革。从表面上看，"大量生产、大量消费、大量排放"的生产和生活方式是导致全球性生态环境危机的直接原因，但实际上得到了工业文明的根本制度、社会环境和文化价值的支持，这意味着解决生态环境问题不能仅仅从技术和制度方面着力，而要求整个文明形态的深刻转变。事实上，技术的变动性最大，制度的变动性次之，而观念或者意识形态则惰性较大。然而，观念的转变才是根本转变。如果人们继续把自然看作是纯粹供人类使用的资源储备库和供人类排放污染的垃圾场，那么如何可能在人类和自然之间建立起一种协调发展的关系？如果不把人类看作"山水林田湖草生命共同体"中的普通一员，如何可能发自内心地限制人类的物质欲望和征服性力量？党的十九大报告明确指出："人与自然是生命共同体，人类必须尊重自然、顺应自然、保护自然。人类只有遵循自然规律才能有效防止在开发利用自然上走弯路，人类对大自然的伤害最终会伤及人类自身，这是无法抗拒的规律。"同时，在推动构建人类命运共同体的过程中要"构筑尊崇自然、绿色发展的生态体系"（习近平，2017）。而尊重、尊崇和顺应自然的前提是改变工业文明中典型的机械论自然观、还原论知识论和反自然主义价值观。地球不仅仅是一堆基本粒子、场的组合，而是各种生命形式相互依存、协同进化的巨系统，人类生存依赖地球生物圈的健康。大自然是化生万物、包孕万有的"整体大全"。无论人类知识如何进步，大自然永远都对人类隐藏着无穷的奥秘（卡洛·罗韦利，2017）。

把"可持续发展"、"绿色发展"和"循环经济"概念置入生态文明理念框架内，能充分发挥各自的启发力。全球性的环境问题和生态危机揭示出工业文明整体的深层次的危机，只有当工业文明转变为生态文明时，人类才能够真正地从环境问题和生态危机中走出来；只有在生态文明中，人类社会才能从根本上克服"大量生产、大量消费、大量排放"的生产和生活方式（卢风，2016）①；也只有当人类建成生态文明时，才可能真正地达到经济、社会、自然环境的和谐发展以及可持续发展。

---

① 拒斥了"大量生产、大量消费、大量排放"的生产、生活方式，绝不意味着不再谋求经济增长，更不意味着不再追求社会发展。物质经济不增长了，非物质经济仍可持续增长，即便经济不增长了，社会仍有巨大的发展空间。只是这种发展是汤因比等历史学家所说的发展，而不是经济学家所说的发展。

文明必然是发展的。但发展并不等于物质财富的增长，也不等于经济增长。推动可持续发展是建设生态文明的根本目的。"绿色发展"和"循环经济"主要指引人们在技术和经济领域谋求可持续发展。但现代工业文明的症候是整体性的，有了生态文明的思维框架，我们才能诊断工业文明不同层次的病症，发现走出全球性生态危机的出路，进而实现真正的可持续发展。

第二节　生态文明的发展状态空间与范式转换

人类文明自诞生以来在绝大多数时间里总是遭遇"马尔萨斯陷阱"（马尔萨斯，1789），即物质财富的增加总是被人口的增长所吞噬，人口规模总是被限定在相应的经济发展水平之内。换句话说，我们人类都是徘徊挣扎在温饱的生存线上，生活在饥饿的阴影下。工业文明的实现改变了这一现状，它使人类在短短两三百年时间里创造了超过以往所有时期的财富总和，使人口在稳定增加的同时还可以享受到更高的生活水准，从而一举越过了"马尔萨斯陷阱"，构成正反馈系统。

然而这种正反馈机制迅速将人类带到了另外一种生存极限，即生态承载力的边缘。事实上，在工业革命开始不久，其吞噬物质资源的迅猛很快就引发了资源耗竭的担忧，担心地球有限的资源被工业所耗尽；1962 年《寂静的春天》的出版，引发了人们第二波的担忧，即环境污染，人们开始认识到我们生存的环境对于污染物存在着"容量"，超过这个容量，我们的生态系统就要遭受破坏；1969 年，人们在欢呼登月成功，第一次突破地球的物理边界时，又突然认识到我们生存的地球实际上就是一个大的宇宙飞船。1972 年《增长的极限》利用系统动力学方法模拟了人类的发展前景，指出如果按照以往发展模式，我们的世界将很快进入崩溃期。

幸运的是，这一悲观情景至今并没有出现，相反在 20 世纪 70 年代后随着 IT 等高新技术的发展，我们人类进入了又一波的技术乐观期，单位产品的资源消耗和污染产出急剧下降，资源产出率迅速增加，更多的人可以享受到物质财富所带来的改善。然而，单位产品的效率增加抵不过消费规模的扩张，反弹效应的出现使人类面临越来越难以应对的生态极限，生物多样性丧失、危险废物非法转运、臭氧层破坏、气候变化等全球环境问题凸显，人们不得不重新面对和思考《我们共同的未来》，可持续发展战略最终于1992 年世界环境与发展大会上成为人类的主要战略。我国在新时代所提出的生态文明更是在文明的意义上为人类社会的发展提出了新的方向指引。

梳理人类发展历程，我们发现人类文明道路的取舍涉及两组关键变量，第一组变量是由资源和环境系统所构成的文明发展空间，包括资源约束上限、生态承载力、社会需求下限和技术极限等，这组变量由生物物理化学规律严格界定；第二组变量是由经济、社会和制度安排构成，包括人口增长、经济增长、财富分配、社会发展和制度变迁等，这组变量由社会经济发展规律所确定。这两组变量的交互作用共同塑造了人类文明的不同范式。本文首先在辨析关键变量的基础上构造了文明发展的状态空间，然后指出了文明发展的临界自组织性和经济与环境的"尺蠖效应"，探讨了工业文明向生态文明的转换和政策启示。

一、生态承载力与行星边界

生态文明内涵的确定首先需要界定时空尺度。从时间上，生态文明可以看作狩猎、农耕、工业之后的文明形态，但更重要的是需要在可预期的未来实现特定群体的可持续发展。因此，生态文明与可持续发展存在密不可分的关系。在生态经济学家眼中，可持续性依赖于三个支柱，其中公正（justice）是最为重要也是当前最被忽视的。而深究公正含义，在当前发展状态下，公正的实现恰恰要立足于生态的完整性。由此，生态文明是可持续发展状态之下的文明形式。

1921 年，美国的 Burgess 和 Park 提出了承载力的概念，即在某特定环境条件下某种生物个体存活的最大数量（郭秀锐等，2000）。随着环境问题在 20 世纪陆续出现，承载力概念逐渐传播开，现如今已广泛应用于生态相关的各领域中。而生态承载力概念的诞生则在环境问题日益严峻的情况下，由生态领域的学者们提出。其背后的理论支撑认为，只有在人类活动的影响被限制在生态系统的承受范围内时，才能保证生态系统的完整性，以实现可持续发展（顾康康，2012）。类似地，环境容量是指某特定环境区域内所能容纳人类活动造成的影响的最大限度。

与生态承载力、环境容量观点相似的是斯德哥尔摩恢复力中心（Stockholm Resilience Centre，SRC）所提出的环境安全界限理论（planetary boundaries）。2009 年，SRC 基于科学研究结果和工业革命以来的大量数据，划出了十个地球系统的安全界限，并指出一旦逾越了安全界限，将有带来无法逆转的环境改变的风险（Marien，2012）（图 2-1）。

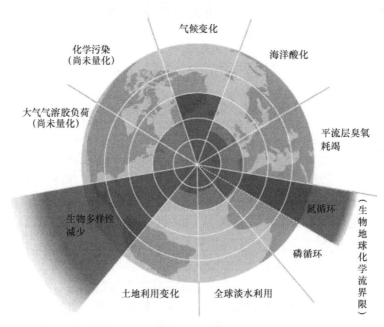

图 2-1　环境安全界限

图片来源：World Wildlife Fund. Living Planet Report 2014：Species and spaces，people and places. 2014.

人类生存确实存在一个生态约束的上限，在近期的评估中有十项生态指标已经被突破极限，见表 2-1。

表 2-1　地球边界和人类活动的安全空间

地球系统	参数	建议值	实际值	工业化前
气候变化	大气碳含量二氧化碳浓度/ppm[①]	350	387	280
	辐射强度变化/wpm	1	1.5	0
生物多样性流失	每百万种的年灭绝率	10	>100	0.1～1
氮循环	循环利用率/（百万 t/a）	35	121	0
磷循环	流入海洋的量/（百万 t/a）	11	8.5～9.5	−1
平流层臭氧消耗	臭氧量（多布森单位）	276	283	290
海洋酸化	全球海面霰石平均饱和度	2.75	2.90	2.44
全球淡水消耗	淡水消耗量/（km³/a）	4000	2600	415
发展农业造成的土地使用变化	全球土地转化为农田的百分比（%）	15	11.7	低
空气污染	整体大气颗粒物浓度（区域值）	待定		
化学污染	污染物、塑料、重金属、核废料的排放对全球环境、生态系统、地球系统的影响	待定		

①1 ppm=1×10⁻⁶，下同。

二、社会发展的"甜甜圈"与规模的作用

在环境安全界限的基础上，乐施会于 2011 年提出了"甜甜圈"理论（Oxfam，2012）（图 2-2），认为倘若地球或整个生物圈有环境污染的生态上限，对应地，则应该有一个资源利用的社会底线。所谓"甜甜圈"，就是指上限与底线的空间，其中上限"外圈"即为 SRC 提出的环境安全界限，而底线"内圈"则是社会边界。

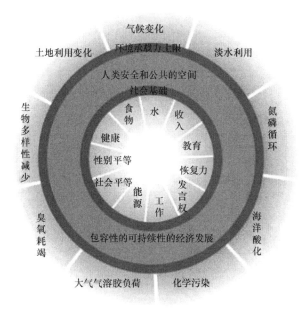

图 2-2　"甜甜圈"模型

图片来源：Oxfam. Can we live inside the doughnut? Why we need planetary and social boundaries [EB/OL].（2012-02-12）[2017-01-11]. http://policy-practice.oxfam.org.uk/blog/2012/02/can-we-live-inside-the-doughnut-planetary-and-social-boundaries.

当前，大多数发展中国家的社会、经济发展水平较落后，往往较难满足其社会基本需求，位于"甜甜圈"内圈；发达国家具有较高的经济、社会发展水平，然其对生态环境造成的影响已逾越了地球边界，位于"甜甜圈"外圈。"甜甜圈"理论提出，发展中国家和发达国家均应向"甜甜圈"中间圈部分发展，做到满足社会公众需求的同时不会造成无法逆转的环境损害（诸大建，2012）。

根据生态承载力和环境容量理论引出的环境安全界限理论及"甜甜圈"模型，构想出生态经济在发展过程中应满足上边界、下边界的要求，其中上边界为生态承载力，而下边界为社会福利。

然而，"甜甜圈"仅仅是单维的，仅包括生态约束，在单一维度上是无法表达发展的形态和路径的。除了展示空间，我们还需要展示发展的路径甚至是格局和动力。因此，我们需要构造这样的空间集合和表达方式。

人类社会经济系统是一个复杂的系统，其发展具有明显的临界自组织特征，一般至少有一个约束条件是处于临界边缘状态。工业文明之前，人类社会基本处于社会需求的底线，生产力与生产关系的矛盾是社会文明发展的主要矛盾。工业文明改变了这一状态，迅速扩大的生产规模将人类社会从需求底线的临界状态推移到生态失衡的临界状态，人与自然的矛盾成为最突出的矛盾，工业大发展使我们逐渐认识到，我们与自然生态为命运共同体。

由此可见，正是 Daly 所强调的"规模"导致了临界状态的改变。事实上，以工业革命为特征的经济系统在生态系统中的"膨胀"导致了资源环境约束环节的转移（图 2-3）。过去，资源约束是以"流量约束"的形式表现出来的，其主要特征是资源环境受到技术经济条件的制约，无法全面地实现由潜在资源向现实资源转化。在这种情况下，人们关心的是资源获取的速度，而不是资源存不存在。当资源，尤其是不可再生资源存量临近枯竭时，资源的约束就转化成"存量约束"。在这种情况下，人们必须开始考虑资源供给的可持续性（宋旭光，2004）。

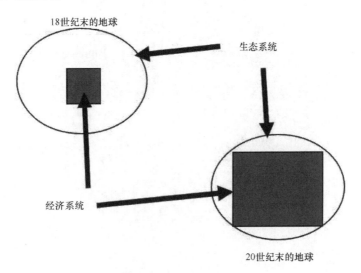

图 2-3　经济系统在生态系统中的"膨胀"示意图

在工业化运动经历了 250 年后的今天，资源已经遭受过度开发，生态环境严重污染，自然的生态承载力变得越发脆弱，限于目前的技术水平，自然资源成为最为稀缺的生产要素，劳动力则相对过剩，因为世界人口从 1800 年的 10 亿增长至 2016 年的 73 亿。今天的人们在配置稀缺资源时不得不面对新的主要矛盾——日益增长的人口与日趋衰减的自然资源和污染日趋严重的自然环境之间的矛盾。人们期待着寻找一种可持续的经济增长模式，这就促使了生态经济理念的产生。面对新矛盾，为了实现经济的可持续增长，必须发掘新的促进经济增长的动力。在自然资源相对稀缺的条件下，最直接的动力显然在于提高资源生产效率，发掘新能源，同时消除或尽量减少环境污染，维护和保持能支持经济可持续发展的优良生态环境。

生产与消费规模是人类文明的关键变量，既是人类物质文明发展的结果，也是改变文明进程的原因。在"空"世界时期，生产与消费规模决定文明兴衰主要是体现在区域或国家尺度上，如楼兰古城和复活节岛等；但在"满"的世界里，生产与消费规模的影响尺度已经拓展到了全球层面，这也在全球尺度上引致了"空"与"满"的秩序转换。事实上，在工业革命之初，人们就关注到了人类社会的经济活动所引起的物质代谢影响，指出物质代谢在输入端可能导致资源枯竭，在输出端是导致环境问题的根源。20 世纪中叶，生态学家发表的《寂静的春天》引发人们对环境污染危机的同时，经济学家也逐渐认识到物质代谢对于人类生存空间的重要性。例如，博尔丁提出了宇宙飞船经济，艾瑞斯则开展了大量的工业代谢实证研究，这些思考和研究直接导致了产业生态学学科的诞生，物质代谢分析尤其面向区域尺度的物质流动分析（Ew-MFA）成为衡量经济增长与资源环境脱钩的标准方法。

"规模"就成为影响经济的发展模式及其走向的关键变量，这表明经济发展存在着"空间"约束，换句话说经济发展需要在一定的"操作空间"中才得以持续。生态承载力以及"行星边界"理论给经济发展提供了以环境约束为代表的上边界，而"甜甜圈"理论给经济发展提供最低社会需求的下边界，两者构成了可持续发展的约束空间，"甜甜圈"就是生动形象的类比而来。然而，"甜甜圈"仅仅具有最高生态约束和最低社会需求两个维度，无法充分表达发展的多样性和复杂性。事实上，为了更好地描述发展模式和路径的复杂性，我们需要构造更为复杂的"操作空间"。

三、基于"操作空间"的文明发展状态空间

借鉴化工单元操作精馏塔操作空间的概念和原理，可以构筑基于"操作空间"的生态经济理论框架，如图 2-4 所示。横坐标是所研究区域的生产或消费规模，可采用物质流分析中的指标"直接物质投入"（DMI）或者"本地物质消费"（DMC）来表征。纵坐标是社会总福利，是经济福利与生态系统服务之和，经济福利可以用收入表示，生态系统服务则是生态经济中特别强调的一个概念，已经有较为成熟的测算方法。

生态经济发展空间由以下 5 条线共同确定。

经济福利供给基线，即人们赖以生存所需要的最小经济福利，也就是生存线，实质就是"甜甜圈"理论中的社会需求最低线。这条线决定了生态经济发展空间的最下界，可以采用人均贫困线来表征。对于既定时空的区域，这条线是一条水平线。

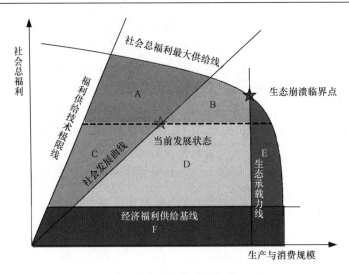

图 2-4　生态经济的发展操作空间

社会总福利最大供给线，即人们所能获得的潜在的经济福利与生态系统服务之和。因为随着生产和消费规模的扩增，经济福利一般会随着增加，但区域经济系统的生态系统服务功能以及所提供的潜在服务可能会减少，因此总体会表现出先升后降的倒 U 形曲线。这条线决定了生态经济发展空间的上界。

福利供给技术极限线。经济福利往往取决于区域经济系统将资源转化为福利的能力，这实际上就是技术能力的体现。这条线决定了生态经济发展空间的左边界。在既定的技术经济能力下，这条线随生产和消费规模的增大而增大，呈现一条直线。

资源最大供给线。一个特定区域经济系统的资源供给取决于当地资源禀赋以及对外吸纳资源的总和，它存在上限，即最大资源供给线，呈现一条垂直线。

生态承载力线，区域经济系统内嵌于当地生态系统中，受生态承载力的约束。生态承载力的存在表明一个经济系统不能无限制地利用资源，无论该资源是当地的还是外来的。对地球而言，这条线实际上就是"行星边界"。常见的承载力有土地承载力、水承载力和能源承载力、资源承载力等，可以根据研究目的和数据可得性来确定采用具体哪个承载力。

一个区域生态经济发展空间的右边界是由这条线或资源最大供给线决定的，至于具体哪条线，取决于区域系统的生态条件、资源条件和技术经济能力。至此，一个区域系统生态经济的上下左右边界都已经确定，闭合形成一个发展空间，其发展在这个空间内会展示出一定的轨迹。根据社会经济系统的复杂性，这个轨迹既会表现出路径依赖性，也可能会表现出临界自组织性，即总是靠近某一条线的临界边缘。

应当指出，基于"操作空间"的生态经济发展空间理论还仅仅是一个构想，每条线该如何确定，该选用什么样的变量或指标来表征等问题都需要深化研究，同时需要大量的实证研究，这将是一个相对长期的研究任务。本框架的理论价值在于拓展了生态经济中已有的"甜甜圈"理论，将其更加细化、深化和具体化，并将生态经济中主要的几组概念都纳入进来，包括生态承载力、生态系统服务甚至生态临界点等。它还可以提供一个与主流经济对话的一种机制框架，在此框架内探讨社会福利、资源供给和路径依赖等相关问题。

四、文明发展的临界自组织性与"尺蠖效应"

人类社会经济系统是一个复杂系统，其发展具有显著的临界自组织特征，一般至少有一个约束条件是处于临界边缘状态。工业文明实现之前，人类社会几乎徘徊在社会生存需求的最边缘，生产力与生产关系的矛盾是文明发展的主要矛盾。工业文明改变了该状态，迅速增长的生产规模将人类社会从需求底线临界状态推移到生态失衡的临界状态，人与自然的矛盾就成为最为突出的矛盾，工业快速发展使得我们认识到人类与自然生态成为命运共同体。然而，工业文明并不能自发地推进至可持续发展状态。

事实上，工业革命以来的250年进程，人类总是能够体察到经济对环境的"尺蠖效应"，即无论是上行周期还是下行周期经济都对生态环境造成了负面影响，导致全球范围内环境恶化和生态失衡，尺蠖效应的存在表明，实际上依靠生产力的进步、生产关系的缓解和生态关系的改善难以彻底化解工业文明固有的内在冲突，我们需要源自于生态哲学和可持续发展伦理上的深层改变。生态文明对工业文明的取代需要生产力、生产关系及发展哲学三个层面的范式转变。这三者互为依存且协同演进，但在不同的文明发展阶段所主导性的力量有所不同。与过去文明阶段生产力占主导地位的情况有所不同，生态文明需要生态哲学的先导与主导。只有发展生态文明在生产力爆发式发展之际，人类社会才不至崩溃于自身造就的环境中。随着下一个临界状态——智能奇点的逼近，留给人类进行文明范式转换的时间并不长。

五、工业文明向生态文明的范式转换

人类文明是持续存在于经济社会进程中的不易发生改变的发展秩序。一般是人类已经经历了原始文明、农业文明和工业文明发展阶段，且工业文明需要被以生态为导向的新的文明形式所替代。工业文明是工业革命以来一系列的自我强化且不断累积的技术进步而建立起来的发展秩序，这种秩序的典型特征就是技术快速更替及其所引致的物质财富暴增。从纺织机到蒸汽机，从电力到电子，从石化到生物信息，工业革命一直是在持续进行中。在每一次变革的过程中，工业都进行了新的调整，都带来了新的秩序，提升了几乎每一种产品的生产效率。在短短250年时间里工业便从西欧走向欧洲大陆、美洲及亚洲等地区，改变了世界发展的面貌和内涵。

虽然工业发展也在同时提高几乎所有产品的资源效率和环境绩效，但是单一产品、产业链层面上的改善，并没有从总体的角度改善社会经济系统与自然生态系统的矛盾。人类的每一次工业进步，都在自然生态环境中打下深刻的烙印。恩格斯曾指出"不要过分陶醉于我们对自然界的胜利。对于每一次这样的胜利，自然界都报复了我们"。工业革命规模之大、速度之快、影响力之巨使得地球资源和自然环境的承载极限接受着巨大挑战，尤其是近几十年来很多领域突破了地球生态系统的极限，将人类置于生态失衡的风险中。最为严峻的是工业文明状态下无节制追求经济增长的社会政治氛围并没有从根本上发生改变。

正如人类具有反身性特征一样，工业发展在资源环境约束的压力下也开始了自我反省。1962 年《寂静的春天》促进了人类环境意识的集体觉醒，也开启了国际社会环境改善的系统化努力。美国、英国、德国和日本等工业发达国家率先采取了治理措施以保护自然环境，针对污水和废气在末端展开了相应的整治措施，称之为"末端治理"措施。这些措施不需要改变生产过程的核心工艺，可在相对较短的时间内获得污染治理的效果。美国在 20 世纪 70 年代出台的《清洁大气法》和《清洁水法》就基于末端治理措施而取得了不错的效果。但是，这类措施具有一定的局限性，它并没有减少污染物的产生，只是减少了污染物的排放，并没有提升资源效率，还加重了企业的负担，由此在环境监管不力的情况下，偷排漏排现象频发。还有一个因素在于，面对类别日益增多的固体废物和化学品管理时，这种末端治理措施存在技术性失效的问题。

在 20 世纪 70 年代中期，工业化国家开始寻求环境与经济双赢的替代措施，如美国 3M 公司的"污染预防"计划。与末端治理比较，清洁生产具有"节约、减排、减污、增效"的效果，能够给企业带来环境与经济的双赢效果，还提升企业竞争力。工业化发达国家目前正在进行从末端治理到清洁生产的转型。OECD 国家相关研究表明，约 86.5% 的日本企业实施了清洁生产，其他国家选择清洁生产技术的比例明显高于末端治理。联合国环境规划署于 1990 年开始组织两年一次的国际清洁生产高层论坛。我国于 1994 年成立了国家清洁生产中心，负责审核指南编制和项目推广。2002 年出台了《中华人民共和国清洁生产促进法》。其后，清洁生产的推行在我国走向了法制化和规范化的轨道。

生产环节的环境改善并不足以完全解决生态环境问题，因为消费环节也会产生废弃物，人类需要将污染预防的努力前推至产品的设计阶段甚至需求的改变上。从 20 世纪 80 年代起，荷兰、德国和瑞典等就开始制定和推行以产品生态设计为导向的环境政策。欧盟出台了一系列的相关产品的环境法规，如包装指令禁止在电子和电气设备中使用有害物质指令、化学品注册评估以及许可法规、耗能产品环保设计框架指令等。欧盟的这些政策指令纳入了生产者责任延伸的原则，即把生产者的责任从单纯的制造环节延伸到产品用后回收、再生和处理环节，以推动作为生产者的企业从产品全生命周期来设计和生产对环境影响更小的产品。生产者责任延伸原则的采用标志着欧盟一体化产品环境政策理念的形成，即应该从全局出发采用协调一致的政策来降低产品全生命周期上的环境影响。

污染预防原则在从生产环节延伸至消费环节的同时，也从微观的企业或产品层面拓展至宏观的工业系统甚至经济发展体系层面。20 世纪 90 年代，丹麦、荷兰和美国等开展了生态工业园区的试点工作，推动废物交换和基础设施共享等来实现园区层面环境与经济的双赢。进入 2000 年后，英国、日本和韩国也纷纷加入到园区生态化实践中。德国和日本率先提出了循环经济和循环型社会的建设理念。日本将 2000 年界定为循环型社会建设元年，出台了包括循环型社会建设基本法等在内的 6 部法律。2000 年，我国也启动了生态工业园区和循环经济的试点示范工作，2008 年出台了国际上首部以循环经济命名的法律——《中华人民共和国循环经济促进法》。

综上所述，人类整体环境意识觉醒后经历了短短 50 年左右的时间，环境治理便从末端治理、清洁生产、生态设计发展到生态工业和循环经济。这一系列的转变深刻地反映出人类在变革自身行为模式和处理与生态环境系统关系的过程中三个显著的特征：首先是领域的拓展，从生产末端拓展到生产全过程、从消费全过程到产品全生命周期；其次是层面的提升，从企业的环境改善上升到整个经济增长模式的转变；最后是推动力的转变，由零敲碎打式的环境改善转向以规划引领的自上而下推进。

上述三种转变趋势是否足以支撑建构生态文明所需要的社会发展新秩序呢？在某种程度上，这些转变是工业文明的自身反思，工业文明最为诟病的缺点在于对经济增长无节制的追求。也就是说，新的文明对于工业文明的替代，最重要的是经济增长和社会发展的动力机制的改变，从这层含义上，以生态为特征的新的文明新秩序的建构依然任重道远，需要生产方式、消费方式、经济增长模式、制度建设模式乃至文化建设模式的全方位的系统转变。

第三节　生态文明理论体系中的人与自然关系

一、"文明"中的人与自然关系

党的十八大将生态文明写入党章，标志着生态文明建设被提升到新的战略高度，也意味着生态文明建设不再仅仅局限于"治理环境问题"这一基本层面，而是作为整个国家发展的新方向，从物质文明和精神文明两个维度为人类发展的进程提供了新的路线，这就要求我们从文明发展的宏观视角去洞察人与自然之间的关系。因为人类文明发展史就是人与自然之间相互关系的变迁史，在此基础上又形成了人与人之间的关系，或者说社会的变迁史，如果单从"污染—治理"的角度去理解生态文明，那显然是不够的，在剖析生态文明中的人与自然的关系前，首先应该对"文明"中的人与自然关系进行梳理。

广义上，文明被界定为人类社会进步的基本标志和文化发展的所有成果，即人类所创造的全部物质方面和精神方面的成果总和（高炜，2012）。在历史长河中，人类文明从渔猎文明到农业文明，然后再到工业文明，每一次变革，无不伴随着自然环境的改变和为了适应这种改变而实现的人类生产力的提高。

在渔猎文明中，人类以简单采集和原始狩猎为生，无论是充足的食物还是安全的住所都完全仰仗自然的馈赠，而当自然灾害或者其他环境因素对人类的生存造成威胁时，人类基本上没有任何抵抗能力，也不懂得如何更好地适应变幻莫测的自然。这种福祸均寄托于自然的客观现实催生了对自然的原始崇拜，或者说原始恐惧，人类祈求上天的仁慈，害怕上天的怒火，在这种拟人化的依赖中渐渐产生了原始的宗教和艺术。与此同时，由于此时人类还没有完全形成和自然具有明确分界的"人类社会"，自然的无穷威力与无限壮美总是以最直接最粗犷的形式展现在人类面前，所以人类在自然中获得的灵感与震撼及由此产生的向往和热爱便开始生根发芽。

农业的诞生不但改变了人类获取食物的方式，更使得人类开始定居在一处，并且实现了分工合作，这两者构成了"社会"的基础，人类世界和自然世界开始有了明显的分野。在漫长的农业文明中，人类总体上来说是"靠山吃山，靠水吃水"，而无论"靠山"还是"靠水"，总归都是要"靠天"，但农业文明的"靠天"和渔猎文明又有所不同，因为农业的本质在某种程度上是一种对自然环境进行改造的过程，在这个过程中人类需要和自然合作来达到自己的目的，所以人类学会了通过观察来记录和研究自然规律，并且根据这些规律来调整自己的生产活动和生活方式。数千年农业文明在全世界范围内创造出的灿烂丰富的物质遗产和文化成果，归根究底都来自于这种对自然规律的理解和适应，其中既有充满智慧的发现，如我国的"二十四节气"，也有理解能力有限造成的愚昧和迷信，可以视作原始恐惧的延续。人类在和自然的对抗与合作中获取了支撑自己生存和繁衍所必需的物质资料，同时升华了对自然的感情，从朴素的仰望之情逐渐向一种彼此依存、相互融合的更复杂更高级的感情过渡，从我国传统文化的角度来看，也就是"天人合一"。

工业文明是我们更为熟悉的文明形态，也被普遍认为是造成现今生态危机和环境问题的罪魁祸首，其根源应该是自然科学，尤其是数学的革命性发展和由此兴起的对能源和机械的大规模运用。以牛顿力学为代表的科学发现使得自然的运转规律不再神秘，物理学和化学一起消除了"人工"和"自然"之间的差别，造物因此变得可能。这种转变对人和大自然关系的影响是极其深远的，它不仅消除了人类对自然因为不解而长期怀有的恐惧，而且过犹不及地用数学来"解析"一切，一切除了人类之外有生命和无生命的存在都可以被分解为数字组合，都变成了应该被利用的资源或是被遗弃的废物。人类对自然的感情从曾经越发深刻的彼此依存、相互融合，骤然走向了一个泾渭分明的极端，人类不但把自己置于自然之上，从心理地位上实现了彻底反转，更从根本上"相信"自己和自然是完全不同的。从这个意义上讲，就连一向与自然同呼吸的审美和艺术都开始只把自然当作是"具有美学价值"的"资源"，不再关心人和自然之间的内在联系。

二、人与自然关系的两个维度

通过对渔猎文明、农业文明以及工业文明中人与自然相互关系的梳理，可以进一步将这种关系分成两个维度来理解，这两个维度都包含了物质和精神两种层面，但是它们的逻辑范式、出发点和侧重点都是不同的。

一个维度体现的是人类对抗自然的过程。从渔猎文明极端的恐惧和崇拜，到农业文明阶段的敬畏和适应，再到工业文明阶段的蔑视和征服，人类对自然的态度和应对方式虽然一直在发生改变，但是这些改变从本质上讲取决于人类在环境中的生存能力。在能力低下，不足以理解和对抗自然的力量时，人类就会感到恐惧，进而对强大的对手产生崇拜，而在能力达到一定程度，揭开了自然的一部分秘密时，人类就转而崇拜自己。因此就内在逻辑而言，认为人类从"适应自然"走向了"征服自然"是不对的，征服对手始终是这一维度的终极目标，只是能力有没有达到的问题，而且人类从原始社会迷信自然，到现代社会迷信科学，其逻辑也是一脉相承的，即对主宰自身生存繁衍的更强的力量的崇拜。

另一个维度则体现的是人类作为宇宙进化的一分子，和自然不可分割的联系，在文明中由宗教、艺术以及许许多多的文化形式来反映。渔猎文明的人类还没有形成完善而明确的"人类世界"，作为一种能够使用工具的动物，人类依然与自然保持着密切的联系，依靠自然的馈赠生存，毫无阻碍地感受并参与到壮丽又残酷的风霜雨雪、沧海桑田中，这时候的人类，感知到的更多的是作为这个宏大整体的一份子的渺小和归属。农业文明由于其自身特点，使得人类与自然的合作更加紧密，人类既要仰仗自然的慷慨，又要依靠族群的智慧，所以对自然的了解不但比之前更全面更深刻，而且更平等，更需要由此及彼，将自然的变化和自身的生老病死联系起来，在这个过程中人类不仅证实了这种联系的客观性，更因此以相对诚恳的态度对自然产生了热爱之情，后者与其说是对"美"的热爱，不如说是对"联系"的热爱。工业文明虽然把人类捧上神坛，认为其他一切有生命和无生命的存在都是无意识、无思想、无感情的"资源"，都应该为人类所用，为人类服务。但是，随着时代的发展和环境危机的日益严重，人类逐渐意识到自身的局限性，这种局限性主要就表现在对自然的整体性和有机性认识不够，尤其是没有认识到人类始终还是自然的一部分，还是与周围的一切密切相关。因此，从科学的角度，越来越多的有识之士进行了有价值的反思和探索，而从情感的角度，也有越来越多的人感受到了被孤立和失去意义的恐慌，纷纷渴望"回归自然"。

三、生态文明中的人与自然关系

人与自然的关系在文明史上一直存在着两个维度，所以一般认为"文明本身就是非生态的，文明与生态或自然之间始源地存在着张力和不可调和性（王丹，2014）"、"文化是为反抗自然而被创造出来的（高炜，2012）"的观点是片面的，这种观点只关注了第一个维度，也就是"人类对抗自然"的维度，却忽略了第二个维度，忽略了人和自然不可分割的联系。这种不可分割的联系恰恰是"生态文明"作为一种文明形态出现在人类历史进程中的基础，它的出现不仅仅是为了解决生态危机和环境问题，或者说不仅仅是要从第一个维度来调整人类对待自然的态度和方法，减少对资源的过度消耗和废物的大量排放，更是要从第二个维度来回答人类作为自然的一分子，作为宇宙进化中最耀眼的一环，应该如何对自身进行定位，如何通过恢复和加强与周遭的联系来明确自身存在的意义——具体到一个国家，一个民族，就意味着这种新的文明，这种理论和实践，能够让每一个行业，每一门学科，每一个或平凡或伟大的人都在其中寻找到自身的意义和价值，寻找到个体与时代的兼容性。

生态文明中人与自然关系的第一个维度，可以通过可持续发展来实现对既往文明的革新。可持续发展是既满足当代人的需要，又不对后代人满足其需要的能力构成危害的发展，从强调需求的角度出发，对人类从技术和社会两个方面对自然环境的索取和排放进行限制，以保证代际和当代不同地区、不同人群之间的平等（钱易和唐孝炎，2010）。从第一个维度的内在逻辑，即保证人类生存繁衍的逻辑来讲，可持续发展是对工业文明的继承，同时也是对工业文明的超越，因为它将对抗的对象从自然更多地转向了人类自身，通过高瞻远瞩的智慧和强制性手段对当代人类无休止的欲望进行限制，从而保证人类的永续发展。

1992 年的联合国环境与发展大会后，1994 年 3 月我国发布了《中国 21 世纪议程——中国 21 世纪人口、环境与发展白皮书》，1996 年将可持续发展提升为国家战略，并全面推进（联合国可持续发展大会，2012 年）。2015 年，联合国通过了 2030 年可持续发展议程。我国对该议程的推进高度重视，积极响应，采取了一系列行动促进可持续发展目标在我国的推行，在下一节会进行详细介绍。

生态文明中人与自然关系的第二个维度是生态文明之所以为一种文明形态的存在基础。生态的本质是联系，德国博物学家、哲学家恩斯特·海克尔将生态学定义为"在一个经济单位中，成员们如同一个家庭一般亲密无间地生活在一起，在彼此冲突的同时又互利互惠——生态学研究的正是由地球上所有生命体构成的这一经济单位（Grim and Tucker，2014）"，明确指出了"互相冲突而又互利互惠"这一关键，也就是人类在工业文明时代始终未能解析的自然之谜，即这种有机的复杂的联系究竟如何既能给予每个身处其中的存在独特的生存空间，又能实现整体的繁荣稳定。生态文明就其立意来说，是要学习和效仿自然生态的这种联系，而就其在人类文明进程中的使命来说，是要实现工业文明没有实现的，通过谦逊而深入地研究和实践，尽可能去理解这种联系，既要理解人类作为一个族群如何与自然"互相冲突而又互利互惠"，也要理解人类内部的每一个群体，每一个个体，如何与他人，与社会"互相冲突而又互惠互利"。

生态文明中人与自然的关系是所有关系的起点，因为人类需要心怀谦卑和敬畏向自然学习；又是所有关系的终点，因为人类在理解了平等、尊重和双赢之后，最终是要更好地成为整体的一部分，通过联系来实现个人和群体的存在意义。这种关系不同于蒙昧时期的震撼和折服，不同于适应时期的试探和喜爱，不同于征服时期的隔绝和孤立，它是一种崭新的关系，一种更加纯粹的归属感，而纯粹来源于建立在人类生存能力上的安全感。这种"新"，同时也是返璞归真，势必会创造出灿烂丰富而又生机盎然的物质文明和精神文明，从而使生态文明成为人类文明进程中光辉耀眼的一笔。

第四节　生态文明体系中的人与社会关系

从发展史的角度来看，人类文明在漫长的历史中发生了数次变革，经历了从渔猎文明到农业文明、工业文明的变迁。在工业文明阶段，经济社会发展取得了显著的成果，人类整体的生活水平与前期相比得到了前人难以想象的提高，拥有的物质资源更是前人的数倍。然而与此同时，工业文明种下的恶果也在不断发酵，对资源极尽所能的开采与利用、对环境污染的漠视与忽略，导致当下出现的生态系统危机已经到了危及人类整体长远存续的地步。因此，当前人类社会正在积极寻求一个新的文明理念，以此引导人类社会的长远稳定发展，那就是生态文明。尽管不同学科对生态文明的解读各有不同，但对生态文明理念中对人、自然、社会三者之间和谐关系的追求却是高度一致的。前文讲述了生态文明中的人与自然关系，本文在前文的基础上，对早期文明中的人与社会关系加以解读，对生态文明中的人与社会关系的本质加以分析，希望能够借此进一步明晰生态文明建设的社会基础。

一、"文明"中的人与社会

社会，即是人与人之间所有关系的总和，无论是亲友关系、血缘纽带，还是以共同的物质生产活动为基础的人与人之间的联系，都属于社会关系。因此，社会可以被看作在特定环境中共同生活的，具有一定稳定性，能够长久维持且不会轻易改变的一种人群结构，是由人与人之间的联系构建的有机整体，是人类生活的共同体。在不同的人类文明阶段，随着人类制造工具技巧的提升和生产力的增长，人与社会的关系也在不断发展与演变（图 2-5）。

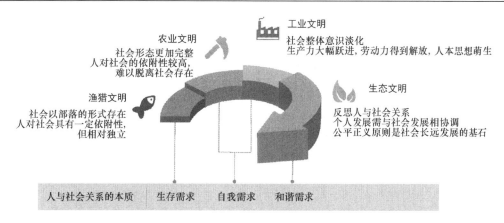

图 2-5　人与社会关系发展示意图

在长达 250 万年的历史长河中，人类主要靠狩猎和采集为生，这就是我们常说的原始渔猎文明阶段。在这一阶段中，人类通过简单的采集与狩猎活动维持生存所需，随着季节和气候的变化迁徙，聚集成数十人到数百人的小部落，零星地散布在广阔的土地上。这些部落成员之间彼此熟识，成员终其一生可能都与亲友相处在一起，几乎没有落单的时候，可能也没有什么隐私（尤瓦尔·赫拉利，2014）。尽管这些部落一般没有固定的政治框架或结构，也没有永久性的落脚点或居住地，但人与人之间的关系和链接也具有一定的稳定性，因而可以说这些部落具备了人类社会的雏形。在这一阶段中，人虽然对社会有一定的依附性，但人与社会的关系还是相对独立的。受到部落大小的限制，单个成员在部落中都可以拥有较强的话语权，因而可以对部落，也就是这个小型的人类社会的走向造成一定影响。可以说，在这个文明阶段中社会的存在感较弱，人类对社会的制约性较强。

在农业文明中，随着人类对自然变化规律的了解逐渐加深，对动植物驯化技能的掌握，人类获取食物的方式发生了根本性转变，农业与畜牧业就此诞生了。与简单的狩猎采集不同，农业种植与牲畜蓄养需要的时间跨度更长，位置也更为固定。农耕者需要在一块特定土地上辛勤耕作几个季度后，才能一次性收获维持一段较长时间的粮食储备；牲畜的培育与繁殖更是一件长期的事情。因此，人类面临着非常重要的粮食、牲畜财产储存的问题。一个人或一个小家庭可能难以在一天之内收割所有成熟的粮食，更难以在每个夜间守卫自己蓄养的牲畜。在这种情况下，集体的力量就变得重要起来。一个集体中的成员可以相互守望，甚至能形成一些约定俗成的规定，对盗窃、抢劫等行为做出惩罚。这个集体，可以被看作扩张后的渔猎文明中的部落，是人类社会相对更完整的形态。随着农业文明的不断深化，集体的体积也越加庞大，部落、城邦乃至国家都是社会形态的一种。伴随着社会体积的增长而来的，则是社会结构的进一步复杂化，后者进一步带来了社会阶级的分化，使人与社会的关系出现矛盾与对立。由于在这一文明阶段，人对社会的依赖性较高，社会的形态也更为成熟，所以人基本难以脱离社会而独立存在。

18 世纪中叶以来，人类文明发生了由农业文明到工业文明的转变。随着生产力的大幅跃进，人类首次获得了人身独立，劳动者成为自己劳动力的所有者，成为市场的独立主体。然而伴随着生产力关系变革，人与社会不仅没有向和谐与平稳发展，反而出现了人与社会关系的异化。自 14 世纪的文艺复兴运动起，人类对知识和科学的推崇，以及对宗教等束缚观念的突破，带来了人对自我认知观念的转变，逐渐形成了以"人"为中心的文化观、价值观。就人与社会的关系而言，这些新观念一方面尊重社会中人的个性、权力与自由，使人的价值得到了充分的体现；另一方面却也导致了人的膨胀，在社会中强调"利己主义"和"自我中心主义"，人类的整体社会意识发生淡化（周大鸣，2010）。正如爱因斯坦曾意识到的，个人的畸形发展是这一人类发展阶段的最大问题，人与社会的异化关系是造成这个时代危机的本质，人的过度利己主义与社会的发展是不相适应的（爱因斯坦，1991）。

二、人与社会关系的本质

虽然人类文明经历了从渔猎文明、农业文明再到工业文明的转变，人与社会的关系在不同文明阶段也出现了较大变化，但从中不难看出，在这些文明阶段内，人与社会关系的本质还是主要受到两个需求的影响，即生存需求和自我需求。

在相对早期的渔猎文明中，人类的首要需求就是生存。可以说，在这一阶段人类所有的活动都是围绕生存进行的。无论是农耕、狩猎，或者是在迁徙中组成部落，其目的都是维持自身的存活，并尽可能地提高自身的生存概率。一切行动都可以被看作是生命的本能，存活是其最高原则。

在稍晚的农业文明和工业文明中，人类的基础生存需求已经得到了保障，开始转而寻求更为高级的自我需求，即自身价值意义的实现。心理学家马洛斯曾提出了著名的需要层次理论，把人的需求划分为生理需求、安全需求、情感和归属需求、尊重需求和自我实现需求。由前往后人的需求由低级到高级，人类在逐渐满足了前阶段需求后转而追求更高级的需求，其终点就是自我价值与意义的实现。在农业文明中，人类虽然已不再将生存作为主要目标，但受生产力的限制和宗教、文化等对人的束缚因素的影响，人类尚不能达到实现自我价值与意义的阶段；在工业文明阶段，随着生产力的提高和以"人"为中心价值观的出现，人类逐渐突破了以往的束缚，开始向更高级的自我需求迈进，这一时期人与社会的关系主要表现为社会整体意识的淡化。

然而受到人类社会整体意识淡化的影响，在应对工业文明导致的环境污染、生态系统紊乱等危机时，当下的人类社会出现了严重的沟通、协调问题。在强调个人中心主义的当下，人与人之间、国家与国家之间往往缺少大局观，缺乏整体视野，以自我或本国为中心，以自身利益为主要追求，在责任承担上出现了相互抵赖、相互推诿的现象。对上述的两个影响人与社会关系的主要因素，即生存需求和自我需求进行反思，我们便能发现，这两个需求都是从人的角度出发的，其成果也是人可以在社会中实现的成果。这两个需求并未从社会的角度考虑人的需求。虽然社会作为由人组成的整体，没有主观自我意识，但人和社会的关系在本质上是相互的，人是社会的人，社会是人的社会，社会与人的作用是交互的，社会与人的发展也是相互影响的，人是社会性动物，不能脱离社会而存在，社会也是以人为主体的，无法脱离人而存在（刘远传，2003）。

在这种情况下，新兴的生态文明中人与社会关系的本质转化为对和谐关系的需求。这一需求既是人对社会的需求，也是社会对人的需求。具体来讲，首先，和谐需求首要的目的是正确地处理个人需求与社会需求的冲突。正如上文所述，人的需求包含生存的需求和在此基础上产生的自我需求，这些需求既是维持人生存的基本前提，也是人个人欲望的满足。但从社会需求的角度来看，个人的需求还有正当和不正当之分，不仅不正当的需求应当受到制止，部分正当的需求也不能完全满足。社会为了满足大多数人的需求，除了依靠社会成员产出更多的财富外，更需要按照公平正义的原则，对社会的资源进行分配。这一原则无疑会触及部分人的利益，因此必须正确地处理个人需求和社会需求之间的冲突，实现个人需求与社会需求的协调。其次，和谐需求还要求正确地协调个人发展和社会发展的关系。社会是由人组成的，离开了人，就没有社会。人在社会中生存发展，社会为人提供生存发展的场地与条件，因此，人与社会发展是互为因果的，人决定着社会发展的进程，社会决定着人发展的趋势（刘远碧和税远友，2005）。从程度上来看，人能够发展到什么程度，是取决于当时社会所能达到的程度的；但从方向上来看，个人发展的方向不并一定与社会期望发展的方向相一致。在这种情况下，如果人的发展方向偏离了正确的轨道，就有可能影响到社会的稳定发展。当下人类社会所面临的生态问题，正是由于人类受短期利益驱使，自身发展方向与社会应有的长期稳定发展方向偏离所导致的。

正如生态文明中对人与社会和谐的重要性的强调，人类如果希望能积极正面地应对当下社会所面临的种种问题，仅仅认识到人对社会的生存需求、自我需求是不够的，还需要认识到人与社会之间相互的和谐需求，只有在这个基础上，人类文明才能真正转型到生态文明的阶段，人类才能达成其长久存续的目的。

三、生态文明中的人与社会关系

与渔猎文明、农业文明和工业文明有所不同，生态文明是人类在充分认识到前期人类文明阶段中出现的人与自然、人与社会的矛盾上，所自觉创造的一种新型文明，是当下人类文明发展的新阶段。生态文明是人类文明更高级的形态，它是人类迄今为止在自然—人—社会三者之间共存共荣的最和谐的生存状态。与工业文明下全球相似的发展方式不同，生态文明既有一般性的目标，也有个别性的区别：一方面，生态文明有标准化的目标，要求个人与国家都开展环保行动，从多方面入手修复维持当下岌岌可危的生态系统；另一方面，生态文明也强调各地区应结合自身的实际情况，因地制宜地开展最适合当地的环保行动（彭继红和任书东，2015）。从建设目标上看，生态文明强调人与自然的和谐相处，要求人类活动必须维持在生态环境可承受的范围内；从建设路径上看，生态文明强调的是人与社会的良性互动，它要求人类通过沟通、协作建立伙伴关系，通过确认共同的目标对公共事务进行管理；从价值观上看，生态文明强调的是对自然的尊重，对当代人之间，跨世代之间的公正的追求，这正是对生态文明体系下人与社会和谐关系的要求。

生态文明建设中非常重要的一点，就是对生态治理责任的分担。国际社会一般认为各国应立足于自身的历史责任，根据自身的经济实力承担相应的生态治理责任。然而由于各国诉求不同，部分国家仅关注于短期的经济发展利益，忽视乃至漠视生态治理的必要性，甚至寄希望于在生态问题上"搭便车"，不劳而获地享受他国的生态治理成果。

在这种情况下，各国来推动符合社会整体利益的变革，同时引导剩余缺乏意愿的主体逐渐参与到生态治理中；坚守和谐原则能够弱化不同主体之间的冲突与对立，在推动社会进步的同时，避免利益纷争带来的激烈冲突；最后，坚守和谐原则可以反映社会大多数人的意愿，从而使社会群体有参与和维护公正的制度、设计的动力（陈家刚，2007）。可以说，小到个人，大到国家，如果社会关系中没有和谐原则，那生态文明的建设就难以开展，生态文明的目标就无法实现。

因此，生态文明中人与社会的关系，就立足于和谐原则，只有在和谐原则上，人与社会的关系才能达到和谐的平衡点，个人的需求和社会的需求才能调和，个人的发展方向和社会的发展方向才能统一。只有这样，生态治理才能有效开展，个人与国家才能积极参与到生态文明建设中，生态文明的时代，才能真正到来。

第五节　联合国 2030 年可持续发展议程

一、联合国 2030 年可持续发展议程提出的背景

美国海洋生物学家蕾切尔·卡逊（Rachel Carson）于 1962 年发表的《寂静的春天》和 1972 年罗马俱乐部（The Club of Rome）发表的《增长的极限》引发了世界范围内对环境问题的忧虑（钱易和唐孝炎，2010），促成了 1972 年联合国在瑞典斯德哥尔摩召开的第一次人类环境会议。会议通过了《联合国人类环境会议宣言》，呼吁各国政府和人民为维护、改善人类环境，造福全体人民及后代而共同努力。此后，世界各国各阶层都开始关注起人类活动对自然环境的负面影响，政府和民间等层面都不同程度地开展了环境保护运动，促成了可持续发展的思想的萌芽。

1987 年，世界环境与发展委员会在《我们共同的未来》（Our Common Future）报告中首次系统阐释了可持续发展的概念，并逐渐获得了国际社会的广泛认可。根据报告，可持续发展是既满足当代人的需要，又不对后代人满足其需要的能力构成危害的发展。该定义包含三个重要的概念："需求"，尤其是贫困人口的基本需求应当放在特别优先的地位；"限制"，即技术状况和社会组织对环境满足当前和未来需求的能力所施加的限制；"平等"，即保证代际平等以及当代不同地区、不同人群之间的平等（钱易和唐孝炎，2010）。同时，报告还根据可持续发展的概念制定了环境与发展政策的主要目标，包括：恢复增长；改变增长质量；满足就业、粮食、能源、水和卫生的基本需要；保证人口的可持续；保护和加强资源基础；重新调整技术和控制危险；把环境和经济融合在决策中（世界环境与发展委员会，1997）。

1992 年，联合国在巴西的里约热内卢召开了环境与发展大会，通过了《关于环境与发展的里约宣言》、《21 世纪议程》（Agenda 21）和《关于森林问题的原则声明》3 份重要文件，并将通过的《联合国气候变化框架公约》《联合国生物多样性公约》供各国政府签字。《21 世纪议程》被视为"可持续发展所有领域全球行动的总体计划"。这份文件概述了在 21 世纪建立一个可持续发展的社会所需的关键努力，包括改变当前世界不可持续的社会经济发展方式，及保护大气、森林、水土、渔业等各领域的环境资源，同时呼吁各群组参与到可持续发展的行动中来。为了全面支持在世界范围内落实《21 世纪议

程》，联合国大会在 1992 年成立了可持续发展委员会（联合国，2018b）。

2000 年，世界各国领导人制定了一份多方面抗击贫困的愿景，即联合国千年发展目标（Millennium Development Goals，MDGs）中的八个千年发展目标（图 2-6），在此后的 15 年间一直承担着全世界总体发展框架的重要责任，并为后来联合国 2030 年可持续发展议程的提出作了铺垫。这八个目标包括：

（1）消灭极端贫穷和饥饿；
（2）实现普及初等教育；
（3）促进两性平等并赋予妇女权利；
（4）降低儿童死亡率；
（5）改善产妇保健；
（6）与艾滋病、疟疾和其他疾病作斗争；
（7）确保环境的可持续能力；
（8）制订促进发展的全球伙伴关系。

图 2-6　联合国千年发展目标

图片来源：联合国. 千年发展目标及 2015 年后进程[EB/OL]. [2018-07-28]. http://www.un.org/zh/millenniumgoals/

2002 年于南非约翰内斯堡召开的联合国可持续发展高峰会议对 1992 年《21 世纪议程》发布以来的 10 年间可持续发展状况进行了总结。指出，1992 年联合国环境与发展大会以来，虽然在可持续发展方面已取得了一些积极成果，但"向里约建立的目标迈进的速度比预期缓慢，且某些方面的情况甚至比十年前更糟"，世界环境状况仍然脆弱、保护措施不尽如人意；人类社会存在的危害自然生命保障系统的不可持续的消费和生产形态并未发生重大改变（联合国，2002）。会议强调，《21 世纪议程》仍是实现可持续发展的基本行动纲领。会议通过了《约翰内斯堡执行计划》，规定了重点更加突出的方针做法，实现可持续发展的更加具体的步骤、定量目标及时间要求。

此后，国际社会向着可持续发展目标持续迈进，在全球范围内推进可持续消费与生产。马拉喀什进程的推动及其对可持续消费和生产十年方案框架（10-Year Framework of Programmes on Sustainable Consumption and Production，10YFP）的确立对可持续发展具有重要意义。2012 年，联合国在巴西里约热内卢组织和召开了全球性的环境会议——联合国可持续发展大会。由于距 1992 年的联合国环境与发展大会恰为 20 年，而又被称为

"里约+20"峰会。会议围绕着"可持续发展和消除贫困背景下的绿色经济""可持续发展的机制框架"两大主题，进行了广泛深入讨论，并形成了成果文件《我们希望的未来》（*The Future We Want*）。文件明确肯定了千年发展目标所起的作用，并提出了在千年发展目标临近尾声之际制定全球可持续发展目标的重要举措。

在该情境下，经过数十年国际社会的努力，2015 年，联合国发布了《千年发展目标2015 年报告》。千年发展目标的实施在过去 15 年间帮助全球 10 亿以上的人摆脱了极端贫困，减少饥饿，并使得更多的女孩获得了教育机会，改善了世界人民的生活和未来（专栏 1）。尽管千年发展目标的实施取得了令人瞩目的成绩，发展的不平等仍在世界范围内存在，贫穷问题仍在一些区域高度集中。2011 年，全世界极端贫困的 10 亿人中，有将近 60%集中于 5 个国家内；还有许多妇女死于妊娠、分娩或相关疾病；城乡差距仍旧显著（联合国，2015）。消除一切形式和方面的贫困仍是人类所面临的最大全球挑战，同时也是可持续发展必不可少的要求。

专栏 1

图解八个千年发展目标及实施获得的成绩（联合国，2015）

（1）消灭极端贫穷和饥饿；

全球极端贫困的人数

发展中国家极端贫困率

1990年 47%

2015年 14%

19.26亿　17.51亿　8.36亿

1990年　1999年　2015年

（2）实现普及初等教育；

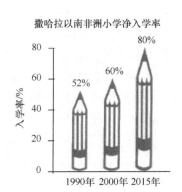

撒哈拉以南非洲小学净入学率

全球小学教育适龄儿童失学人数

2000年 1亿

2015年 5700万

入学率/%

52%　60%　80%

1990年　2000年　2015年

（3）促进两性平等并赋予妇女权力；

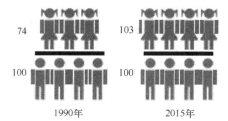

南亚小学入学率

1995年以来90%的国家
议会中女性的数量增加

（4）降低儿童死亡率；

全球5岁以下儿童死亡人数

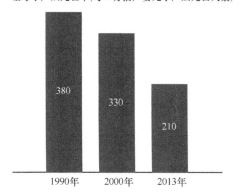

全球孕产妇死亡率(每10万活产婴儿孕产妇死亡人数)

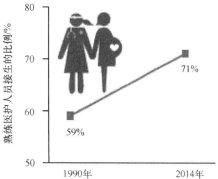

（5）改善产妇保健；

（6）与艾滋病、疟疾和其他疾病作斗争；

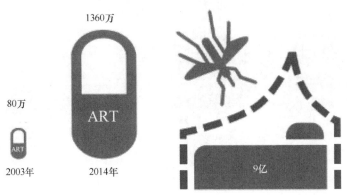

全球抗逆转录病毒疗法治疗人数 | 2004~2014年，在撒哈拉以南非洲发放的驱虫蚊帐数量

1360万

80万

ART

2003年　2014年

9亿

（7）确保环境的可持续能力；

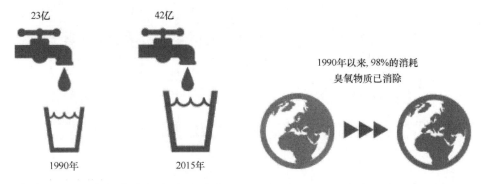

1990年以来，全球可获取
饮用自来水的人口新增19亿

23亿　42亿

1990年　2015年

1990年以来，98%的消耗
臭氧物质已消除

（8）制订促进发展的全球伙伴关系。

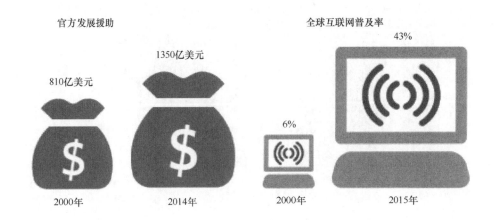

官方发展援助

1350亿美元

810亿美元

2000年　2014年

全球互联网普及率

43%

6%

2000年　2015年

二、联合国 2030 年可持续发展议程的目标与指标

为了取得进一步进展，联合国于 2015 年通过了 2030 年可持续发展议程（The 2030 Agenda for Sustainable Development），旨在以综合的方式彻底解决社会、经济和环境三个维度的全球协调发展问题。该议程共提出 17 个可持续发展目标（Sustainable Development Goals，SDGs），下分 169 个具体二级目标，涵盖社会、经济、环境三大支柱，属于一个综合的目标体系。17 个可持续发展目标包括（图 2-7）：

（1）在全世界消除一切形式的贫困；

（2）消除饥饿，实现粮食安全，改善营养状况和促进可持续农业；

（3）确保健康的生活方式，促进各年龄段人群的福祉；

（4）确保包容和公平的优质教育，让全民终身享有学习机会；

（5）实现性别平等，增强所有妇女和女童的权能；

（6）为所有人提供水和环境卫生并对其进行可持续管理；

（7）确保人人获得负担得起的、可靠的、可持续的现代能源；

（8）促进持久、包容和可持续经济增长，促进充分的生产性就业和人人获得体面工作；

（9）建造具备抵御灾害能力的基础设施，促进具有包容性的可持续工业化，推动创新；

（10）减少国家内部和国家之间的不平等；

（11）建设包容、安全、有抵御灾害能力和可持续的城市和人类住区；

（12）采用可持续的消费和生产模式；

图 2-7　联合国 2030 年可持续发展目标

图片来源：联合国，2018b

（13）采取紧急行动应对气候变化及其影响；

（14）保护和可持续利用海洋和海洋资源以促进可持续发展；

（15）保护、恢复和促进可持续利用陆地生态系统，可持续管理森林，防治荒漠化，制止和扭转土地退化，遏制生物多样性的丧失；

（16）创建和平、包容的社会以促进可持续发展，让所有人都能诉诸司法，在各级建立有效、负责和包容的机构；

（17）加强执行手段，重振可持续发展全球伙伴关系。

为了促进可持续发展目标于 2030 年在全球范围内的实现，联合国下属的可持续发展指标体系研究跨部门专家团队（Inter-agency Expert Group on SDG Indicators，IAEG-SDGs）于 2017 年发布了用于评价全球范围内的可持续发展进程的指标体系，囊括了 232 个指标（IAEG-SDGs，2016）。同时，联合国指出，联合国会员国制定的地区和国家层面的指标可以作为 232 项全球指标的补充（The United Nations，2018b）。截至 2018 年 5 月 11 日，这 232 个指标中，已有 93 项指标具有明确概念定义、国际公认的统计方法和标准，且至少有 50%的国家和地区定期生成指标相关数据（Ⅰ类）；有 72 项指标有明确概念定义和标准的统计方法，但缺乏定期生成的相应统计数据（Ⅱ类）；62 项指标缺乏统一的标准和方法，数据也难以获取（Ⅲ类）；另有 5 项指标同时具有多类的特征，因而根据指标组成部分的不同被分到不同的类别中（IAEG-SDGs，2018）。

三、联合国 2030 年可持续发展议程的国际响应

联合国发布 2030 年可持续发展目标后，世界各国政府、学者先后采取行动，引发了广泛响应。

在国家层面施行上，在 2016 年举行的第一届可持续发展高级别政治论坛上，会议对 22 个国家的可持续发展目标进展情况进行了审查及专题审查，旨在促进国家之间经验分享，强化伙伴关系，以便于加速 2030 年可持续发展议程的实现（The United Nations，2016b）。22 个参与首批自愿评估国家包括：中国、哥伦比亚、埃及、爱沙尼亚、芬兰、法国、格鲁吉亚、德国、马达加斯加、墨西哥、黑山、摩洛哥、挪威、菲律宾、韩国、萨摩亚、塞拉利昂、瑞士、多哥、土耳其、乌干达、委内瑞拉（玻利瓦尔共和国）。参与自愿审查的国家范围同时也在不断扩大，2018 年参与自愿审查的国家数量上升到了 46 个（The United Nations，2018d）（图 2-8）。国家自愿评估结果显示，参与自愿评估的国家对可持续发展议程落实工作均给予了高度重视，采取了诸如设置相关执行机构，将推行可持续发展目标纳入政府职能；分析可持续发展目标与该国优先事项间的关系，积极将议程与国家战略、计划进行整合；采取行动以鼓励多方的参与，提升可持续发展的意识；在建立监测评估系统等方面均投入了大量的时间和资源（The United Nations，2016a，2018c，2018d）。

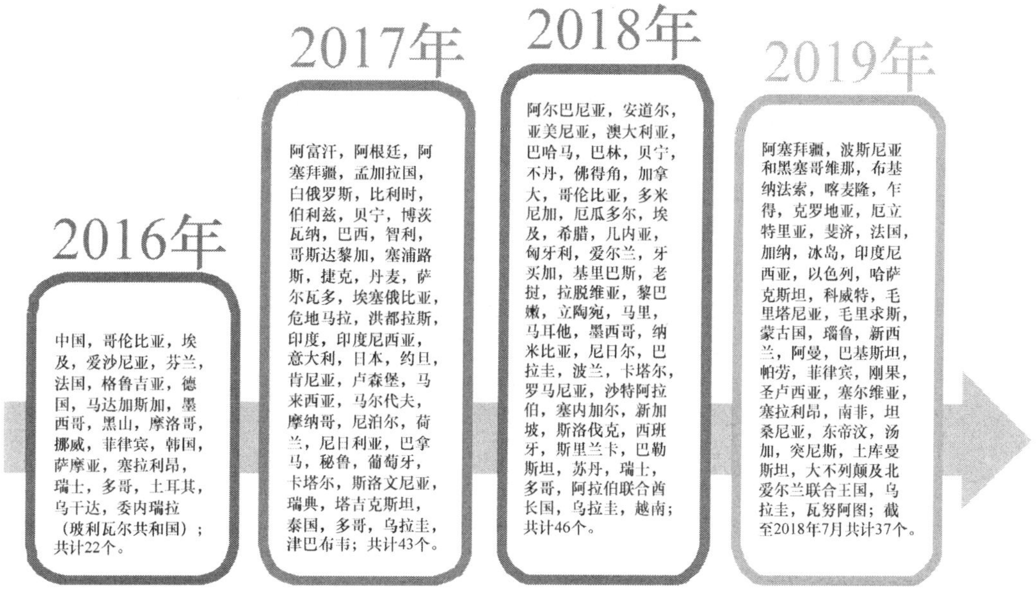

图 2-8　各年各国参与可持续发展目标自愿审查情况

相关研究层面上，早在联合国发布可持续发展进程官方评价指标体系前，可持续发展解决方案网络（Sustainable Development Solution Network，SDSN）通过与联合国组织专家、学者及社会、各国研究机构的合作，提出了 100 个可持续发展目标的全球监测指标及与之互补的国家指标，率先对可持续发展评价的指标体系的构建作出了一定贡献（SDSN，2015）。2015 年，SDSN 发布的《可持续发展目标：富裕国家是否准备好了？》描述了 34 个经济合作与发展组织（Organization for Economic Cooperation and Development，OECD）国家的可持续发展目标的实施状况。2016 年，SDSN 和贝塔斯曼基金会联合发布《可持续发展目标指数和指示板》，该报告尽可能地采纳了 IAEG-SDGs 专家组提出的官方 SDGs 指标，对联合国 149 个成员国的可持续发展目标实施情况进行了评估（SDSN，2016），中国位于第 76 位。

而由于可持续发展目标及对应发布的官方指标均存在项目数量庞大、内容复杂的特征，其被完整地得到运用所要求的数据量、资源量不容小觑；而不同目标、二级目标间存在着协同、重叠或冲突的关系，且在不同的国家将以不同的方式显现，这均为可持续发展目标在实际中的推行造成了一定的困难。针对此情况，在 2030 年可持续发展议程发布前，有学者曾根据国际科学理事会对可持续发展目标草案进行科学审查的结果，列出了科学界参与该进程的 5 个优先事项，包括设计跟踪可持续发展目标进展情况的指标、建立监测机制、评估可持续发展目标实施进程、加强监测相关基础设施建设、数据的识别及标准化，并指出需要更加明晰目标与目标之间可能存在的相关关系（Lu et al., 2015）。具有代表性的研究包括："可持续发展目标公开工作组"提出的 19 个可持续发展目标重点领域之间的关联矩阵（OWG SDGs, 2014）；经济合作与发展组织提出的"可持续发展政策统筹"框架（OECD, 2016）；Nilsson 等（2016）提出的 3（表示目标间相互冲突）到 +3（表示目标间密不可分）的 7 分评价制，对可持续发展目标间的相互关系进行了阐释，以供各国政府在确定可持续发展国家优先事项时参考；Le Blanc（2015）通过构建可持续发展目标、二级目标之间的关联网络，揭示了各可持续发展目标间的关联关系。而在如何指导国家内在化可持续发展目标方面，Jaebeum Cho 等开发了用于揭示国家在实现可持续发展目标方面能力及最佳方式的评价指标框架，并针对孟加拉国、哈萨克斯坦、斐济、巴基斯坦四个国家进行了分析（Cho et al.，2016a，2016b）。总之，由于联合国可持续发展目标与评价指标正式推出于 2015 年，推行的时间较为短暂，相关研究资料非常有限，研究深度还有待加强（周新等，2018）。

四、联合国 2030 年可持续发展议程的中国响应

自 2030 年可持续发展议程于 2015 年颁布以来，中国政府高度重视，采取了一系列行动，以促进可持续发展目标在中国的推行。

2016 年 3 月举行的第十二届全国人民代表大会第四次会议审议通过了"十三五"规划纲要，将联合国 2030 年可持续发展议程与国家中长期发展规划进行了有机结合。"十三五"规划纲要提出要"积极落实 2030 年可持续发展议程"，实现了其与我国国家中长期发展规划的有效融合（杨晓华等，2018）。同年 4 月，中国发布《落实 2030 年可持续发展议程中方立场文件》，系统阐述了中国关于落实发展议程的原则、立场和主张，介绍了中国的发展理念、政策和已经开展的工作（中华人民共和国外交部，2016a）。9 月，李克强总理在"可持续发展目标：共同努力改造我们的世界——中国主张"座谈会上发表讲话，表明中国愿同国际社会携手同行，为推进可持续发展议程作出不懈努力的决心（人民网，2016）。同月，中国政府发布了《中国落实 2030 年可持续发展议程国别方案》。该方案对中国在过去成功落实联合国千年发展目标的成功经验进行了总结，包括：坚持发展是第一要务，不断创新发展思想和理念；制定和实施中长期国家发展战略规划，将千年发展目标全面融入其中；正确发挥市场机制作用，处理好政府和市场的关系；建立健全法律法规体系，调动社会各界的广泛参与；积极开展试点示范，循序渐进向全国推广；加强对外发展合作，促进发展经验互鉴。同时，作为指导中国开展落实联合国可持续发展目标工作的行动指南，该方案还对中国落实 2030 年可持续发展议程的总体路径进行了规划，提出将从战略对接、制度保障、社会动员、资源投入、风险防控、国际合作、监督评估七个方面入手，并针对 17 个可持续发展目标提出了针对性的中方落实举措（中华人民共和国外交部，2016b）。

2017 年 3 月，我国成立了中国国际发展知识中心，与世界各国一道研究适合各自国情的发展理论和实践，为各国实现联合国可持续发展目标等提供交流平台（中国国际发展知识中心，2018）。同年 8 月，我国发布了全球首个落实 2030 年可持续发展议程国别进展报告《中国落实 2030 年可持续发展议程进展报告》。该报告对中国落实可持续发展目标的做法、进展和取得的经验进行了总结，通过列举数据及陈述所采取的相关行动，展示了中国 2016 年在多个可持续发展目标上取得的进展，并基于当前状况制定了下一步的工作内容，以及到 2020 年争取实现的阶段性目标（中华人民共和国外交部，2017）。2017 年 10 月，中国共产党第十九次全国代表大会在北京召开。大会报告进一步明确了生态文明建设在实现"两个一百年"奋斗目标中的重要地位，对"两个一百年"生态文明建设的阶段目标进行了部署：到 2020 年，坚决打好污染防治攻坚战；到 2035 年，生

态环境根本好转，美丽中国目标基本实现；到 21 世纪中叶，建成富强民主文明和谐美丽的社会主义现代化强国。该阶段目标的设定与中国落实可持续发展 2020 年阶段目标及可持续发展目标在 2030 年的达成实现了衔接，充分体现了中国政府在落实联合国可持续发展目标方面的决心与行动。

此外，国内学者进行的相关科学研究也对 2030 年可持续发展议程给予了重视。刘刚等（2018）提出了物质流和社会经济代谢分析方法在帮助实现联合国 2030 年可持续发展目标方面将起到的作用。周新等（2018）将可持续发展指标中 169 个二级目标中的108 个二级目标及 51 个指标作为研究分析对象，筛选得到 17 个关键二级目标及对应的14 个指标作为 SDGs 中应当突出的重点，以便利用有限资源来有效地解决社会经济系统的整体问题。另有学者就如何更好地在中国实施可持续发展目标展开了定性探讨（李晓西，2017；吕永龙等，2018）。然而，同样鉴于联合国 2030 年可持续发展议程、可持续发展目标及其相关评价指标确立、推广的时间较短，目前我国该领域既存的资料、研究非常有限，中国国内的可持续发展目标落实报告与国际可持续发展评估指标的接轨尚存较大不足，针对中国的可持续发展目标落实进程进行的完整全面评估目前仍处于空白的状态。

参 考 文 献

爱因斯坦. 1991. 为什么要社会主义. 周德武，译. 科学社会主义研究, (2): 1

芭芭拉·沃德，勒内·杜博斯. 1997. 只有一个地球. 国外公害丛书编委会，译校. 长春: 吉林出版社: 260

陈家刚. 2007-10-8. 生态文明与社会公平. 中国环境报, 第 2 版

费切尔. 1982. 论人类生存的环境——兼论进步的辩证法. 孟庆时，译. 世界哲学, (5): 54-57

福泽谕吉. 1995. 文明论概略. 北京编译社，译. 北京: 商务印书馆: 30, 31, 33

高炜. 2012. 生态文明时代的伦理精神研究. 哈尔滨: 东北林业大学

顾康康. 2012. 生态承载力的概念及其研究方法. 生态环境学报, 21(2): 389-396

郭秀锐，毛显强，冉圣宏. 2000. 国内环境承载力研究进展. 中国人口·资源与环境, (s1): 29-31

环境保护常用法规手册编辑组. 2009. 环境保护常用法规手册. 北京: 法律出版社: 499

基佐. 1998. 欧洲文明史. 程洪逵，沅芷，译. 北京: 商务印书馆: 4-5, 9, 11

季羡林. 2006. 三十年河东 三十年河西. 北京: 当代中国出版社: 54

卡洛·罗韦利. 2017. 现实不似你所见: 量子引力之旅. 杨光，译. 长沙: 湖南科学技术出版社: 205

李文华. 2013. 中国当代生态学研究生物多样性保育卷. 北京: 科学出版社: 前言, ii -iii

李晓西. 2017. 联合国《2030 年可持续发展议程》在中国的实施. 社会治理, (6): 27-31

李永峰. 2014. 中国可持续发展概论. 北京: 化学工业出版社: 124-125

联合国. 1973. 联合国人类环境会议报告书(中文版). 纽约: 联合国出版物: 4-5

联合国. 2002. 《21 世纪议程》的执行情况——秘书长的报告. https: //www. un. org/chinese/ga/55/doc/
    55sgrep. htm [2017-6-10]

联合国. 2015. 千年发展目标: 2015 年报告. http: //www. cn. undp. org/content/china/zh/home/library/mdg/
    mdg- report-2015/ [2018-5-13]

联合国. 2018a. 21 世纪议程. http: //www. un. org/zh/development/progareas/global/agenda. shtml. [2018-07-17]

联合国. 2018b. 可持续发展目标——17 个目标改变我们的世界. https: //www. un. org/sustainabledevelopment/
    zh/sustainable-development-goals/. [2018-5-2]

联合国. 2018c. 千年发展目标及 2015 年后进程. http: //www. un. org/zh/millenniumgoals/ [2018-7-28]

联合国可持续发展大会. 2012. 中华人民共和国可持续发展国家报告. 北京: 人民出版社

刘刚, 曹植, 王鹤鸣, 等. 2018. 推进物质流和社会经济代谢研究, 助力实现联合国可持续发展目标. 中国科学院院刊, (1): 30-39

刘远碧, 税远友. 2005. 论人与社会的关系. 辽宁师范大学学报(社会科学版), 28(6): 13-16

刘远传. 2003. 论人与社会的关系的双重理解. 天津社会科学, (1): 24-26

卢风. 2016. 非物质经济、文化与生态文明. 北京: 中国社会科学出版社: 139-154

吕永龙, 王一超, 苑晶晶, 等. 2018. 关于中国推进实施可持续发展目标的若干思考. 中国人口资源·环境, (1): 1-9

马尔萨斯. 1789. 人口论. 出版信息不详

马林诺斯基. 1999. 科学的文化理论. 黄建波, 等译. 北京: 中央民族大学出版社: 52-53

彭继红, 任书东. 2015. 论作为生态文明建设理论基础的马克思主义地理环境论. 江汉论坛, (11): 38-42

钱易, 唐孝炎. 2010. 环境保护与可持续发展. 第2版. 北京: 高等教育出版社

曲向荣. 2014. 环境保护与可持续发展. 第二版. 北京: 清华大学出版社: 310-311, 318-319

人民网. 2016. 李克强在"可持续发展目标: 共同努力改造我们的世界——中国主张"座谈会上的讲话. http://cpc.people.com.cn/n1/2016/0921/c64094-28728409.html. [2018-07-19]

世界环境与发展委员会. 1997. 我们共同的未来. 王之佳, 柯金良, 译. 长春: 吉林人民出版社: 52

宋旭光. 2004. 资源约束与中国经济发展. 财经问题研究, (11): 15-20

汤因比. 1997. 历史研究上. 曹未风, 等译. 上海: 上海人民出版社: 14, 44-45, 60, 62, 318-319

唐纳德·沃斯特. 1999. 自然的经济体系: 生态思想史. 侯文蕙, 译. 北京: 商务印书馆: 395

王丹. 2014. 生态文化与国民生态意识塑造研究. 北京: 北京交通大学博士研究生学位论文

习近平. 2017. 决胜全面建成小康社会 夺取新时代中国特色社会主义伟大胜利——在中国共产党第十九次全国代表大会上的报告. 北京: 人民出版社

杨晓华, 张志丹, 李宏涛. 2018. 落实2030年可持续发展议程进展综述与思考. 环境与可持续发展, 43(1): 30-34

尤瓦尔·赫拉利. 2014. 人类简史: 从动物到上帝. 林俊宏, 译. 北京: 中信出版社

张春燕. 2013. 百年一叶. 环境教育, (12): 44-51

郑家栋. 1992. 牟宗三新儒学论著辑要. 北京: 中国广播电视出版社: 35-44

中共中央宣传部. 2014. 习近平总书记系列重要讲话读本. 北京: 学习出版社和人民出版社: 121-122

中国国际发展知识中心. 2018. 关于我们. http://www.cikd.org/cikd/AboutUS_CIKD.aspx?leafid=1320&chnid=373. [2018-07-19]

中华人民共和国外交部. 2016a. 落实2030年可持续发展议程中方立场文件. http://infogate.fmprc.gov.cn/web/ziliao_674904/zt_674979/dnzt_674981/qtzt/2030kcxfzyc_686343/t1357699.shtml [2016-4-22]

中华人民共和国外交部. 2016b. 中方发布《中国落实2030年可持续发展议程国别方案》. https://www.fmprc.gov.cn/web/zyxw/t1405173.shtml [2018-7-20]

中华人民共和国外交部. 2017. 中国落实2030年可持续发展议程进展报告. http://www.fmprc.gov.cn/web/wjb_673085/zzjg_673183/gjjjs_674249/xgxw_674251/t1356278.shtml. [2018-7-19]

周大鸣. 2010. 论文明转型及其未来方向. 人民论坛, (35): 11-12

周新, 冯天天, 徐明. 2018. 基于网络系统的结构分析和统计学方法 构建中国可持续发展目标的关键目标和核心指标. 中国科学院院刊, (1): 20-29

诸大建. 2012. 从里约+20看绿色经济新理念和新趋势. 世界环境, 22(4): 1-7

Cho J, Isgut A, Tateno Y. 2016a. An analytical framework for identifying optimal pathways towards sustainable development. www.unescap.org/publications. [2017-1-11]

Cho J, Isgut A, Tateno Y. 2016b. Pathways for Adapting the Sustainable Development Goals to the National Context: the Case of Pakistan. http://www.unescap.org/sites/default/files/MPFD_WP-16-04.pdf. [2017-6-1]

Grim J, Tucker M E. 2014. Ecology and religion. St. Louis: Island Press

IAEG-SDGs (Inter-agency and Expert Group on SDG Indicators). 2016. Compilation of Metadata for the Proposed Global Indicators for the Review of the 2030 Agenda for Sustainable Development. http:

//unstats. un. org/sdgs/iaeg-sdgs. [2017-1-11]

IAEG-SDGs (Inter-agency and Expert Group on SDG Indicators). 2018. IAEG-SDGs Tier Classification for Global SDG Indicators. https: //unstats. un. org/sdgs/iaeg-sdgs/tier-classification/. [2018-07-05]

Le Blanc D. 2015. Towards Integration at Last? The Sustainable Development Goals as a Network of Targets. New York. United Nations Department of Economic and Social Affairs (UN-DESA): Working paper

Lu Y, Nakicenovic N, Visbeck M, et al. 2015. Policy: Five priorities for the UN Sustainable Development Goals. Nature, 520(7548): 432-433

Marien M. 2012. Resilient people resilient planet: a future worth choosing. Cadmus, 12(5): I-II

Nilsson M, Griggs D, Visbeck M. 2016. Map the interactions between Sustainable Development Goals. Nature, 534(7607): 320-322

Odum H T. 1971. Environment, Power, and Society. New York, London, Sydney, Toronto: John Wiley & Sons, Inc: 9-10

OECD (Organization for Economic Cooperation and Development). 2011. Towards Green Growth. OECD Meeting of Council (data unpublished)

OECD (Organization for Economic Cooperation and Development). 2016. Better Policies for Sustainable Development 2016: A New Framework for Policy Coherence. Paris: OECD Publishing

OWG SDGs (Open Working Group on Sustainable Development Goals). 2014. Open Working Group on Sustainable Development Goals (data unpublished)

Oxfam. 2012. Can we live inside the doughnut? Why we need planetary and social boundaries. http: //policy-practice. oxfam. org. uk/blog/2012/02/can-we-live-inside-t he-doughnut-planetary-and-social-boundaries. [2017-1-11]

Pearce D. 1993. Blueprint 3: Measuring Sustainable Development. London: Earthscan: 8

SDSN (Bertelsmann Stiftung and Sustainable Development Solutions Network). 2016. SDG Index and Dashboards - Global Report 2016 (data unpublished)

SDSN (Bertelsmann Stiftung and Sustainable Development Solutions Network). 2015. Indicators and a Monitoring Framework for the Sustainable Development Goals. http: //unsdsn. org/wp-content/uploads/2015/05/ 150612-FINAL-SDSN-Indicator-Report1. pdf. [2017-1-11]

The United Nations. 2016a. Synthesis of Voluntary National Reviews 2016. http://sustainabledevelopment.un. org/content/documents/127761701030E_2016_VNR_Synthesis_Report_ver3.pdf. [2019-1-8]

The United Nations. 2016b. High-level Political Forum on Sustainable Development 2016, ensuring that no one is left behind. https: //sustainabledevelopment. un. org/hlpf/2016. [2018-7-19]

The United Nations. 2018a. Sustainable Development Goals: 17 Goals to Transform Our World. https: //www. un. org/sustainabledevelopment/. [2018-7-4]

The United Nations. 2018b. The Sustainable Development Goals Report 2018. New York: United Nations Publications

The United Nations. 2018c. Synthesis of Main Messages 2018

The United Nations. 2018d. Synthesis of Voluntary National Reviews 2017

The United Nations. 2018e. Voluntary National Reviews Database. https: //sustainabledevelopment. un. org/vnrs/#keyword. [2018-7-19]

第三章　生态文明建设的实施途径

第一节　生态文明建设与绿色发展

生态文明建设情况关系人民福祉，关乎民族未来，也关乎"两个一百年"奋斗目标和中华民族伟大复兴中国梦的实现。建设生态文明并不是要回到原始的生产和生活方式，当然更不能继续工业文明一味追求利润最大化的发展方式。建设生态文明是要达到经济、生态、社会价值的最大化，要遵循自然规律，尊重自然、顺应自然、保护自然。

自党的十八大以来，习近平总书记针对生态文明建设做过多次重要论述，强调"绿水青山就是金山银山"。"两山"理论成为习近平新时代生态文明建设思想的核心价值观。"绿水青山就是金山银山"的本质是要实现经济的生态化和生态的经济化，一方面，在追求经济发展的同时要加强生态保护和环境修复；另一方面，生态并不意味着贫穷，要把优质的生态环境转化成可衡量的货币收入。

绿色发展这样一种经济增长方式是以效率、和谐、持续为目标的。习近平总书记指出，绿色发展是构建高质量现代化经济体系的必然要求，是解决污染问题的根本之策。实现绿色发展，一方面要搞清楚生态环境存量，使经济增长不会引起资源和环境负荷的增加；另一方面，要把生态优势转化为经济优势，让绿色和生态产生效益。

一、生态农业

在绿色发展理念下，农业生产不单纯为了生产粮食，满足人们生存需求，农业生产是为了人类的健康、社会发展、环境友好。生态农业的发展，一方面通过系统地利用生物学原理及方法来改造农作物品种和提升农产品产量；另一方面，通过生物循环来保持土地生产力，利用生物学方法来控制有害生物，并尽量减少人工合成的化学品及其使用。绿色发展形成了众多相关农业生产的概念，如工业化农业、石化农业、机械化农业、基因农业、智慧农业、精准农业、绿色农业、信息农业等。

生态农业的内涵远远宽泛于植物栽培学及相邻学科，生态农业是需要生物学、生态学、系统工程学、化学工程学、环境工程学、物理学、电子信息学、机械学、工程管理经济学等多学科交叉、共同推进的大领域。从产业分类上讲，生态农业已经成为第一产业（农业）、第二产业（工业）和第三产业（服务业）三者共同支撑的产业。

生态农业是根据土地形态制定的适宜土地的设计、组装、调整和管理农业生产和农村经济的系统工程体系。在粮食和其他经济作物生产的同时发展林业、牧业、副业和渔业，同时把农业生产和第二产业、第三产业相结合。在生态农业发展中，利用传统农业发展经验和现代科技，协调资源合理利用、环境保护以及经济发展三者之间的关系，实现经济、生态、社会效益的统一。生态农业可以被看作一个全新的综合产业，发展生态农业可以获得重大经济、社会、环境效益以及创造大量就业机会。

1. 生物肥料

目前生态农业的实践主要包括了生物肥料的使用、生物农药的使用、农膜和农田修复、农业机械化等方面。在国家产业转型、绿色发展的大背景下，党中央、国务院高度关注畜禽粪污处理。从 2014 年开始国家出台相关规则着力探索构建农业废弃物资源化利用的有效治理模式。我国曾经通过辅助农户分别建立发酵池，利用产生的沼气作农村做饭、取暖照明生活能源，而产生的沼液、沼渣作为有机肥源，但效果不佳，由于利用的仍是小农经济的思维模式，一家一户的沼气池难于得到现金、技术的支持，如优良菌种的配送、沼气装置的更新改良，加上管理的粗放，以致产沼气量低，农民随即放弃。现在通过把沼气、沼肥的经营模式纳入市场经济模式获得了试点成功，即由国家通过资助和政策，鼓励大企业通过先进技术组合，打造标准模块式沼气站，由专人管理，企业负责指导、更新技术和先进菌种供应，保障沼气和沼肥的有效供给，使可再生资源得到合理利用，改善农村生态环境。同时，采用滴灌技术，一方面，可大大缓解工业、城市、农业用水的紧张局面；另一方面，通过滴灌可以把沼肥这类水溶性肥料按照特定作物的生长周期的营养元素需求适量供给。

2. 生物农药

类似的是生物农药的使用。在传统农业中，在农作物播种前大量使用对土壤具有破坏性的化肥、除草剂、杀菌剂、杀虫剂等。作物生长过程中再施用大量化学农药，进行预防性和补救性治疗。将发酵后的生物肥施加到土壤中，并添加植物生长所需要的微量元素，同时补充必需的复合化肥，最终达到建立农作物自身免疫系统，提高免疫力的目的。健康的"地下"环境能够显著提高植物抵御病虫害的能力，保持健康的生长环境，植物吸收养分的能力也能得到增强。对"地上"系统来说，植物生态农药，可以抑制病菌侵染作物的幼苗，有益于作物的生长，促进植物自身免疫力的提高和增加对环境压力的抗逆性，促进植物根系发育，改进营养物质吸收，增强植物代谢功能，提高光合作用，提高作物产量和提升产品风味的品质。这样既可以有效解决病虫害，又没有农药残留的问题，是生产高品质有机农业的优化途径。

3. 农田修复

针对农田污染，利用生物削减，净化土壤中重金属和有机废物，效果好，易于操作，日益受到人们重视。可以利用自然生长的和特殊培养的植物的修复技术，选择性地种植可以从土壤中吸取金属污染物的植物，待植物成熟后收割集中处理。连续种植该植物，可以达到降低或除去土壤中重金属的目的。或者通过微生物的代谢活动产生小分子有机酸来直接或间接溶解重金属，从而实现农田的重金属污染修复。

4. 农业机械化

进入生态农业时代，农机化的进程也在不断加快，而且从粗放机械化过程向自动化、信息化的精确农业化发展。此外，大数据分析技术也成为生态农业的必要组成部分。通过监控和获取大量数据，再监控分析，可以把生产和销售的数据及时对接，同时对产品结构、质量、安全和物流配送信息进行及时调整，从而实现农业全供应链管理。以销定产，有效缓解产销不平衡引起的产业周期性波动。另外，大数据的数据处理和判别技术，在土壤施肥、害虫、气候、墒情变化、种子、化肥销售等方面也会提供重要信息。结合农业物联网体系，把感知技术、遥控技术、地理信息系统技术、无线网络技术等应用在其中，实现对农作物生长的土壤养分、墒情、苗情、病虫害、灾情等作出分析、判断、总结，提出可行性处理方案。

5. 生态渔业

根据鱼类和其他生物的共生互补，可通过采取相应的技术和管理措施，建立水生区域生态平衡，从而实现资源能源的节约利用，实现生态平衡，并有效提高养殖效益。

在养殖区域方面，要对水域的自然生态实行有效保护，科学划定江河湖海禁捕、限捕区域。同时，通过修复水域的生态环境，实现提质减量、渔业养殖区域的结构调整。在人工养殖方面，要推广稻渔综合种养、盐碱水养殖、循环水养殖等示范技术。加强现代渔港和渔港经济区建设，使渔业资源开发与保护生态环境得到有机地统一。

6. 生态畜牧业

畜牧业是现代农业的重要部分，是农村经济的重要支柱。生态畜牧业是规模化畜牧业未来发展的方向，也是摆脱畜产品药残留的困扰，提升畜产品的附加价值，解决畜禽排泄物污染等多种问题的根本方法。

第一，加强饲料基地、饲料及饲料消费的调控，开展绿色发展示范。优化布局，尽量在粮食主产区和环境容量大的地区布局生猪规模化养殖场，在苜蓿种植基地布局奶源基地。同时，做好种植和畜禽养殖的配套循环发展，确保畜禽养殖的饲料有良好的种植基础。

第二，加强畜牧产品的质量管理，严格控制药物的使用。加强兽用抗菌药物的管理，不批准人用抗菌药物作为兽用药来生产和使用。加强规模养殖场的净化工作，开展动物疫病净化，从源头减少动物疫情的传播风险。同时在产品的生产过程加强管理，加大资格审核力度。

第三，加强畜牧废弃物综合应用及畜禽粪便循环应用，推进种养结合、农牧循环发展。支持在生猪、奶牛、肉牛养殖集中区推进畜禽粪污的资源化利用，完成无废弃物或少废弃物消费进程，推动落实沼气发电上网、生物天然气并网政策，推进沼渣沼液等作为有机肥来利用。

二、生态工业

1. 生态工业的诞生和工业生态学

工业发展在资源环境问题的压力下开始了自我否定过程。最初，美国、英国和日本等工业发达国家纷纷开启了环境污染治理的系统化工作，采取"末端治理"来整治环境污染。但这类"末端治理"措施仅仅减少了污染物向环境的排放，并没有真正减少污染物的生产。同时，也没能够提升资源的利用效率，还加重了企业的负担，所以，当环境监管不力时，偷排漏排现象频发。从 20 世纪 70 年代中期开始，工业化国家开始探索如何能够实现环境与经济双赢的方法，典型代表就是"清洁生产"的提出和实施。在实施过程中，发现环境问题的解决并不能单纯依靠生产环节的清洁化，进一步提出了污染预防的观点，环境治理从生产环节逐步延伸到消费环节。同时，环境治理也从微观的企业和产品层面逐步拓展到更大的工业系统，乃至整个经济发展体系层面，传统工业开始逐渐向生态工业转变。

在人类环境意识觉醒后短短半个世纪的时间内，工业生态化经历了从末端治理、清洁生产、生态设计到生态工业的发展历程，领域不断拓展，层面不断提升，推动力也从企业上升到地方政府，乃至国家层面。作为工业文明的替代物，生态文明需要否定工业发展的无节制性及其固有机制缺陷，但并不会否定作为载体和具象化的工业本身。生态工业是发展生态文明的选择，在发展规模上，生态工业将在各项资源、能源需求上量力而行，在环境排放上考虑环境容量的限制。在生产关系创新上，生态工业也将解决工业发展的无节制性问题，建立新的分配机制、金融机制和商业模式，破解工业无限制发展的反馈循环。并通过以资源生产率提升为特征的生产力创新，不断实现减物质化、脱碳化和脱毒化，将工业运行建立在可持续能源和资源之上。

为更好地促进生态工业的建立和发展，工业生态学作为一门整合性学科应运而生，为工业可持续发展新秩序的建立和发展提供理论指导和支撑。工业生态学是研究工业系统内部及其与自然环境之间的相互作用关系的科学。它要求人们不要孤立地而是要协调地看待工业系统与环境的关系，要在整个社会经济系统中从天然材料、加工材料、零部件、产品、废旧物品到产品最终处置等物质循环全过程对物质、能量和信息加以优化。

目前，工业生态学已经发展出物质代谢、可持续消费与生产、生态工业、可持续城市系统、环境投入产出分析以及生命周期评价等研究领域。尽管研究对象和方法有所不同，但它们都提供了一种新的视角来分析工业系统结构及其与自然生态系统关系的问题。这是一种全面的、一体化的分析视角。并且，这些研究都侧重于考察工业发展的生物物理基础，也就是与人类生产活动相关的物质和能量的流动，在此基础上，强调产业演化过程中生态要素与经济、社会的互动关系及其系统模式转换。

2. 以生态工业园区建设为载体推进工业绿色发展

生态工业在产业形态上逐步发展出符合"生产者-消费者-分解者"生态系统结构及功能特征的模式；并于 1989 年，出现了丹麦卡伦堡产业共生的案例。随着产业生态系统概念的提出，人类开始在经济、文化和技术不断发展的条件下，有意识并理性地去探索工业生态化的方法。1992 年以来，诞生了新兴学科"产业生态学"，生态工业园区是产业生态学的重要实践载体。2000 年以来，欧美国家、澳大利亚、日本、韩国、新加坡、印度、葡萄牙等都出现了生态工业园区和产业共生案例的实证分析。

生态工业园区是基于产业生态学原理，模仿自然界，形成"生产者-消费者-分解者"的生态工业系统。生态工业园区内的不同企业通过信息共享，原料、产品、副产物和废弃物的交换，实现资源能源高效利用，废弃物资源利用最大化，减少废物排放，从而实现经济效益增长和环境质量提升的双赢。

在中国，工业园区是地区工业和贸易活动相对集中的区域，是所在区域的经济社会发展的"引擎"，对于区域的经济发展和社会进步起到了显著的作用。随着各类工业园区数量的增加，工业园区利用优惠政策的优势慢慢削弱，园区之间竞争日趋激烈，工业园区的经济增长也受到了一定限制。此外，随着工业园区的不断发展，土地、能源、水资源等对发展的压力开始显露出来，并有逐渐加强的趋势，有可能成为园区发展的瓶颈。外部竞争、内部土地和各项自然资源包括环境要素的制约，使我国工业园区可持续发展的难度越来越大。

另一方面，原有的"先污染后治理"的发展思路，使得中国工业园区在经济得到发展的同时也产生了很多环境问题。并且由于中国工业园区临江濒水的布局特点，使得这样的环境问题更为严峻，付出了惨痛的代价。因此，如何解决工业园区发展过程的环境问题，实现可持续发展是一个重要的课题。

中国生态工业园区建设工作开始于 2001 年。2015 年 12 月，环境保护部、商务部和科技部联合发布了最新的国家生态工业示范园区建设标准和管理办法，在未来国家生态工业示范园区创建中，不再分为综合类园区、行业类园区和静脉类生态工业园区三类园区，而是按统一标准建设。2016 年，环境保护部会同商务部和科技部对未如期完成国家生态工业示范园区创建任务的工业园区开展了全面清理工作，撤销了青岛新天地静脉产业园的国家生态工业示范园区称号。这标志着三部委在逐步规范国家生态工业示范园区管理，严格按照管理办法实施准入和退出机制的决心。

鉴于中国三十余年工业化发展特点，中国国家生态工业示范园区的建设推进工作由政府、企业和市场三个方面共同参与，在建设过程中又主要从企业内部、产业集群、园区和整个社会层面开展具体的项目和工作（图 3-1）。

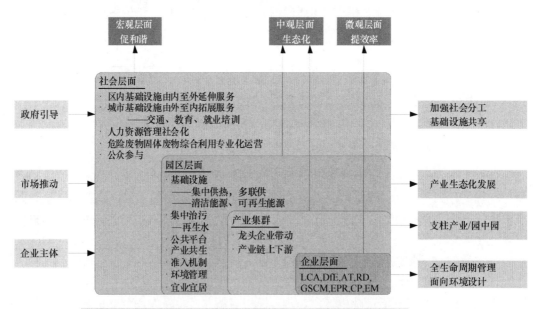

LCA: 生命周期评价; EM: 环境管理; AT: 高新技术; GSCM: 绿色供应链管理;
DfE: 面向环境设计; CP: 清洁生产; RD: 研发平台; EPR: 生产者责任延伸

图 3-1　中国国家生态工业示范园区发展模式

企业层面，即以企业为主体，通过技术进步和加强环境管理，推进清洁生产，从而提高企业生产过程中资源能源利用效率，减少废弃物产生。随着国家环境保护相关政策日益趋于严格，企业有了改善环境行为的动力和压力。同时，企业环境保护意识也在不断提高，结合企业环境行为优化，最大限度减少了企业对园区环境的影响。

产业集群层面，主要特征是以龙头企业带动，自主设计招商，带动上下游配套企业入驻园区，从而形成产业集群或者园中园模式，有利于企业间物质交换利用，生产效率的提高和资源循环利用。

园区层面的建设重点在于园区基础设施的建设和完善，硬件方面，如集中供热、污水集中处理以及海关、金融等公共服务平台。软件方面，如园区产业、企业的准入机制，园区的环境管理水平等。这些基础设施的建设需要由政府主导，并主要依靠政府的公共财政来实现。

社会层面可以从根本上保障生态工业园区的正常运转，是生态工业园区建设的宏观条件。绿色供应链的稳定运行离不开社会支持。园区内部与外部的基础设施相互交流、彼此延伸，如交通、教育、就业培训、人力资源等服务均可不仅限于园区里，而应与城市资源相互融通。此外，危险废物与固体废物交托专业机构运营，借助社会力量能达到事半功倍的效果。公众参与也是必不可少的部分，可以扩大生态工业园区的社会影响力，加强社会媒体对生态工业园区的监督，提高公众生态环保意识。通过加强企业间社会分工和园区基础设施共享，可从宏观上促进生态工业园区的和谐健康发展。

通过对已经建成的国家生态工业示范园区的调研发现，国家生态工业示范园区可以实现以较小的土地和人力产生较大的经济效益，同时，COD、SO_2 等主要污染物的排放量在所在地区的排放总量中占比较小，是工业领域建设生态文明的重要载体。

3. 绿色化学化工"双十二原则"推动化工行业持续发展

众所周知，化工行业是工业中污染较重的产业，但近几十年来，随着工业生态化发展，世界各国开始重视绿色化学和绿色化工。1984 年，美国联邦环保局首次提出"废弃物最小化"的思想。1989 年，其相继提出"污染预防"这一思想，初步确立了"绿色化学"概念。绿色化学的倡导者——耶鲁大学教授 P. T. Anastas，于 1992 年提出绿色化学的概念是"在化学产品的设计、开发和加工生产过程中减少或消除使用或产生对人类健康和环境有害物质的设计理论"（The design of chemical products and processes that reduce or eliminate the use and generation of hazardous substances）。2002 年，Anastas 教授提出了绿色化工新的"十二原则"，内容为：①提高所使用原料及能源的本质安全性；②强调污染预防而非末端治理；③面向易于分离纯化设计，减少分离纯化阶段物质能源消耗；④通过产品、工艺过程和系统优化尽可能提高物料、能源、空间和时间的效率；⑤面向产出端带动产品、工艺过程和系统的设计优化；⑥面向循环和再利用尽可能简约化设计，降低复杂性；⑦提高工艺装备的耐用性；⑧避免过多冗余设计或设计余量；⑨最大限度地减少原材料的种类及使用由复合组分构成的原料以提高可拆解性；⑩产品、工业流程及系统设计时统筹物质能量流动；⑪面向生命周期终结设计产品、工业流程及系统；⑫尽可能使用可再生资源和能源。绿色化学和绿色化工的"双十二原则"按每个原则字头形成的缩略语为"PRODUCTIVELY & IMPROVEMRNTS"，其具体内容见表 3-1，"双十二原则"被广泛用于具体化工产品的清洁生产中，这种基于单一产品生产过程的技术改革促进了化工合成技术向环境友好型的积极转变，并有大量研究和成功的应用实例。

表 3-1　绿色化学原则与绿色化工原则

绿色化学原则 PRODUCTIVELY	绿色化工原则 IMPROVEMENTS
P-Prevention waste（源头控制防止污染）	I-Inherently non-hazardous and safe（提高用料能源的本质安全性）
R-Renewable materials（使用可再生物质能源）	M-Minimize material diversity（最大限度减少原材料种类）
O-Omit derivation steps（减少工艺步骤）	P-Prevention instead of treatment（强调污染预防而非末端治理）
D-Degradable chemical products（产品提高可拆解性）	R-Renewable material and energy input（使用可再生的能源和原材料）
U-Use safe synthetic methods（使用安全的合成方法）	O-Output-lead design（面向产品端带动产品、工艺过程和系统设计优化）
C-Catalytic reagents（使用催化剂）	V-Very simple（避免过多冗余设计或设计余量）
T-Temperature，pressure ambient（适宜温度压力）	E-Efficient use of energy，material，and space（尽可能提高能源物质、时间、空间的使用效率）
I-In-Process monitoring（过程监控）	M-Meet the need（满足相同功能基础上减少原料、能源的投入）
V-Very few auxiliary substance（减少助剂使用）	E-Easy to separate by design（设计易于分离纯化）
E-E-factor，Maximize feed In product（最大产出效率）	N-Net works for exchange of local mass & energy（产品、工业流程及系统设计时统筹物质能量流动）
L-Low toxicity of chemical Products（化学产品低毒性）	T-Test the life cycle of the design（面向生命周期终结设计产品、工业流程及系统）
Y-Yes，it's safe（安全性）	S-Sustainability through out product life cycle（产品全生命周期的可持续性）

　　绿色化工技术是在绿色化学基础上发展起来的从源头防止环境污染的化工技术，可以减少或消除对人类健康安全和生态环境有害的物质。绿色化工技术是在绿色化学基础上开发的从源头阻止环境污染的化工技术。通过先进的化工技术和方法来减少或消除对人类健康安全和生态环境有害的物质。

　　结合绿色化学及产业生态系统理论，考虑到化工园区的特点，提出图 3-2 所示的化工园区绿色发展模式，从企业、供应链、能源设施等层面对化工园区的绿色发展进行顶层设计。结合绿色化学、化工"双十二原则"及工业生态系统思想构建了适用于化工园区的绿色体系模型，该模型区别于传统化工园区的"单一产品"层面技术改进、污染处理模式，将绿色化学与工业生态学包含的多尺度下研究对象（企业、共生网络、基础设施、社会等）纳入到园区的循环经济发展系统框架中，以期通过系统性整合突破单一产品绿色技术所带来效率提升的瓶颈，从而在园区尺度上发挥"1+1>2"的协同效果。

　　图 3-2 所示的化工园区绿色发展模式具体包括四个方面：①单个产品层面的绿色化学工艺和工程技术的开发应用；②供应链层面横向纵向整合，园区内构建高度集成的上下游产业体系，企业之间通过产品及副产品交换，提升原料的利用率；③基础设施层面，建成集中式、清洁化、多功能的基础设施体系；④园区政策管理（社会层面），结合化工园区特点因地制宜地制定绿色发展政策及管理措施，使更多的利益相关方投身到园区循环经济和绿色发展中。

4. 开发全生命周期环境友好材料

　　环境友好材料是指在材料的整个生命周期中具有满意的使用性能和优良的环境协调性，或者能够改善环境的材料。这类材料是指在加工、使用和再使用过程中具有最大使用功能及最低环境负荷的一类材料。

图 3-2 化工园区绿色发展模式

开发环境友好材料的途径一是通过生产工艺和配方的改进,减少材料在生产和使用过程中对环境的负面影响。另一个途径是在开发新材料的过程中注意材料和环境的相容性。目前,环境友好材料有天然材料、绿色包装材料、生态建材、仿生物材料、环境替代材料和环境降解材料六大类。

天然材料是指木材、石材、棉花等自然界中原来就存在的,不经加工或者经少量加工就可以直接使用的材料。我国量最大的废弃天然材料是稻壳和秸秆,稻壳可以加工生产木糖醇和活性炭,同时生产过程的残余物还可以通过焚烧利用热能。秸秆的利用方式包括粉碎还田、秸秆燃烧发电、秸秆提取乙醇以及秸秆制建材等途径。仿生材料可以仿造动植物的功能,从而实现与生物相似或者超越生物现有的功能。仿生材料在使用过程中需要满足生物兼容性的要求,因此在制备过程中,仿生材料的工艺大多是模拟天然过程,具有较好的环境协调性。

绿色包装材料还可以称为无公害包装、环境友好包装材料。这类包装材料需要同时满足包装的功能需求和对生态环境的友好性,绿色包装材料还可以回收再利用。目前研究较为热门领域的包括天然生物分子包装材料以及可食性包装材料。前者是指以天然生物分子,如天然植物纤维、变性淀粉、甲壳素等为主要原料,再加以必要的辅料,所生产出来的包装材料。后者通常以淀粉、蛋白质、植物纤维和其他天然物质为原料,通过加工生产为可以被人食用,对环境不产生危害的包装材料,如淀粉可食性包装膜、壳聚糖可食性包装膜、蛋白质可食性包装膜和复合型可食包装膜等。

除了包装材料本身,用于印刷的油墨也正在被逐步"绿色化"。目前新兴的绿色油墨大多选用大豆作为原材料,进而从源头上实现了油墨的"绿色化"。

生态建材是指大量使用固体废物来生产"健康、环保、安全"的建筑材料,不用或者最少地利用天然资源和能源,同时在建材达到使用周期后,还可以回收利用,从而大大减少了对环境污染的建筑材料。典型的生态建材包括生态水泥、生态混凝土、绿色涂料以及绿色地板等。以生态水泥为例,在生产过程中,将废轮胎、矿渣、火山灰等废弃物用做添加料,一方面减少资源利用,另一方面降低生产过程能耗和污染物排放。

环境替代材料主要用来替代某些对环境或人体产生较不利影响的传统材料,如替代氟利昂的制冷剂、无磷化学品材料以及工业石棉替代材料等。

环境降解材料是指在使用后能被自然界的微生物或者光部分或者完全分解为二氧化碳、水或者其他参与自然界碳素循环的低分子化合物的材料。

使用环境友好材料，可以增加废旧材料的循环利用机会，从源头上减少对自然资源的消耗和对环境的负面影响，对于改善人类生活环境、促进可持续发展具有重要的意义。

5. 大力发展清洁能源，推动能源生产和消费革命

我国能源紧张，且因为能源消耗产生大量环境问题，改善能源结构，提高能源使用效率，是针对国内资源环境对发展的限制的解决之道。同时，就国际环境而言，推进能源结构的变革也可以支持我国应对全球气候变化形势，体现大国担当。

党的十八大提出推动能源生产和消费革命，2014 年 6 月习近平总书记首次提出推动能源消费、能源生产、能源技术、能源体制革命以及全方位加强国际合作这五项针对能源生产和消费革命的要求。

"十一五"期间，中国煤炭消费总量一直保持增长，为了控制总量增长，从"十二五"起，在国家政策层面提出了控制煤炭消费总量的要求。首先是 2014 年 3 月，国家发展改革委、国家能源局和环境保护部联合印发了《能源行业加强大气污染防治工作方案》，提出逐步降低煤炭消费比重，制定国家煤炭消费总量中长期控制目标。同年 11 月，国务院又印发了《能源发展战略行动计划（2014—2020 年）》，明确提出了 2020 年中国煤炭消费总量的控制目标。

减量替代是控制煤炭消费总量增长的重要举措。煤炭消费减量替代也是一项重要工作。在《能源发展战略行动计划（2014—2020 年）》中提出要实施煤炭消费减量替代，细化了京津冀鲁、长三角和珠三角等区域要削减的煤炭消费总量。2014 年 12 月，国家发展改革委会同工业和信息化部、财政部、环境保护部、统计局、国家能源局等有关部门印发了《重点地区煤炭消费减量替代管理暂行办法》，提出了北京市、天津市、河北省、山东省、上海市、江苏省、浙江省和广东省的珠三角地区的煤炭消费减量替代工作目标和方案。2015 年，国家发展改革委、环境保护部和国家能源局印发了《加强大气污染治理重点城市煤炭消费总量控制工作方案》，明确指出空气质量较差的前 10 位城市煤炭消费总量要较上一年度减少的目标。

除了煤炭消费总量控制和减量替代，中国还大力推进煤炭清洁高效利用。2014 年 9 月，国家发展改革委等六部门印发了《商品煤质量管理暂行办法》，明确了商品煤的质量标准，促进煤炭质量提升和利用效率。同年 10 月，国家发展改革委会同环境保护部和质检总局等部门联合印发《燃煤锅炉节能环保综合提升工程实施方案》。2015 年 4 月，国家能源局印发《煤炭清洁高效利用行动计划（2015—2020 年）》，对加快煤炭清洁高效利用提出明确的目标和任务。

除了控制煤炭总量之外，还需要大力节能，提高能效，抑制不合理能源需求。自《"十一五"规划纲要》首次将 2010 年单位国内生产总值能源消耗比 2005 年降低 20%左右作为国民经济和社会发展的约束性指标以来，《"十二五"规划纲要》继续提出单位国内生产总值能源消耗降低 16%的约束性指标。

为了实现五年规划设定的发展目标，国务院于 2007 年发布了《节能减排综合性工作方案》（国发〔2007〕15 号），2011 年发布了《"十二五"节能减排综合性工作方案》

（国发〔2011〕26 号），2012 年发布了《节能减排"十二五"规划》（国发〔2012〕40号），分别成为指导中国"十一五"和"十二五"时期节能和提高能效工作总的行动方案。方案和规划提出了"十一五""十二五"时期中国节能和提高能效的主要目标和任务，除了五年规划已经确定的目标外，还包括：到 2015 年，全国万元国内生产总值能耗比 2005 年下降 32%，"十二五"期间，实现节约能源 6.7 亿 t 标准煤；以及强化节能目标责任、调整优化产业结构、实施节能重点工程、加强节能管理、大力发展循环经济、加快节能技术开发和推广应用、完善节能经济政策、强化节能监督检查、推广节能市场化机制、加强节能基础工作和能力建设、动员全社会参与节能等重点任务。《国务院关于"十一五"期间各地区单位生产总值能源消耗降低指标计划的批复》（国函〔2006〕94 号）和《"十二五"节能减排综合性工作方案》还分别制定了"十一五"和"十二五"时期国内各地区的节能目标。

大力发展新能源和可再生能源，安全高效地发展核电，是我国能源结构改革的关键举措。"十二五"期间，中国加大力度支持风电、太阳能、地热能、生物质能等新型可再生能源发展。有关政府部门先后发布了《可再生能源发展"十二五"规划》、《风电发展"十二五"规划》、《太阳能发电发展"十二五"规划》、《生物质能发展"十二五"规划》、《关于促进地热能开发利用的指导意见》、《国务院关于促进光伏产业健康发展的若干意见》、《可再生能源发展专项资金管理暂行办法》、《可再生能源电价附加补助资金管理暂行办法》、《可再生能源发电全额保障性收购管理办法》、《分布式发电管理暂行办法》和《关于进一步推进可再生能源建筑应用的通知》等几十项政策文件，明确了"十二五"期间我国可再生能源的发展目标、规划布局和建设重点，制定和完善了可再生能源优先上电网、全额收购、价格优惠及社会分摊的政策。

此外，为鼓励天然气开发利用，中国制定了"油气并举"的战略。2014 年，国家发展改革委发布了《关于建立保障天然气稳定供应长效机制的若干意见》，提出了保障天然气长期稳定供应的任务及措施。国家能源局还发布了《关于规范煤制油、煤制天然气产业科学有序发展的通知》，规范煤制油和煤制气项目建设，提出了能源转化效率、能耗、水耗、二氧化碳排放和污染物排放等准入值。

6. 运用高技术发展再制造深化循环经济发展

在整个生产制造全过程中，再制造环节充分体现了生态工业发展的特征。再制造是一种重要的再利用途径，也是产品全生命周期的一个重要环节。再制造是利用废弃机电产品中部分不需要淘汰更换的零部件经过特殊的生产工艺生产出新产品的制造过程。

再制造并不是对原有产品的简单维修，而是进行产业化的修复，从而实现再制造产品的质量达到甚至高于新品。再制造对技术要求较高，需要专门的修复技术。同时，能够实现再制造也有一定的条件，必须是可以标准化生产的产品，并且需要有足够大的市场，才能够实现规模化生产。

再制造适用于性能失效的旧机器设备等剩余附加值较高的耐用产品，如报废汽车、废旧工程机械等。以报废汽车为例，经拆卸、分类、清洗、翻新、替换磨损及有缺陷零件、再装配之后可重新生产出新产品。像发动机、变速线、发电机等重要零部件都可以实现再制造，对这些零部件可以实行强化修复，使其符合新产品的性能要求。

7. 全过程开展生态设计，从源头实施污染防治

同生产环节相比，消费环节同样也会产生废物，在规模上甚至可以超过生产环节，因此单纯在生产环节实施清洁生产并不能够完全解决环境问题。从 20 世纪 80 年代起，荷兰、德国、瑞典等欧洲国家开始制定新的环境政策，以产品生态设计为导向，把污染预防的努力推到最前端。

生态设计观将产品以及产品所处环境看成是地球整个生态链中的一个有机组成环节。相对于传统设计观来讲，生态设计观遵循"5R"原则（Revalue 原则、Renew 原则、Reuse 原则、Recycle 原则和 Reduce 原则），以可持续发展的思想对设计"再思考""再认识"，讲究对旧物品进行更新、改造，加以重新利用。对于旧材料、旧配件、旧产品等，尽可能利用，对于不能全部利用的，把产品中稀有资源、不能自然降解的物质加以回收利用，尽最大努力减少对人、环境的不利影响。

生态文明建设是中国特色社会主义事业的重要内容，关系人民福祉，关乎民族未来，事关"两个一百年"奋斗目标和中华民族伟大复兴中国梦的实现。建设生态文明，既不是要回到原始的生产生活方式，也不是继续工业文明追求利润最大化的发展模式，而是要达到包括生态价值在内的经济、生态、社会价值的最大化，要遵循自然规律，尊重自然、顺应自然、保护自然，以资源环境承载能力为基础，建设生产发展、生活富裕、生态良好的文明社会。

党中央、国务院高度重视生态文明建设，先后出台了一系列重大决策部署。自党的十八大以来习近平总书记关于生态文明建设也做过多次重要论述，多次强调"绿水青山就是金山银山"。"绿水青山就是金山银山"的"两山"理论成为习近平新时代生态文明建设思想的核心价值观。从发展观的角度看，实现绿水青山就是金山银山，其实质就是要实现经济生态化和生态经济化。贫穷不是生态，发展不能破坏。一方面，要保护生态和修复环境，经济增长不能再以资源大量消耗和环境毁坏为代价，引导生态驱动型、生态友好型产业的发展，即经济的生态化；另一方面，要把优质的生态环境转化成居民的货币收入，根据资源的稀缺性赋予它合理的市场价格，尊重和体现环境的生态价值，进行有价有偿的交易和使用，即生态的经济化。习近平总书记"绿水青山就是金山银山"的提出，指明了生态文明建设这一项复杂而系统的工程中，离不开绿色发展方式的转型。

绿色发展是以效率、和谐、持续为目标的经济增长和社会发展方式。习近平总书记指出，绿色发展是构建高质量现代化经济体系的必然要求，是解决污染问题的根本之策。所谓绿色发展，一是要实现经济增长与资源环境负荷的脱钩，即经济增长不会引起资源环境负荷的增加，解决好突出生态环境问题，改善可持续性；二是要使可持续性成为生产力，让绿色、生态有利可图，生态优势能够转化为经济优势，实现绿水青山成为金山银山。绿色发展不只是思路，更是出路，是生态文明建设的治本之策。绿色发展的实现路径是产业生态化和生态产业化，构建绿色经济体系，在农业、工业这两大重要生产领域涉及多个过程和环节。

三、生态服务业

生态服务业是运用生态学原理和系统论方法，以能源资源节约共享、产业高度关联、

产品及服务绿色化为主要特征，倡导绿色生产与绿色消费的一种现代化的服务业发展模式。要推进生态服务业的快速发展，必须以经济社会的可持续发展为指导理念，促进生态与社会，生态与经济，生态与文化等相互协调发展。在生态文明思想指导下，一方面要加快传统服务业升级改造，另一方面要支持现代服务业快速发展。现代服务业主要包括：生产性服务业，如金融、电信、工业园区的生产性服务业；流通性服务业，如物流、商贸；以及消费性服务业，如旅游、商饮服务、文化产业等。无论是生产性服务业，还是流通性服务业或消费性服务业都要遵循生态化、可持续发展的理念，把生态资源环境友好置于首位。

在服务业中贯彻绿色消费理念非常重要。绿色消费理念不仅能够鼓励人们在对服务产品的消费中形成科学消费、健康消费、合理消费和适度消费的良好习惯，引导服务业向生态化方向发展，而且有助于推进工业、农业的生态化转型，因为不论是工业产品还是农业产品都必须经过服务业环节才能进入消费领域。当前，我国服务过程生态化的重点是，用现代科学技术对资源消耗较大、环境影响较重的传统服务业进行生态化改造，实现服务业低消耗、低污染、产业发展与生态环境的相互协调。

1. 生态金融

在面对人类难以脱身的众多危机时，我们的社会发现自身迫切地需要向可持续发展转型。金融体系是社会不可或缺的一部分（Martin，2014），亦是构成社会转型和经济可持续性所组成的方程式的一个基本因素。

绿色增长是指以"可持续增长"为宗旨的均衡绿色经济增长模式，有两个方面应该在绿色和经济的良性循环下得到最大限度的提升，一个是经济增长的结构，另一个是"绿色"的新型推进力。为了获得新的环境友好型增长机会和绿色增长准则，就要利用绿色技术与知识，进一步开发能源和资源，不断提高生产能力，降低对环境造成的污染（Noh，2010）。

绿色融资是实现绿色增长的一项基本活动，相关定义如下。

绿色经济：是由公共投资和私人投资推动的收入和就业双增长，投资的同时也减少了碳排放和污染，提高了能源和资源效率，也防止了生物多样性和生态系统服务功能的丧失。

绿色增长：是一种促进经济增长的战略手段，其目的是根据生态原则塑造既定的经济进程，为就业和收入创造额外的机会，同时尽量减少对环境的影响。

绿色金融：是在适应气候变化的背景下，将金融部门纳入低碳、资源节约型经济转型进程的战略举措。

绿色金融是如何运作的？

绿色产业和技术都处于不同水平的成熟度，因此需要不同资本来源的不同水平的资金（Schmidheiny and Zorraquin，1996）。这种资金来源有三种方式：国内公共财政、国际公共财政、私营部门融资。

国内公共财政是指由政府直接提供资金，国际公共财政是指由国际组织和多边发展银行提供资金；私营部门融资包括国内和国际资金来源。绿色融资是一种可以通过不同的投资结构以不同的方式进行包装的融资。

绿色金融产品：研究和创造绿色金融产品至关重要，且可以被分为以下四个主要方向：零售融资；资产管理；企业融资；保险。

一般来说，各国政府通过绿色融资措施实现的目标包括：建立和保障针对绿色产业和绿色增长的资金；发展新金融产品，从而支持低碳绿色增长；吸引民间投资来建设和维持绿色基础设施；加强对践行绿色管理的企业的宣传，扩大对实施绿色管理的企业的财政支持；为环境产品和环境服务建立如碳信用之于碳市场此类的市场。

虽然对于需要绿色融资的各种情况和项目没有单一的最佳解决方案，但或许存在一些适合对发展进行共同制约和分级的干预和措施。一般来说，当企业在对比促进贸易和投资的有利环境时，他们寻找的因素更倾向于：宏观经济的稳定性、冲突的潜在性和良好治理的程度等。公共干预若想刺激私人投资，必须处理这些问题，并以透明、持久和持续的方式加以实施（Jeucken，2001）。

通过改善监管环境，可以克服投资问题的各种政策选择包括如下几个。

（1）信息建设政策。消费者、生产者和投资者都需要了解低碳绿色增长对经济和环境的积极影响。重要的是，他们认识到这一战略带来的是机遇而不是负担，从长远来看，这极有可能会从自愿方式转为强制方式。为了提高促进绿色金融市场所需的透明度，企业在社会责任方面的推动力需要被扩大，如碳披露项目（CDP）或联合国在责任投资上的原则。同样重要的是为绿色技术和绿色企业采用严格的验证体系，以避免混淆消费者，或是确保只受益于绿色产业概念的公司真正成为其中的一部分，并为投资者提供必要的信息以使他们做出审慎的投资选择。

（2）环境法规。环境法规包括，环境污染的标准和对应的控制办法、环境影响相关信息的公开披露、对环境有害的隐性补贴或不可持续的增长的根除（如土地使用控制、建筑标准、土地利用规划、对自然缓冲区的保护、水资源管理以及定价）和对部门的管理进行改善和监督。

绿色金融产品和环境产品及服务的市场：碳市场，是一个经常被政府引用，用来发动和发展的绿色市场的例子。迄今，许多国家选择率先建立碳排放交易机制；这通常包括立法来管理碳排放交易的成员资格、交易条件和市场监督。为了缓解这种转变，政府可以先引入试点项目或自愿交易计划，然后慢慢转向强制性交易体系，包括从试点阶段吸取的教训、从法律基础转向"总量管制和交易"，以及交易产品的多样化。

公共融资：因为绿色投资（如可再生能源设施等项目）的成本一般高于常规项目，政府应该补贴一部分资金来吸引投资者。融资机制包括公开招标、公开采购和公共贷款、赠款或基金，如风险投资基金。

政府支持的目标（只针对开发的早期阶段）：对于建设难度大、环境成本高、利润低、技术老旧、市场薄弱的企业来讲，采用新技术存在一定风险。绿色企业需要政府的支持，尤其是在发展的初始阶段。然而，政府应该瞄准吸引和授权其他金融机构这一目标，从而在绿色企业进入成熟阶段后，来接管其作为绿色企业积极推动者的角色。

2. 绿色物流

现代社会，许多物流公司，如 DHL、申克公司、绿色货运公司、UPS、COSCO 集团等，在实际物流流通过程中均在使用绿色技术原理；认为绿色物流是减少工艺流程、降低资源和能耗、减少环境经济损失的有效途径，并认为绿色物流可以使得物流工人工作效率更高、方式手段更具创新性，成为社会发展的助力器（Christopher，1992）。

20 世纪 80 年代，物流行业开始运用可持续发展理念解决物流活动带来的环境问题。许多专家学者，如墨菲、奥马尔琴科、亚历山德罗夫、布罗姆等在其著作中指出：环境监测物流活动过程中所涉及的交通运输、产品回收环节，在管控环境污染、降低能源消耗及减少资源浪费方面潜力巨大。在 20 世纪后 20 年内，以可持续发展为理念、积极研究物流行业的可持续模式，发现绿色物流是其发展方式。绿色物流和绿色产业链在欧洲、美国乃至部分亚洲国家已经达到相当高的水平（McKinnon et al.，2015）。

应该强调的是，绿色物流理念的引入对于大城市脆弱棘手环境污染问题的解决至关重要（Angheluta and Costea，2011）。物流公司、运输公司都可将绿色理念应用在其营销及全球问题解决方案中。从绿色物流视角来看，需要找到实现现代物流行业与可持续发展目标协同的方案路径。这种协同主要是假设通过运用绿色物流的方法、理念和功能最大限度地降低资源能耗并由此给环境带来的负面效应。在绿色物流理念的指引下，实现对资源能源的有效利用，最终达到社会发展与环境承载能力相协调的状态。然而，这需要将物流功能、方法、理念系统化，形成绿色物流"协同"原则，完成绿色物流与可持续发展目标的实现。

绿色物流方法及实施措施体系的创建需要与可持续发展目标理念相统一，具体如下。

（1）从结构、功能和系统方法视角，表述物流系统。每一物流要素都有特定功能，且对物流流通产生影响。这些功能体系在发挥作用时，理应实现物流要素与物流流通的目标。有关物流系统方面，需要着重强调两大功能（Rakhmangulov et al.，2016）：一是影响物流流通的基本功能，包括供应（物流系统的输入）、生产（物流性质的改变）、运输（物流的推进）、仓储（物流的积累）、分配（物流系统的产出，物质流转化为服务流和资金流）；二是整体管控物流流通和物流系统的核心关键功能。

（2）绿色物流原则要与可持续发展理念相一致。绿色物流原则要与可持续发展理念相一致是建立在物流系统管理新目标基础之上的，如实施"绿色"核心功能。一方面，物流公司在实际物流活动中要执行生态学领域的必要要求与准则；另一方面，通过使用绿色技术实现经济利益、竞争优势、公司形象和知名度提升的协调统一。

（3）实现物流系统经济、环境与社会文化可持续。绿色物流系统是可持续发展理念与物流原则共同作用的最终产物。该系统的核心思想是，实现物流系统经济、环境与社会文化的可持续。专家提议要重视绿色物流体系的体系范围和特定原理。特点原理与绿色物流系统可持续发展的每个方面都密切相连。

如上所述，如若实现长期气候目标、完成物流部门 CO_2 减排，或者降低成本效益最大化目标，不能仅仅依靠物流部门内部降低成本、提高效率。尤其是在实现长期目标需要运用减排措施、增加运输净成本情形下,政策则会加速这种转变。一般而言,强势政策能够激发市场活力,引导投资并创造公平的市场环境。特定情况下,政策可解决如下问题:增加了解新的交通运输技术及理念;设定物流活动过程中 CO_2 减排的特定目标;起始阶段,新技术成本可能比较高,一旦实现成本效益,即由于经济活动范围的扩大和生产规模的扩大,带来生产成本的降低;车辆制造商加快提高 CO_2 减排技术,主要由卡车生产商和拖车制造商提供;微观经济层面提高选择方案的吸引力;宏观经济层面提高成本经济效益;创建公平的竞争环境;减少因需求增加而引起运输成本上升的反弹局面。

或选如下政策:促进标准化碳足迹的开发和应用;试点和示范项目的开展实施;标准化测试评估程序(新技术的影响)运输工具产生的 CO_2;车辆二氧化碳法规;通过征税将外部成本内部化;增加燃料二氧化碳税;运输部门二氧化碳排放限额交易制度;将运输部门纳入更广泛的限额交易体系。

3. 生态旅游

有关生态旅游理念与概念的表述争议颇多。众所周知,生态旅游的定义:取代传统大众旅游、以生态自然环境为依托,是可持续旅游业发展的特殊形式。然而,在这一广泛背景下,生态旅游术语可以应用在但凡与自然地相连的旅游产品、旅游活动和旅游体验上;一些学者认为,生态旅游成为一个毫无意义的术语(Ryan,1999)。与此不同,其他一些学者则试图不断从多视角角度探讨生态旅游的多样性和广泛性。例如,Acott 等(1998)提出"深层"生态旅游和"浅层"生态旅游概念,奥拉姆斯(1995)则在旅游活动中区分辨别何为游客的被动参与和积极参与。更重要的一点,鉴于生态旅游内涵的广泛性和普遍性,一些组织机构将生态旅游重新定义为一种"责任旅游",强调游客的角色以及他们与景区当地居民和环境的互动关系(Russell and Wallace,2004)。

生态旅游是旅游活动在自然区域的特殊形式,具有生态可持续特点,使游客了解他们所参观的自然生态环境并帮助提高旅游当地居民的社会经济状况。因此,芬内尔(1999)认为生态旅游是一种主要关注自然体验和学习认识自然,进行道德管理使其影响降到最低,一种非消费和本地化为特征的旅游形式。因此,一般而言,发展生态旅游存在三大核心关键(Wallace and Pierce,1996)。

(1)环境:生态旅游是对环境最低,有助于保护景区的植物群和动物群的旅游业。

(2)发展:生态旅游鼓励当地居民参与并在可持续社会经济效益前提下,造福景区居民。

(3)体验:生态旅游为游客提供去接触学习当地环境和景区的机会。

游客,作为生态旅游体验的消费者,其行为在以下三个方面发挥着作用。他们的"现场"活动,他们对当地社区/文化的了解与融入,或者他们寻求生态旅游体验的总体动机。换言之,旅游者必须积极主动、负责任地消费(即不仅参与生态旅游,而且在整个体验期间以适当方式进行消费),以实现其目标。事实上,正如所述,这种旅游消费者行为管束,对于发展生态旅游至关重要。

生态旅游:负责任的旅游消费?

　　人们早已认识到，旅游业可持续发展理念受到旅游消费的挑战。也就是说，无论是通过旅游业还是其他社会经济活动，实现可持续发展的一个基本要求是采用一种与可持续生活有关的新的社会范式（Sharpley，2000）。然而，正如 McKercher（1993）所指出的，游客是消费者，而不是人类学家，旅游主要是一种娱乐形式。因此，期望或鼓励游客改变他们的行为不仅是不现实的，而且也许是 Butcher（2002）所说的旅游业"道德化"。然而，生态旅游发展的成功与否取决于这样一种观念：游客不仅积极寻找其他适合环境的旅游形式，而且也意识到旅游业自身带来的影响，因此愿意改变他们的行为，这反映了游客自身环境意识的提高。

　　价值观对旅游消费的影响。许多评论家认为，价值观、态度和观念等心理要素是旅游决策过程中的重要决定因素（Luk et al.，1993）。事实上，已经进行的实证研究表明，"价值观可以作为旅游行为的预测因素"（Pizam and Calantone，1987）。当然，这对生态旅游消费具有重要意义。一种价值观，作为一种"非常特定的单一信仰"（Rokeach，1973）超越了特定的情况或对象，规范、指导人们的态度、行为和生活方式，因此，为了使游客成为积极、负责任的旅游消费者，环境必须是一种强有力的价值观念。

　　价值观，通常是价值体系或层次结构的重要组成部分。也就是说，个人通常持有一些特定个人价值观，这些价值观在不同的情况下可能或多或少产生影响，而不同的人对相似的对象或行为给予不同的价值评价。正如 Madrigal 和 Kahle（1994）所观察到的那样，"在一个或多个价值冲突的情况下，人们依靠他/她的价值体系来保持自尊及其一致性"。在旅游方面，价值冲突的可能性很高，特别是个人价值观（如快乐、自由或幸福）与作为社会可接受行为准则的社会价值观之间的冲突。事实上，旅游业的吸引力在于它为游客提供了超越"正常"行为和价值观的机会。因此，就生态旅游而言，一个"真正的"生态旅游主义者实际上很可能是一个具有主导生态中心价值观的"生态公民"，它指导旅游消费在内的所有行为。

　　旅游消费与消费文化。虽然消费实践变成了界定许多（据称后现代）旅游文化因素（Bocock，1993），但主要消费文化对社会的影响在旅游文献中被经常忽视。也就是说，相对很少有人关注为什么旅游消费在社会生活中起着越来越重要的作用。这并不是说旅游与转换之间的关系在文化中被忽视（Pretes，1995）。然而，消费文化在后现代社会消费实践占主导地位并且比简单实用文化扮演更复杂的角色。现在，人们消费商品和服务，特别是作为补偿损失的手段，通过对传统社会标志的去分化过程，在其他情况下，词汇是后现代文化的基本特征。"消费"，而非生产，变得占支配地位，商品在社会生活中占据主要地位（Holt，1995）。因此，要首先考虑消费者文化对旅游消费的影响，特别是对生态旅游消费的影响。根据 Holt（1995），有四个"隐喻"的消费。这些包括消费体验、消费游戏、集成消费和消费分类。消费体验：消费是社会的一部分，为消费者提供消费品。消费游戏：专注于与他人互动的消费而不是消费的对象。集成消费：将自身集成到对象中消费或反之亦然。消费分类：自我同一性的创造消费。

　　任何一种消费对象（如生态旅游）都可能被不同的消费者以不同的方式消费。在这里，只有"消费作为整体"才意味着游客的消费方式是通过负责任的行为与消费对象（旅游环境）密切结合。也就是说，在试图满足个人的社会和生态价值时，生态主义者可以寻求融入目的地，其行为方式可使他们对当地环境和社会贡献最大化。

第二节　生态文明建设与法制建设

一、法治是生态文明的重要保障

1. 法治是促进和实现生态文明的关键手段

促进和实现生态文明的方式和途径很多，如教育、科技、伦理、行政、经济等，但在保障生态文明建设的多元化手段中，法律和法治不可或缺且不可替代，发挥着基础性的关键作用。这是因为，法律具有规范性、普遍性、形式性、强制性和国家意志性等特征，可以将有关生态文明建设的价值理念、工具措施、体制机制等加以制度化、规范化、系统化、稳定化，而法治则是包括立法、守法、执法和司法在内的动态的"依法而治"，是一种"有法可依，有法必依，执法必严，违法必究"的社会调控方式和治国方略，是成熟定型的制度建设和运行模式。由此可见，法律和法治构成了保障生态文明建设的重要途径。

2. 中央全面推进依法治国的部署

十八届四中全会提出，全面推进依法治国，总目标是建设中国特色社会主义法治体系，建设社会主义法治国家。全会明确完善以宪法为核心的中国特色社会主义法律体系，加强宪法实施；深入推进依法行政，加快建设法治政府；保证公正司法，提高司法公信力；增强全民法治观念，推进法治社会建设；加强法治工作队伍建设；加强和改进党对全面推进依法治国的领导。

为推进依法治国，全会还进行了如下部署以坚持立法先行，发挥立法的引领和推动作用。

（1）健全依法决策机制；
（2）坚持依宪治国，坚持依宪执政；
（3）完善确保依法独立公正行使审判权和检察权的制度；
（4）推动实行审判权和执行权相分离的体制改革试点；
（5）建设社会主义法治文化；
（6）推进法治专门队伍正规化、专业化、职业化；
（7）提高党员干部法治思维和依法办事能力。

3. 生态文明体制改革

2015年9月，中共中央、国务院印发了《生态文明体制改革总体方案》。生态文明体制改革的主要内容如下。

（1）健全自然资源资产产权制度，包括建立统一的确权登记系统、建立权责明确的自然资源产权体系、健全国家自然资源资产管理体制、探索建立分级行使所有权的体制、开展水流和湿地产权确权试点。

（2）建立国土空间开发保护制度，包括完善主体功能区制度、健全国土空间用途管制制度、建立国家公园体制、完善自然资源监管体制。

（3）建立空间规划体系，包括编制空间规划、推进市县"多规合一"、创新市县空间规划编制方法。

（4）完善资源总量管理和全面节约制度，包括完善最严格的耕地保护制度和土地节约集约利用制度、完善最严格的水资源管理制度、建立能源消费总量管理和节约制度、建立天然林保护制度、建立草原保护制度、建立湿地保护制度、建立沙化土地封禁保护制度、健全海洋资源开发保护制度、健全矿产资源开发利用管理制度、完善资源循环利用制度。

（5）健全资源有偿使用和生态补偿制度，包括加快自然资源及其产品价格改革、完善土地有偿使用制度、完善矿产资源有偿使用制度、完善海域海岛有偿使用制度、加快资源环境税费改革、完善生态补偿机制、完善生态保护修复资金使用机制、建立耕地草原河湖休养生息制度。

（6）建立健全环境治理体系，包括完善污染物排放许可制、建立污染防治区域联动机制、建立农村环境治理体制机制、健全环境信息公开制度、严格实行生态环境损害赔偿制度、完善环境保护管理制度。

（7）健全环境治理和生态保护市场体系，包括培育环境治理和生态保护市场主体、推行用能权和碳排放权交易制度、推行排污权交易制度、推行水权交易制度、建立绿色金融体系、建立统一的绿色产品体系。

（8）完善生态文明绩效评价考核和责任追究制度，包括建立生态文明目标体系、建立资源环境承载能力监测预警机制、探索编制自然资源资产负债表、对领导干部实行自然资源资产离任审计、建立生态环境损害责任终身追究制。

生态文明体制的改革需要法制进行保障，以及法律法规的落实。

二、生态文明法制建设的成就和挑战

在法制建设方面，十八大报告指出，民主法制建设迈出新步伐，中国特色社会主义法律体系形成，社会主义法治国家建设成绩显著，司法体制和工作机制改革取得新进展。我国尽管取得了有目共睹的辉煌成绩，但离人民群众的期待还有差距；依法治国基本方略虽然得到实施，但发展还不平衡；法律体系尽管已然形成，但还需进一步完善和发展；立法尽管成就斐然，但执法、司法、守法和法律监督还不尽如人意；法治宣传教育尽管成绩巨大，但法治环境并未根本改善。

在生态环境法制方面，自1979年9月颁布《中华人民共和国环境保护法（试行）》以来，我国制定了40多部有关环境污染防治与自然资源保护的法律。全国人大经常进行有关环境污染防治与自然资源保护的执法检查。2019年6月17日，中共中央办公厅、国务院办公厅还印发了《中央生态环境保护督察工作规定》，进一步加强法制建设。

整体上来说，我国资源环境法治存在以下突出问题，难以满足生态文明建设的要求。

（1）立法质量欠佳，难以适应生态文明建设的要求。主要表现是：法律不完整，存在大量立法空白；法律修订过于迟缓，难以适应形势发展的需要；配套法规、规章、政策的制定缓慢和缺失。

（2）社会尚未形成自觉遵守环境资源法律的氛围，超标排污甚至偷排的现象仍然突出。

（3）执法能力不足、权限有限，权力寻租尚在很多地区存在。

（4）法院和检察机关在处理生态环境纠纷方面的作用没有得到充分、有效发挥，公信力严重不足。

三、生态文明法制建设

现代意义上的环境法（environmental law）是 20 世纪 60 年代才逐步产生和发展起来的一个新兴法律领域。一般称为"环境保护法""环境法"，也有些称为"公害法"和"污染控制法"、"自然保护法"等。环境法的概念也不统一，一般是指为了协调人类与自然环境之间的关系，保护和改善生态环境资源，进而保护人体健康和保障社会、经济的可持续发展，而由国家制定并由国家强制力保证实施的，调整人们在生态环境资源开发、利用、保护和改善活动中所产生的各种社会关系的法律规范的总称。

现代环境法大都同时兼顾环境效益、经济效益和社会效益，强调在保护和改善生态环境与资源的基础上，保护人体健康和保障经济、社会的可持续发展。例如，《中华人民共和国环境保护法》（2014 年 4 月 24 日修订）第 1 条规定："为保护和改善环境，防治污染和其他公害，保障公众健康，推进生态文明建设，促进经济社会可持续发展，制定本法"。也有个别国家，如日本和匈牙利等，其法律规定环境法的唯一目的和任务是保护生态环境、保障人体健康，放弃经济优先的思想。

环境法的实施以国家强制力为后盾，通过行政执法、司法、守法等多个环节来调整人与人之间、人与生态环境、经济发展与生态环境之间的社会关系，使人们的活动符合生态学等自然客观规律，使人类活动对环境与资源的影响不超出生态系统可以承受的范围，实现可持续发展。联合国《21 世纪议程》指出"在使环境与发展的政策转化为行动的过程中，国家的法律法规是最重要的工具，它不仅通过'命令和控制'予以执行，还是经济计划和市场工具的一个框架"，因此各国"必须开发和执行综合的、可实施的和有效的法律法规，这些法律法规是以周全的社会、生态、经济和科学原则为基础的"。《中国 21 世纪议程——中国 21 世纪人口、环境与发展白皮书》也进一步强调："与可持续发展有关的立法是可持续发展战略和政策定型化、法制化的途径，与可持续发展有关的法律的实施是实现可持续发展战略的重要保障。"

2018 年 6 月 16 日，中共中央、国务院制定了《关于全面加强生态环境保护坚决打好污染防治攻坚战的意见》（以下简称《意见》）。2018 年 7 月 10 日，全国人大常委会做出了《关于全面加强生态环境保护依法推动打好污染防治攻坚战的决议》（以下简称《决议》）。这两份重要的文件指出了生态文明法制建设的主要内容，对进一步加强和完善我国生态文明法治建设进行了整体部署。

《意见》要求"健全生态环境保护法治体系。依靠法治保护生态环境，增强全社会生态环境保护法治意识。加快建立绿色生产消费的法律制度和政策导向。加快制定和修改土壤污染防治、固体废物污染防治、长江生态环境保护、海洋环境保护、国家公园、湿地、生态环境监测、排污许可、资源综合利用、空间规划、碳排放权交易管理等方面的法律法规。鼓励地方在生态环境保护领域先于国家进行立法。建立生态环境保护综合执法机关、公安机关、检察机关、审判机关信息共享、案情通报、案件移送制度，完善生态环境保护领域民事、行政公益诉讼制度，加大生态环境违法犯罪行为的制裁和惩处力度。加强涉生态环境保护的司法力量建设。整合组建生态环境保护综合执法队伍，统一实行生态环境保护执法。将生态环境保护综合执法机构列入政府行政执法机构序列，推进执法规范化建设，统一着装、统一标识、统一证件、统一保障执法用车和装备。"

《决议》要求"建立健全最严格最严密的生态环境保护法律制度。保护生态环境必须依靠制度、依靠法治。要统筹山水林田湖草保护治理，加快推进生态环境保护立法，完善生态环境保护法律法规制度体系，进一步完善大气、水等污染防治法律制度，建立健全覆盖水、气、声、渣、光等各种环境污染要素的法律规范，构建科学严密、系统完善的污染防治法律制度体系，严密防控重点区域、流域生态环境风险，用最严格的法律制度护蓝增绿，坚决打赢蓝天保卫战、着力打好碧水保卫战、扎实推进净土保卫战。国务院等有关方面要及时提出有关修改法律的议案，加快制定、修改与生态环境保护法律配套的行政法规、部门规章，及时出台并不断完善生态环境保护标准。有立法权的地方人大及其常委会要加快制定、修改生态环境保护方面的地方性法规，结合本地实际进一步明确细化上位法规定，积极探索在生态环境保护领域先于国家进行立法。"

《决议》还要求"大力推动生态环境保护法律制度全面有效实施。制度的生命在于执行，法律的权威在于实施。大气污染防治法执法检查发现了法律实施中存在的突出问题，提出了改进工作、完善制度的建议。有关方面要高度重视，认真整改，确保大气污染防治法的各项规定落在实处，以最严密的法治保障打赢蓝天保卫战。各国家机关都要严格执行生态环境保护法律制度，确保有权必有责、有责必担当、要将生态环境质量'只能更好、不能变坏'作为责任底线，督促各级政府和有关部门扛起生态文明建设和生态环境保护的政治责任，建立健全并严格落实环境保护目标责任制和考核评价制度，严格责任追究，保证责任层层落到实处。要依法推动企业主动承担全面履行保护环境、防治污染的主体责任，落实污染者必须依法承担责任的原则。要坚持有法必依、执法必严、违法必究，让法律成为刚性约束和不可触碰的高压线。"

生态文明法治建设包括生态文明立法、执法和司法（中国法学会，2017）。

在生态文明立法方面出台一批指导性文件，如中央全面深化改革领导小组审议通过《按流域设置环境监管和行政执法机构试点方案》、《关于建立资源环境承载能力监测预警长效机制的若干意见》、《关于深化环境监测改革提高环境监测数据质量的意见》、《领导干部自然资源资产离任审计规定（试行）》和《生态环境损害赔偿制度改革方案》等指导性文件；制定、修改了一批与环境资源保护相关的法律法规和规章，如第十二届全国人民代表大会常务委员会第二十七次会议第二次修订《中华人民共和国测绘法》将"为生态保护服务"纳入测绘法立法目的，第十二届全国人大常委会第二十八次会议通过《关于修改<中华人民共和国水污染防治法>的决定》，明确了河长制。环境保护部（现为生态环境部）、外交部、国家发展改革委、商务部联合发布《关于推进绿色"一带一路"建设的指导意见》，环境保护部印发《"一带一路"生态环境保护合作规划》，为我国推进绿色"一带一路"建设提供了指引，体现了国家在"一带一路"建设中对生态文明建设的重视。

在生态文明执法方面，深化环保相关制度改革，完善环境监测机制，如环境保护部印发《自然保护区人类活动遥感监测及核查处理办法（试行）》，中共中央办公厅、国务院办公厅印发《关于深化环境监测改革提高环境监测数据质量的意见》。探索生态环境损害赔偿制度，如中共中央办公厅、国务院办公厅印发《生态环境损害赔偿制度改革方案》。开展环境保护督察，如中共中央办公厅、国务院办公厅印发《关于甘肃祁连山国家级自然保护区生态环境问题督查处理情况及其教训的通报》，对相关责任人实施严肃追责。查处环境违法行为，在 2017 年，全国实施环境行政处罚案件 23.3 万件，开展"绿盾 2017"专项行动，查处违法违规问题线索约 2.1 万个，关停、取缔违法企业 2460 多家，追责问责 1100 余人。

在生态文明司法方面，出台一批环境资源司法文件，如为进一步健全环境保护行政执法与刑事司法衔接工作机制，依法惩治环境犯罪行为，环境保护部、公安部和最高人民检察院联合制定《环境保护行政执法与刑事司法衔接工作办法》，为正确审理海洋自然资源与生态环境损害赔偿纠纷案件，最高人民法院颁布《关于审理海洋自然资源与生态环境损害赔偿纠纷案件若干问题的规定》。审理一批环境资源案件，2017 年，全国法院审结环境资源民事案件 161 565 件，审结环境资源行政案件 27 445 件，审结环境资源刑事案件 21 878 件。加强环境资源司法政策指引，如最高人民法院发布《中国环境资源审判（2016—2017）》（白皮书），《关于全面加强长江流域生态文明建设与绿色发展司法保障的意见》。推进环境司法研究和国际合作，如《联合国防治荒漠化公约》第十三次缔约方大会高级别会议在内蒙古鄂尔多斯市召开等。

第三节　生态文明建设与文化建设

"文化自信"是十九大报告中的一大亮点，报告指出"文化自信"是一个国家、一个民族发展中更基本、更深沉、更持久的力量。报告提出了"三个文化"，即推动中华优秀传统文化创造性转化、创新性发展，继承革命文化，发展社会主义先进文化。文化建设要不忘本来、吸收外来、面向未来，更好构筑中国精神、中国价值、中国力量，为人民提供精神指引，"文化自信"已被写进党章。

中国特色社会主义文化建设，就是要激发全民族文化创新创造活力，共同努力建设社会主义文化强国。文化建设过程中必然涉及人与自然关系的处理，所以生态文明建设是文化建设的重要组成部分，同时，也为文化建设提供广阔的平台。观念形态的文化对人类的社会实践发挥着潜移默化的、稳定而持久的影响（唐眉江，2013）。在生态文明建设过程中需要充分发挥文化建设的作用，用人民思想观念的改变来促进人民行为方式的转变。生态文明建设必须要有正确的文化指引和文化导向，指导人民进行创造的一切思想、方法、组织、规划等意识和行为都必须符合生态文明建设的要求。

"十九大"报告指出文化建设要使意识形态工作、党的理论创新、马克思主义指导地位、中国特色社会主义和中国梦深入人心，把社会主义核心价值观和中华优秀传统文化等始终放在社会精神文化层面的核心位置。

一、当今文化建设存在的问题

在 5000 多年文明发展进程中，从诗经、楚辞、先秦散文、汉赋，到唐诗、宋词、元曲、明清小说等，中华民族创造了博大精深的灿烂文化（张旭，2015）。穿越数千年厚重历史，世界上没有任何一种文明能像中华文明一样，源远流长、生生不息。中华民族在每一个历史时期都留下了无数不朽灿烂的文化成果，共同铸就了中国绚烂的文化星河。然而，全球化的进程中始终伴随着文化渗透、价值变迁、制度转移，西方文化霸权主义对我国文化安全带来强烈的冲击和挑战。中国需要强化自己的主体文化和国家精神，守望好自己的文化疆域，维护好自己的文化安全（赵英臣，2004）。

在全球化浪潮下，中国文化出现了内部的失调失衡、外部深受西方文化霸权的影响与冲击。随着我国经济取得巨大成就，我国与西方国家的经济交流愈加紧密，西方一些发达国家凭借着强大的经济实力和在国际政治中的主导地位，利用隐蔽的文化手段，在全世界范围内大肆推销其文化产品和服务，以及隐藏在文化产品和服务背后的生活方式、消费观念、价值理念和政治制度等，对我国的文化产业、传统文化和文化交流都产生了一定的威胁和挑战，尤其是随着信息技术的发展，西方国家利用自身技术优势通过文化渗透、舆论引导、思想侵蚀等方式，从意识形态上控制、削弱对象国家，从苏联的瓦解，到中东地区的颜色革命，再到近期我国网络所出现的炒作事件，处处可见西方国家利用思想舆论、文化手段拓展霸权，以达到扰乱和破坏中国的价值体系的目的（阚小华，2016）。文化价值体系直接影响着社会的治乱兴衰。目前，中国在文化建设方面面临内外交困的状态。于内，文化保护意识不足造成中国的许多传统节日缺位；于外，面对西方文化不够自信、盲目崇拜并把许多外国节日视为中国节日同等地位，造成了文化身份认同危机。这是中国几千年文明史的新发展，是中国近代化以来与世界其他文明逐渐接轨的自然反应。在这个特殊的转折时期，中国社会文化必然会出现一系列新的特征和新挑战，容易让人们产生迷茫和彷徨。我们需要重新审视和系统反思新形势下文化建设过程中出现的重点、难点及关键议题。

"十九大"报告指出没有高度的文化自信，没有文化的繁荣兴盛，就没有中华民族伟大复兴。要坚持中国特色社会主义文化发展道路，激发全民族文化创新创造活力，建设社会主义文化强国。文化建设要把意识形态工作、社会主义核心价值观和中华优秀传统文化等始终放在社会精神文化层面的核心位置（政府工作报告，2019）。

二、生态文化建设的缘由

工业文明给我们带来前所未有的物质财富的同时，也给我们戴上了利己主义的精神枷锁。以利己主义为主导的现代价值观使人类社会陷入被生态危机包围的风险危机之中。为了拯救地球、拯救人类，世界各国亟须一场精神文化革新，以生态价值观为主导精神的文化——生态文化应运而生（胡小玉，2013）。

改革开放以来，我国经济社会各个领域取得了令人瞩目的成就，但经济增长与资源环境之间的矛盾却越来越显著。在此背景下，生态文明建设成为进一步发展的战略选择

（王淑新等，2013）。生态环境问题日益凸显，并由此引发了一系列社会问题。在严峻的生态环境形势下，党对生态文明建设重要性的认识不断深化，生态文明建设被视为一项关系国计民生的重大战略任务。作为生态文明的一种文化模式的生态文化被提上议事日程。生态文化建设与中国特色社会主义文化发展统一于中国特色社会主义文化事业建设进程中。中国生态文化建设，必须依托中国特色社会主义文化为其提供强大的根基（胡小玉，2016）。

我国经济持续快速发展的背后是一系列人与自然关系失衡。跨越式发展使我国在不到60年的时间里就完成了工业化，西方国家却为此付出了两三百年的时间。与此同时，在发达国家分阶段出现的生态环境问题也在我国集中出现了。我国生态环境破坏的程度已经大大超过了生态的自我修复能力，人口剧增和城市化的压力使生态系统处于崩溃的边缘。生态系统失衡造成诸如禽流感、甲流这些原本只在动物间传播的疾病开始在人类大肆蔓延。从国际来看，由于中国经济腾飞过程中确实存在着生态环境问题，给极力鼓吹"中国生态环境威胁论"的某些西方国家提供了口实。国际国内的生态压力把中国民众的眼光汇聚到关注自身健康与所处的生存环境上。

中国生态环境面临严峻的现实困境，生态文明建设刻不容缓。中国生态文明建设具有政策支持和理论基础的优势，有利于中国实现向生态文明的转型（张子玉，2016）。然而，建设生态文明需要科学的世界观与方法论，需要树立"人与自然和谐共生"的新理念。生态文化建设为生态文明建设提供价值导向、智力支持和技术支撑，因此推进文化建设，特别是生态文化建设对推进我国生态文明建设意义重大。

生态文化建设是生态文明建设的重要组成部分，其建设过程中必然涉及人与自然关系的处理，同时，生态文明建设可以为文化建设提供广阔的平台。观念形态的文化对人类的社会实践具有潜移默化的、稳定而持久的影响。建设生态文明需要充分地发挥文化手段的作用，改变人们的思想观念，进而改进人们的行为方式。同时生态文明建设必须要有正确的文化指引，即一切文化活动包括指导我们进行生态环境创造的一切思想、方法、组织、规划等意识和行为必须符合生态文明建设的要求（王清，2015）。

三、中国生态文化的渊源

中华传统文化蕴含着许多人与自然和谐的思想资源，如"天人合一"思想、"度"的观念、"道法自然"思想等，体现着与现代生态文明建设相契合的生态智慧，指导着中华民族5000年来不断繁衍生息。"天人合一"思想是中国传统哲学的主要思想，具有丰富的内涵。国学大师季羡林认为天人合一主张与自然浑然一体，同大自然交朋友，在此基础上再向自然有所索取，是一个非常伟大的、含义异常深远的思想。张岱年在评论张载的天人合一思想时认为，其"核心观点是肯定人与自然界的统一，这种观点是具有重要理论价值的"。

中华传统文化中的"天人合一"思想是指人与自然之间的伦理关系，蕴涵着深刻的自然生态观。"天人合一"是一种以善待自然、关爱自然、珍视自然存在价值作为基本精神导向的思想，是以关注人与自然依存关系作为鲜明特征的生态伦理精神。这种精神中深刻的生态智慧，指导着中华民族5000年来不断繁衍生息，经久不衰。当前面对生态危机的严峻挑战，探讨继承和发扬我国传统文化的精髓的方式，丰富生态文明思想，具有重要的理论和现实意义。

中华传统文化在现实制度和生活实践中具体落实为一个"度"字，"度"就是分寸、就是节制、礼数、平衡以及和谐。在"适度"观念的影响下，我国人民形成了一种自我调适的机制和精神。

中华传统文化倡导善待自然、关爱自然，珍视自然存在的价值，遵循自然发展的规律，与大自然平等相处、和谐共处。传统文化典籍《易经》提出"乾，天也，故称乎父；坤，地也，故称乎母。""有天地，然后有万物；有万物，然后有男女"，认为人与万物一样，都是天地自然而然的产物，人类社会也是自然发展的结果。同时中华文化还主张，人的生活和生产活动要遵守不以人的意志为转移的客观规律，人对自然的这种依赖关系使人必定要与自然和谐共处。如《老子》"人法地，地法天，天法道，道法自然"（《老子·第二十五章》）的思想；管子主张的"得天之道，其事若自然；失天之道，虽立不安"（《管子·形势第二》）思想；荀子"天行有常，不为尧存，不为桀亡。应之以治则吉，应之以乱则凶"（《荀子·天论》）的思想等。佛家"众生平等"观念，墨家"兼爱""非攻"的思想主张等，也都体现着中华传统文化中人与自然和谐相处的思想（闫祯，2013）。积极健康的生态文化是生态文明建设的助推器，我们应该积极倡导生态文化的建设。

四、用文化建设助推生态文明建设

经历原始文明、农业文明、工业文明后，人类社会已进入生态文明这一崭新的社会文明形态。在这个新的社会文明形态里，必须用生态文化这一全新的理念来重新审视以往人类文化的观念，助推生态文明建设迈上一个新台阶。

生态文化是种先进的文化意识形态，对生态文明建设有着重要的指导作用。生态价值观在指导人类实际行为方面起着重要作用。在发挥生态价值观的引导作用时，可以借助政府部门制定的相关政策手段诱导和规范人的生产行为、消费行为、环境行为，如无废料零排放的绿色清洁生产、绿色消费、生态旅游、生态金融、爱护野生动植物、热心环境公益事业等。通过生态价值观的引导，帮助人们树立正确的绿色消费观、节能环保零废物的生产方式和"上海式"居民生活垃圾分类的生活方式。在生态价值观的引领下，全国在广泛开展生态农业、无废循环生态工业等产业生态建设。这些都为生态文化助推生态文明建设提供了广阔的天地（白光润，2003）。

习近平总书记在十九大报告中指出，中国特色社会主义文化，源自于中华民族五千多年文明历史所孕育的中华优秀传统文化，熔铸于党领导人民在革命、建设、改革中创造的革命文化和社会主义先进文化，植根于中国特色社会主义伟大实践。发展中国特色社会主义文化，就是以马克思主义为指导，坚守中华文化立场，立足当代中国现实，结合当今时代条件，发展面向现代化、面向世界、面向未来的，民族的科学的大众的社会主义文化，推动社会主义精神文明和物质文明协调发展（习近平，2017）。

文化建设要牢牢掌握意识形态工作的领导权。要推进马克思主义的中国化、时代化和大众化，建设具有强大凝聚力与引领力的社会主义新的意识形态，使人民在理想信念、价值理念、道德观念上高度一致。要高度重视传播手段建设和创新，提高新闻舆论传播力、引导力、影响力、公信力。

文化建设要培育和践行社会主义核心价值观。强化教育引导、实践养成、制度保障，发挥社会主义核心价值观对国民教育、精神文明创建、精神文化产品创作生产传播的引领作用。要把社会主义核心价值观融入社会发展的各方面。要深入挖掘中华优秀传统文化蕴含的思想观念、人文精神、道德规范，结合时代要求继承创新。

文化建设要加强思想道德建设和教育。要提高人民思想觉悟、道德水准、文明素养，提高全社会文明程度。要广泛开展理想信念教育，深化中国特色社会主义和中国梦宣传教育，弘扬民族精神和时代精神，加强爱国主义、集体主义、社会主义教育。

文化建设要繁荣发展社会主义文艺。要深入挖掘中华优秀传统文化蕴含的思想观念、人文精神、道德规范，结合时代要求继承创新。加强文艺队伍建设，造就一大批德艺双馨名家大师，培育一大批高水平创作人才。

文化建设要推动文化事业和文化产业发展。要深化文化体制改革，完善文化管理体制，加快构建把社会效益放在首位，社会效益和经济效益相统一的体制机制。要健全现代文化产业体系和市场体系，创新生产经营机制，完善文化经济政策。

生态文明建设需要在实践中进行文化创造，在历史进步中实现文化进步。

五、推动生态艺术设计渗透到生产生活全过程

1. 生态艺术设计的概念

艺术设计是文化建设的一个重要方面，包括了工业设计（工业设备、机器、生产工具、车船、飞机、生活用品等）、建筑与室内设计、景观设计、家具设计、视觉传达设计（平面设计）、多媒体艺术设计、染织与服装设计、工艺美术设计、陶瓷艺术设计、雕塑艺术设计等。

艺术设计在生态文明体系的建立中起着重要的作用。与传统艺术设计不同，生态艺术设计加入了一个新的维度——生态性或者可持续性。以"建筑与室内环境设计"为例（周浩明，2011），传统艺术设计普遍关心的是建筑与室内空间如何才能在人们的视野中变得更美，让人更加愉悦，其考虑的最终因素是建筑的使用者——"人"，当然这样的考虑本身也并没有错，但这样的思维极易导致人们私欲的极度膨胀，唯我独尊的观念让人们忘却了除自己以外周围的一切，自以为除了人类以外，其他的一切都可以随意处置，从而导致了当今生态危机的出现。而生态艺术设计对传统的"室内设计"概念进行了修正，由之前的"室内设计"修正为"室内环境设计"，虽然只有一词之差，却体现了人们对于室内空间态度的根本转变，从过去只注重建筑室内的审美和使用层面转变为还必须关注其所体现的伦理层面，从过去只关注建筑与人的关系转变为还进一步关注人、建筑与自然环境三者之间的和谐关系，从而使传统的建筑观念得到了前所未有的提升，由之前人类的狭隘自私提升到了与自然共生共荣的可持续发展的新高度。

与"室内设计"相比，"室内环境设计"中的"环境"一词充分体现了室内空间的环境属性，它虽然被包裹于建筑之中，却同属整个人类生态环境的一个组成部分，我们只有将其置于地球整体生态环境的范畴之中，将其看作自然生态环境构成的重要组成部

分，才能在具体的实践中走向正确的路径，使与人们尤为接近的室内环境的设计和维护使用，真正地纳入可持续发展的精确轨道（周浩明，2015）。

由"建筑与室内环境设计"这一概念的演变，我们可以很清楚地看出"生态"概念在设计观念演变中的重要地位。其他艺术设计领域也是如此，生态艺术设计的概念正是在可持续发展的理念下诞生的，是可持续发展的一种新型实践。

2. 生态艺术设计与生态文明的关系

具体来讲，艺术设计与环境问题、生态文明和可持续发展的关系可以从三个方面来理解：一是艺术设计产品在设计、生产、使用和最终报废过程中对资源和能源的消耗；二是艺术设计产品在设计、生产、使用和最终报废过程中对环境造成的污染或其他影响；三是艺术设计产品本身由于设计不合理或含有有毒有害物质而引发的对人类健康的影响。只有在这三个方面都处理恰当的艺术设计才可以被称为"生态艺术设计"（徐恒醇，2000）。

1）资源和能源消耗

任何一件物品的制作与使用都不可避免地要占用地球资源，艺术设计产品（作品）当然也不例外，涉及材料、水、电等各个领域，是人类活动过程中的一个耗能大户，对于人类生存环境的影响是绝对不可低估的。

除了产品本身的使用质量和艺术质量外，以前人们对于产品的关注点主要在于产品的成本，也就是说从经济的角度考虑较多。从工业文明走向生态文明的过程中，树立"从摇篮到摇篮"（Cradle to Cradle）的全生命周期全分析理念，将所有一切皆看作为养分，皆可回归自然。从"养分管理"的观念出发，从产品设计之初就构想好产品的结局，使产品最终报废时能够继续进入其他循环程序，成为其他生态链的新养分，使物质得以不断循环使用。

"从摇篮到摇篮"的循环有两种循环系统：生态循环和工业循环，生态循环的产品由可生物降解的原料制成，降解后回到生态循环过程，成为新的养分；工业循环的产品材料则继续进入新的工业循环过程，将可再利用的材料同等级或升级回收，重新用于新产品的制造。"从摇篮到摇篮"的理念要求评估现有产品及其生产和使用流程，用无毒原料、清洁能源以及节水的流程来取代有害环境、耗能、耗水的原料及流程，并合理地规划好回收渠道，使得产品的供应链、产品本身及回收再利用方式等均对环境达到最大限度的友好，实际上，最好的做法应该是用生态循环的原理来指导工业设计和生产，因此，只要措施合理，上述两种循环是可以合二为一的。

2）环境破坏

环境破坏的宏观层面是产品对地球大环境的破坏，产品对资源的过度消耗可能直接导致这样的破坏。例如，设计中过多地使用木材有可能导致对于森林资源的过度消耗，从而导致水土流失与土地退化（如土地沙化）、空气自净能力降低等。对于矿物资源的消耗，则有可能造成对于矿物资源的过度开采，加剧周边自然环境的恶化，矿物资源的加工提炼过程所产生的废料和污水也可能加剧对周边环境的破坏，并直接影响人体健康，这些情况在我国早已屡见不鲜。对于能源的过度消耗，还会增加二氧化碳等污染物的排放量，而二氧化碳等污染物浓度的增加将导致"温室效应"等一系列对于自然的负面影响，目前已经得到了社会广泛的共识。

设计与环境损害之间的关系，还可以从另外一个角度来理解，那就是不符合绿色原则的设计本身就可能成为环境污染的源头，比如说，产品使用的有毒材料可能会持续地向周边环境散发出有毒的物质，建筑的玻璃幕墙可能会对人们造成视觉干扰，导致交通事故的增加，舞厅等室内场所所产生的强劲噪声可能会对周边的居民造成严重的睡眠影响等。设计师必须在艺术设计过程中采取一切有效办法，减少设计对环境的影响。

环境破坏的微观层面是有害产品所在空间的微环境受到破坏。比如说，如果在某一空间环境中使用了有害的产品（如带有高放射性的石材或者会释放挥发性有机化合物的装修材料等），该空间环境就会受到这些有毒有害物质的污染。

3) 健康影响

受污染的环境也必定会对人体健康产生危害，而设计师反绿色的设计更有可能因为增加了资源的消耗、加剧了环境的破坏，而成为这类危害的元凶。

使用者最常置身的微环境本身质量的下降，则更容易导致使用者的健康受到直接的危害，"病态建筑综合征"（sick building syndrome，SBS）是室内环境问题的最典型表现。它定义了这样一种建筑，在这种建筑中，使用者会出现一些健康、舒适方面的抱怨——因待在建筑之内或在建筑中工作而产生的呼吸问题、易怒和疲劳（Michael，1994）。

除了室内空气质量以外，室内其他物理环境不仅直接影响着室内环境使用者的工作效率，甚至对使用者的健康安全构成威胁。不合适的室内环境温度、室内光照条件以及室内声环境质量等都有可能成为影响使用者生理和心理健康的重要因素（John，1999；Schmitz-Günther et al.，1999）。

3. 生态艺术设计在生态文明体系中的地位及其现状

生态艺术设计首先必须符合生态原则，其理论基础直接来自于生态学。生态艺术设计，作为人与自然环境、人与其他地球生物之间的一种联系纽带，其核心就是如何使设计产品尽可能少地出现反生态的负效应，而尽可能多地发挥出有利于生态环境改善的建设性效益。

生态艺术设计观是将产品以及产品所处环境看成是地球整个生态链中的一个有机组成环节。艺术设计产品及其所构成的环境或多或少可以视为是对人的行为的规划，产品及其所形成的环境是人为环境的一个最为重要的组成部分，各个相对独立的人工环境有机地构成了相对统一的一级级的人工生态系统。

可持续发展是人类社会发展所必须遵循的总体指导原则，而生态原则则是实现可持续发展的必由之路。可持续发展的艺术设计，首先也必须是符合生态原则的，其在整体生态系统中的特殊地位，决定了生态艺术设计的关键特征，同时也决定了艺术设计在维持地球整体生态环境中所起的重要作用。

近年来，在我国"绿色""生态""可持续发展"等词汇已成为学术界乃至普通百姓使用频率最高的词汇，几乎所有领域都在试图与此搭上关系，按理来说，这是一件非常可喜的事情。但是，如果我们静下心来仔细观察一下我们的周围，处处都可以发现，在当前我国生态艺术设计的主旋律中，始终存在着一些不和谐的音符，其中既有个别人在浑水摸鱼，也有因为对这些概念的认识不清甚至是错误认识而形成的误区，我们需要进一步的深思和警惕。

"漂绿"（greenwash），是艺术设计中常见的一种"浑水摸鱼"的行为，指的是设计师或者企业为了标榜自己支持生态、环保而通过虚假宣传给自己并不生态甚至是反生态的设计或产品或行为贴上生态、环保的标签，或者想办法让它们看起来比实际的更生态、更绿色。这样的行为危害极大，除了让消费者购买到假冒的绿色产品，使消费者的利益受到侵害外，最主要的是这样的行为将严重扰乱人们对于生态绿色概念的正确理解，必须坚决抵制。这样的例子到处存在，如在建筑中安上一个并不需要的风力发电机做摆设，或者将可再生的贴面材料贴附在不可再生的实木板材上形成虚假的绿色实木复合地板。再比如说为了应付检查，而将乱砍滥伐森林而形成的裸露山体刷上绿色的油漆，这不仅仅是一种严重的欺骗行为，所刷的油漆还可能造成对山体土壤的破坏而影响植被的自然恢复。

由于对生态可持续概念缺乏正确的理解而形成误区，从而导致实践上的不当甚至错误行为，这也是当今生态艺术设计实践中常见的问题。

4. 生态艺术设计的基本原则

作为突出关注生态伦理的生态艺术设计，其所涉及的因素十分广泛，因此生态艺术设计的实际手法也十分宽泛，对于生态艺术设计的原则，角度不同、实施方法不同，所得到的结论也将不同，各种原则归纳起来，都可概括为"5R"原则，Revalue 原则、Renew 原则、Reuse 原则、Recycle 原则和 Reduce 原则。

1）Revalue 原则

Revalue 意为"再评价"，引申为"再思考""再认识"。

长期以来，人们对于艺术设计的关注点主要集中在设计的外在形式上，至于设计对于自然环境在生态意义上的影响，很少有人真正过问。这种现象在国内的艺术设计界就更为严重，导致了艺术设计互相攀比、盲目跟风、堆砌材料的不良风气，而且大有愈演愈烈的趋势，其所造成的资源浪费、环境破坏、文化污染达到了惊人的程度。因此，对于新时代的设计师来说，只有更新观念，以可持续发展的思想对设计"再思考""再认识"，才能真正把握设计的前进方向，重新找到设计的准确切入点。

2）Renew 原则

Renew 有"更新""改造"之意。这里主要是指对旧物品（如老建筑）的更新、改造，加以重新利用。

由于经济的飞速发展，我国的各大城市均掀起了轰轰烈烈的建设高潮，每天都有无数的旧建筑在大地上永远消失，每天都有大量的新建筑拔地而起，这一方面说明了我国经济的发展和人民生活水平的提高，这是积极的一面，但是，透过这种现象，我们也可以看到其消极的一面，这就是在大规模"拆旧建新"过程中所反映出来的环境意识的淡薄。将现有质量较好的建筑，通过一定程度的修缮和改造，加以充分利用，将满足新的需求，并可以大大减少资源和能源的消耗，有利于环境保护。

3）Reuse 原则

Reuse 有"重新使用""再利用"等含义，在生态艺术设计中，是指重新利用一切可以利用的旧材料、旧配件、旧产品、旧家具等。

实际上，从旧建筑、旧产品上拆除下来的材料，有许多是可以经过简单清理后直接利用的。例如，旧的自行车钢圈经过重新组合，就可以成为新的用品，旧砖石经过简单整理就可以直接用于新建筑之中，旧建筑上的门窗、照明器具可以直接用在新的环境之中。作为设计师，首先应该尽量创造条件在新的设计中尽可能多地利用废旧材料。

4）Recycle 原则

Recycle 有"回收利用""循环利用"之意。Recycle 原则是指生态系统中物质不断循环，将废弃产品中的各种资源尤其是稀有资源、紧缺资源或不能自然降解的物质尽可能地加以回收、循环使用，或者通过某种方式加工提炼后进一步使用。例如，将旧塑料瓶回收后重新加工成塑料，用于塑料地毯或其他洁净要求不高的产品。实践证明，物质的循环利用一方面可以节约大量的资源、能源，另一方面还可以减少废物的污染。

日本著名建筑师坂茂（Shigeru Ban）是当今最具创新精神的建筑师之一，从 20 世纪 80 年代开始就潜心研究纸质材料作为建筑元素的可能性。虽然纸在建筑结构中的实际应用还有较大的困难，但还是可以像木材一样，在经过处理后具有防火、防水、防潮等性能，可以用作建筑物的非承重等结构。纸质材料具有易回收再利用、价格低等优势，使得建筑师在遇到要求快速、低成本的建筑设计时，可以把纸这一元素应用到设计之中。例如，为战争难民所建的临时避难所，或者为地震受害者设计的临时房屋等。总之，纸质材料是一种值得研究的新型绿色建筑材料。

5）Reduce 原则

Reduce 原意为"减少""降低"，在生态艺术设计中则主要体现在"减少对资源的消耗、减少对环境的破坏和减少对人的不良影响"三个主要方面。

第一，减少对资源的消耗，选择自然材料和加工过程中耗能较低的材料，尽量就地取材，减少材料运输过程中的能量耗费，坚持"少就是多"的原则，在设计中直接减少各种材料尤其是各种高档材料的用量。研究与设计高效能的工业产品，尽量选用节能型设备，减少产品、建筑与室内环境的长期运行成本。

第二，在设计中尽可能采用可再生资源，是减少对环境破坏的有效办法。

第三，减少对人生理、心理方面的不良影响。

生态艺术设计不像过往的任何一种风格或流派那样，会以人的意志为转移，也不是一种可有可无、可信可不信的突发奇想，而是一场关乎人类生存的设计伦理上的革命，是今后每一位设计师都必须遵从的基本原则。可持续发展的属性表明实现生态艺术设计途径多种多样，既可以从技术的角度切入，也可以从人文的角度进行考虑。在具体实施的过程中，尽可能在"节约""环保""长效""健康"这四个方面有所突破。

第四节　生态文明建设与社会建设

满足人民群众对美好生活的向往，增进人民的福祉，促进人民的全面发展，是中国共产党领导人民进行改革开放、全面建设小康社会、建设现代化社会主义的本质目的，也是我党工作的行动纲领。教育、就业、收入、社会保障和医疗卫生等民生领域是我国人民群众最关注的领域，也是我党提升人民生活水平，促进人的全方位发展的主要入手方向（秋石，2015）。

当前，我国民生建设领域中最突出的难点就是脱贫攻坚难题，具体表现为城市、农村地区发展不均衡，收入分配存在较大差距等。这一难题呈现出社会矛盾和问题交织的状况，难以简单攻克，实际上代表我国的文明程度还有待提升（张丽新，2018）。以生态文明为抓手的社会建设，需要的是站在维护人民群众最基础利益上的高度，为民谋利、解民忧患，使儿童得到应得的教育，学有所获，使病人得到相应的医疗服务，使老人得到赡养，使弱势群众得到帮助，全民参与社会发展，在共建共享中获得参与感与获得感，整个社会不断发展进步，全体人民共同发展，共同富裕。习近平总书记指出："让老百姓过上好日子是我们一切工作的出发点和落脚点"。最终，人民是否获得了实惠，生活水平是否提升，权益有无得到保障，是检验我国社会建设成效的唯一标准。

十九大报告明确提出，新时代我国社会主要矛盾是人民日益增长的对美好生活的需求和不平衡不充分的发展之间的矛盾。报告提出人的全面发展是改善这一矛盾的重心，只有坚持以人民为中心的发展思想，才能实现人民的共同富裕，实现 6000 多万贫困人口的脱贫。推动教育事业，特别是中西部和农村地区教育的全面发展，推动优化就业状况，提高中等收入群体占比，建立城乡居民的社会保障覆盖体系，持续提升人民的身体健康和卫生医疗水平，建设保障性住房，完善社会治理体系，保持社会稳定等，是社会建设的重中之重。以生态文明理念为指导的社会主义现代化社会建设的核心，就是人民对美好生活的向往。

一、生态文明社会是社会进步的结果

生态文明建设不仅是简单的工程建设，而是一场覆盖社会方方面面的转型运动。生态文明建设与生态建设不同，其重心落在"文明"的进阶上。因此，要建设生态文明，不仅要开展生态保护和污染治理，更需要推广和普及生态文明理念，转变人们的行为活动方式和理念。这就意味着，生态文明建设不仅仅局限于大刀阔斧地开展自然保护工程，也需要同步推动一场具有长远、深刻和重大意义的社会转型运动。

这场转型运动的根源，是在于我国当下不可持续的经济社会发展模式和严重的环境污染问题。究其根本，是人们的行为和理念存在问题。在处理人与自然的关系上，我们的社会"生了病"。在价值观上，全社会还缺乏尊重自然、顺应自然、保护自然的伦理观念。在行为方式上，以邻为壑、竭泽而渔的行为普遍存在，遵纪守法、爱护环境、勇于担责的良好习惯却未能得到普及。生态文明建设就是对这类社会中存在的种种不文明行为的改善，通过长远规划、持续工作，来逐步建设一个以节约资源为目标，以保护环境为导向的新社会（陈敏尔，2014）。

社会的进步指的是社会发生变化和发展的过程，通常呈现由原始向高级演化的特征。社会形态的改变和交替是社会进步的步骤，同时包括物质文明的丰富和精神文明的进步。党的十八大把生态文明建设纳入了中国特色社会主义事业"五位一体"的总体布局中，明确提出要大力推进生态文明建设，推动建设美丽中国，实现中华民族的永续发展。这标志着我们对社会进步认识进一步深化，推动现代工业文明社会转型为生态文明社会。社会进步的方法，就是要处理解决现阶段的社会问题和矛盾，主要是自然资源对生产力的制约，经济基础对上层建筑的制约。这些矛盾同时也是社会进步的主要推动力，将推动人类社会形态向更高层级发展（贾高建，2018）。

社会进步的过程，也是一个自我否定和不断改进的过程，是在辩证认识当前发展形态后，在整体上做出优化和提升，树立更为高级的社会形态的过程。生态文明型社会将顺应、尊重和保护自然作为核心，把资源节约和环境保护作为基本发展方针，把勤俭节约、恢复生态作为行动纲领，树立保护生态环境就等于保护生产力，改善生态环境就等于提高生产力的发展理念。在生态文明型社会中，政府和人民将更为主动地去推动绿色发展、循环经济和低碳减排，不会以破坏环境的发展方式去换取短期的经济增长。这样的社会远远优于工业时代的社会。衡量社会进步的标准是综合的，衡量标准包含生产力水平、生产关系、法制体系建设、科学水平、文化水平和道德标准等。生态文明型社会把节约资源作为基础发展策略，提倡提高资源利用效率，转变资源利用方式，提高产品流通效率，减少消费过程浪费，对资源进行循环再利用等。这些举措将大幅降低资源消耗，提升每单位资源的利用和生产效率。同时，生态文明型社会也提出环境污染、生态安全等考核指标，要求落实相关责任方，建立追责制度，将生态环境保护作为社会发展的必要条件等。这些都是社会进步的象征（阎丽，2017；李学林和黄明，2015；王雨辰，2013）。

社会进步是人民群众的愿望，符合人民群众的利益。生态文明建设把影响人民身体健康的环境问题作为突破口，在水、大气、土壤等重点行业大力推进污染防治工作。在社会进步的过程中，环境保护是重中之重。优美的生态环境既是社会进步的重要成果，也是社会进步的必备条件。社会的可持续发展的能力，就扎根于良好的生态环境中。只有在干净、安全、优美的生态空间中，人民群众的生产力才能得到完全释放，社会才能共享进步的成果。一个公平正义、诚实守信、法制有序的社会，可以把生态文明理念和环保要求传递到社会的每个角落，在全社会中形成一种开展生态环境保护工作人人有责的优良氛围，带动环境治理和维护工作的全面提升。进步的社会，才能为生态环境保护提供支持。只有通过总揽全局、科学筹划、协调发展、兼顾各方，才能处理好生态环境保护与社会进步的关系，做到坚持以生态补偿平衡社会关系，以生态安全维持社会稳定，以生态文化丰富精神文明，才能建成人与自然和谐相处的文明社会（张高丽，2013；周生贤，2013）。

二、坚持建设美丽中国全民行动

1. 实现经济发展和民生改善良性循环

经济发展是改善民生的前提，没有经济上的发展，改善民生就是一场空谈；改善民生则是经济发展的根本目的，民生的改善是经济发展的"晴雨表"，只有持续提高民生水平，解决群众生活中遇到的难点，才能调动群众的积极性，持续提高生产效率，刺激消费，拉动内需，实现经济发展的突破，为社会转型提供强大内生动力（赵振华，2012）。当前，进一步开展民生工作的需求发生了根本性转变。在衣、食、住、行等温饱需求得到满足后，人民群众的需求已转变为对优质便捷的医疗服务、公平的受教育机会、能够负担的住房、优美的环境和洁净的空气等优美生活环境的需求。

民生的改善是推动发展的主要动力。在生态文明社会中推动民生发展，就要从人民群众最关心的教育、就业、医疗保障等最现实最直接的利益问题入手，采取针对性强、覆盖范围大、作用明显、实施过程透明的建设举措，集中攻克发展难点，加强法制体系建设，做好基础性、保障性的民生工作。在经济持续良性发展的基础上，保障劳动人民劳有所得，保障人民群众能够分享发展成果，实现社会的公平和正义（周益锋，2017；张长星，2019；郭青，2015）。

习近平总书记 2016 年 12 月 14 日在中央经济工作会议上指出："要坚持中国特色社会主义道路不动摇、坚持解放和发展社会生产力不动摇、坚持以人民为中心的发展思想不动摇、坚持实现共享发展不动摇，在推动发展中不断提高人民生活水平，努力扩大中等收入群体，让人民群众有更多获得感，更好体现和发挥我们的制度优势"。

改善民生要尽力而为、量力而行。随着改革的深化，平衡社会利益愈发重要，发展更加要注重人民生活的均衡改善。当前，我国群众对美好生活的期待不断提高，呈现出多样化、多层次和时空异质性。目前，我国将长期处于社会主义初级阶段，改善民生必须以经济发展现状为基础。提出脱离现实状况限制的民生改善要求，只会适得其反，激化社会矛盾，拖缓经济增长速率，乃至陷入"中等收入陷阱"。民生建设还需以现实条件为基础，做到经济增长与民生建设并行的良性发展（吕彬彬，2016）。

2. 抓住人民最关心、最直接、最现实的利益问题

民生改善和保障是一项具有长期性和分阶段的工作，没有终点，只有连续不断的新起点。2013 年 10 月 29 日，习近平总书记在海南考察工作时指出，"抓民生要抓住人民最关心最直接最现实的利益问题，抓住最需要关心的人群，一件事情接着一件事情办、一年接着一年干，锲而不舍向前走"。具体来说，包括如下几方面。

（1）打造民生安全网络，用社会政策保障群众基础生活需求；对未能均衡发展的重点群体和地区适当进行资源倾斜，促进整个社会的和谐发展；引导形成良好社会风气，营造良好基层舆论氛围，使民生改善既是党政工作发展方向，又是人民群众奋斗目标。

（2）教育是社会发展和民族振兴的基础。为人民提供满意的教育，才能推动人才的涌现和发展，建设具有竞争力的国家。在教育资源不均衡的当下，乡村教育是发展重点。应大力推动教师下乡工作，做好乡村教师团队建设，做好偏远地区、贫困地区义务教育落实工作，阻断贫困现象跨代传递。同时，需大力推进特色职业教育体系建设、高等教育教学机构建设，深化现有考核、招生制度改革，构建网络化数字化个性化终身化教育体系，实现公平教育（青连斌，2018）。

（3）精准发力抓好就业工作，就业是民生之本。为此，需要研究实施更积极的就业政策，提供多元化、高质量的就业岗位，打破现有职场中的性别、身份、区域歧视等，为劳动者提供平等保障。鼓励创业，通过创业带动就业，提供更加丰富的就业方向（石伟和储峰，2017）。

（4）推动收入的均衡、合理分配。收入是人民群众最关心的问题。合理分配收入，让劳动人民合理享有工作所得，是维护社会稳定，改善民生状况的最直接的手段。提高一线劳动者收入，实现收入与生产效率同步增长；完善资产再分配机制，通过阶梯税率等方式，打造橄榄型收入分配模式，提高中层、低层劳动者收入，缩减城乡、行业之间收入差距；保护合法收入，查处非法收入。

（5）深化社会保障制度建设。保障基本养老和社会保险，完善救助体系，为人民群众提供高水准的社会福利。满足人民群众多层次的住房需求，发挥政府主导作用，解决住房难题，提供住房保障（刘运良，2018）。

（6）提高全民健康素养。全面小康社会建设，还需要增强全民健康水平。深化医疗保障体系综合改革，按照公益性公立医院的建设定位，提升医疗服务水平，强化公共卫生安全、保证药品供应安全，健全监管体制建设；按照保障基础服务不出错，强化提升医疗服务水平的基本要求，集中攻克广大人民群众看病难，因病致穷的难题；推动医疗资源的均衡配置，"到 2020 年，实现人人享有基本医疗卫生服务目标"。

（7）推动人口均衡发展。做好城市规划工作，合理引流超大型、大型城市人口向中小型城市流动；科学应对人口老龄化问题，全面推动"二胎"政策，提高就业率，鼓励推迟退休年龄，减缓社会老龄化所带来的压力。

3. 坚决打赢脱贫攻坚战

建设我国特色社会主义的必要条件，就是要消除贫困、改善民生，逐步实现广大人民群众的共同富裕。这不仅是广大人民群众的希望，也是我党的重要使命。自中华人民共和国成立以来，经过党和国家的持续努力，已经达成了实现 7 亿多农村人口成功脱贫的壮举。当前，我国仍有 7000 多万农村人口处于贫困状态，贫困状况难以改善，脱贫攻坚战已经到了最关键的时候。在中共第十九次全国代表大会上，习近平总书记提出，到 2020 年我国现行标准下农村贫困人口实现脱贫的目标。脱贫攻坚战已成为新时代生态文明建设"三大攻坚战"之重要内容。

4. 维护社会和谐稳定

和谐、稳定、安全的社会，是建设中国特色社会主义的首要要求。要建设一个稳定、和谐的社会，首先要准确认识社会平稳发展和人民合理维权之间的关系；其次要稳妥应对社会矛盾，积极改善民生，提高社会发展的可持续性和协调性；再次要正确看待在社会进步过程中出现的利益关系、利益格局的变化；最后要推动安全建设，及时、准确处理影响社会和谐的问题和因素，针对平安中国建设中的短板和重点问题进行专项攻克。

5. 构建全民共享的社会治理格局

社会治理是社会建设的重要任务。习近平总书记指出："治理和管理一字之差，体现的是系统治理、依法治理、源头治理、综合施策。"人民群众的利益，是社会治理的基准点。在现有社会机制上进行创新改革，构建全民共同创造、成果共享的社会格局，是社会治理的目标。一般而言，需要做到：一是体制创新，构建政府领导、社会参与、民众协同的治理体制，实现体制的精细化发展；二是坚持系统性管理不动摇，革新社会治理理念；三是将城镇社区作为开展社会治理的重心，夯实社会治理的基础（王扬，2018；姚世明，2019；周益锋，2017）。

6. 重塑绿色消费

绿色消费又被称为"可持续的消费"，指的是以维持生态环境的可持续性为主要目的的消费行为和方式。2015 年，在联合国可持续发展峰会上通过的"可持续发展目标"，为当今世界的可持续发展指明了方向。促进绿色消费及生产是其中的重要内容，指的是在提升生活质量的同时，通过减少在生产、运输和消费过程中的资源浪费和环境污染，以达成增加社会收益的目的（司林胜，2002；王金南，2002；吴波，2014）。我国也在"十二五"规划中明确提出倡导文明、节约、绿色、低碳消费理念，推动形成符合我国国情的绿色生活和消费方式。

　　生态文明型社会建设是当前我国发展的总体方向，能否实现生态文明型社会转型，关系到中华民族的永续发展。生态文明型社会建设的核心内容，是绿色、和谐、开放的发展理念，是节约资源、保护生态环境的生产生活方式。无论国际国内，发展绿色消费均已成为经济良性发展、生态环境可持续发展的重要手段。具体而言，要做好以下几个方面：一是制定绿色采购相关立法，明确利益相关者的法律责任和义务（张得让和陈金贤，2003）；二是制定绿色产业的财政和税收支持政策，加大对可再生资源的补贴与政策支持（朱婧等，2012）；三是建立绿色发展的专项经费，推动绿色产品认证和标识体系的建设，提供绿色产品从生产、使用到回收的全链条式管理（王玉庆，2008）；四是加快推行绿色生产生活理念，在中央电视台设立绿色消费电视专业频道，将绿色消费理念重点引入中小学学生课堂，强化企业绿色消费责任；五是推动国际机构、政府和社会各界在绿色消费方面的国际合作，鼓励社会各界开展绿色消费的学术研讨、产品博览等交流活动。

参 考 文 献

白光润. 2003. 论生态文化与生态文明. 人文地理, (2): 75-78

陈敏尔. 2014. 书写多彩贵州新华章——学习习近平总书记关于生态文明建设的重要论述. 求是, (20): 21-23

郭青. 2015. 走民生为本的循环发展之路. 求是, (7): 23-24

胡小玉. 2013. 中国特色社会主义文化发展中的生态文化建设. 赣州: 江西理工大学

胡小玉. 2016. 中国特色社会主义文化发展: 生态文化建设的根基保障. 文化学刊, (4): 119-122

贾高建. 2018-3-15. 推动社会发展进步　实现人民美好向往. 人民日报, 第 7 版

阚小华. 2016. 我国政府防御西方文化霸权的对策研究. 大连: 大连海事大学

李学林, 黄明. 2015. 生态文明建设融入社会建设: 历史、意义与路径选择. 社会科学家, (4): 35-39

刘运良. 2018. 弄懂社保体系建设总目标与民生总要求的内在关系. 中国医疗保险, (1): 19

吕彬彬. 2016. 习近平关于民生建设的理论与实践研究. 杭州: 浙江工业大学

青连斌. 2018. 保障和改善民生要抓住人民最关心最直接最现实的利益问题. http://www.rmlt.com.cn/2018/0129/510072.shtml [2018-1-29]

秋石. 2015. 全面建成小康社会是实现中国梦的关键一步——一论学习贯彻习近平总书记关于"四个全面"的战略布局. 求是, 9: 8-11

石伟, 储峰. 2017. 抓住人民最关心最直接最现实的利益问题. http://theory.gmw.cn/2017-03/10/content_23933700.htm [2017-3-10]

司林胜. 2002. 对我国消费者绿色消费观念和行为的实证研究. 消费经济, 5: 39-42

唐眉江. 2013. 传统身心安顿之道与当代生态文明建设——关于中国优秀传统文化现代价值的思考. 现代哲学, (5): 118-124

王金南. 2002. 发展循环经济是 21 世纪环境保护的战略选择. 环境科学研究, 15(3): 34-37

王清. 2015. 生态文明建设的文化路径. 南昌: 江西师范大学

王淑新, 王根绪, 王学定, 等. 2013. 生态文明建设实现形式的比较研究及政策启示. 生态经济, (11): 32-35

王扬. 2018. 新时代推进社会治理现代化的困境与路径分析. 实事求是, 263(4): 52-54

王雨辰. 2013. 论以社会建设为核心的生态文明建设. 哲学研究, (10): 100-105

王玉庆. 2008. 大力发展绿色技术 引领未来可持续发展. 求是, (14): 25-27

吴波. 2014. 绿色消费研究评述. 经济管理, 36(11): 179-189

习近平. 2017. 决胜全面建成小康社会 夺取新时代中国特色社会主义伟大胜利——在中国共产党第十九次全国代表大会上的报告. http://www.xinhuanet.com//2017-10/27/c_1121867529.htm [2017-10-18]

徐恒醇. 2000. 生态美学. 西安: 陕西人民教育出版社

闫祯. 2013. 当代生态文明建设与中华传统文化的"天人合一"思想——基于东西方传统文化差异比较研究的视角. 云南社会主义学院学报, (2): 437-439

阎丽. 2017. 中国社会转型之困与生态文明建设之忧. 人民论坛, 1: 74-75

姚世明. 2019. 基层社会治理的路径选择——以辽宁为例分析. 党政干部学刊, 3: 26-30

张长星. 2019. 坚持底线思维 切实保障民生. 决策探索, 2: 24

张得让, 陈金贤. 2003. 试论基于环境保护理念的政府绿色采购. 财政研究, 4: 24-27

张高丽. 2013. 大力推进生态文明努力建设美丽中国. 求是, 24: 3-11

张丽新. 2018. 补齐民生领域短板让人民群众共享振兴发展成果. http://m.people.cn/n4/2018/1007/c1581-11698554.html [2018-10-7]

张旭. 2015. 探析明清小说叙事的文学特征及其文化内涵. 湖北函授大学学报, (15): 185-186

张子玉. 2016. 中国特色生态文明建设实践研究. 长春: 吉林大学

赵英臣. 2004. 全球化背景下的中国文化安全——西方文化霸权主义对中国文化安全的冲击和挑战. 兰州学刊, (6): 35-38

赵振华. 2012. 牢牢把握保障和改善民生这一根本目的. 求是, 13: 30-32

政府工作报告. 2019. 2019 年 3 月 5 日在第十三届全国人民代表大会第二次会议. http://www.gov.cn/zhuanti/2019qglh/2019lhzfgzbg/index.htm [2019-4-10]

中国法学会. 2017. 中国法治建设年度报告(2017). 北京: 法律出版社

周浩明. 2011. 可持续室内环境设计理论. 北京: 中国建筑工业出版社

周浩明. 2015. 可持续设计的实践之道. 艺术与设计, (1): 164-169

周生贤. 2013. 走向生态文明新时代——学习习近平同志关于生态文明建设的重要论述. 环境保护, 41(19): 10-12

周益锋. 2017. 提高保障和改善民生水平加强和创新社会治理. 实事求是, 6: 30-34

朱婧, 孙新章, 刘学敏, 等. 2012. 中国绿色经济战略研究. 中国人口·资源与环境, 22(4): 7-12

Acott T, La Trobe H, Howard S. 1998. An evaluation of deep ecotourism and shallow ecotourism. Journal of Sustainable Tourism, 6 (3): 238-253

Angheluta A, Costea C. 2011. Sustainable go-green logistics solutions for Istanbul metropolis. Transport Problems, 6(2): 59-70

Bocock R. 1993. Consumption. London: Routledge

Butcher J. 2002. The Moralisation of Tourism: Sun, Sand and Saving the World? London: Routledge

Christopher M. 1992. Logistics and Supply Chain Management: Strategies for Reducing Cost and Improving Service. London: Pitman Publishing

Farmer J. 1999. Green Shift—Changing attitudes in architecture to the natural world (Second edition). New York: Princeton Architectural Press

Fennell D. 1999. Ecotourism: An Introduction. London: Routledge

Holt D B. 1995. How consumers consume: A typology of consumption practices. Journal of Consumer Research, 22 (June): 1-16

Jeucken M. 2001. Sustainable Finance and Banking: The Financial Sector and the Future of the Planet. London: Earthscan

Luk S, de Leon C, Leong F, et al. 1993. Value segmentation of tourists' expectations of service quality. Journal of Travel and Tourism Marketing, 2 (4): 23-38

Madrigal R, Kahle L. 1994. Predicting vacation activity preferences on the basis of value-system segmentation. Journal of Travel Research, 32 (3): 22-28

Martin F. 2014. Geld, die wahre Geschichte, Über den blinden Fleck des Kapitalismus. Stuttgart: DVA

McKercher B. 1993. Some fundamental truths about tourism: Understanding tourism's social and environmental impacts. Journal of Sustainable Tourism, 1(1): 6-16

McKinnon A, Browne M, Whiteing A, et al. 2015. Green Logistics: Improving the Environmental Sustainability of Logistics Third edition. New York: Kogan Page Limited: 426

Michael J. 1994. Crosbie. Green Architecture—A Guide to Sustainable Design. Massachusetts: Rockport Publishers

Noh H J. 2010. Financial Strategy to Accelerate Innovation for Green Growth. Korea Capital Market Institute (data unpublished)

Norgaard R B. 1994. Development Betrayed: The End of Progress and a Coevolutionary Revisioning of the Future. London: Routledge

Orams M. 1995. Towards a more desirable from of ecotourism. Tourism Management, 16(1): 3-8

Pizam A, Calantone R. 1987. Beyond psychographics—Values as determinants of tourist behaviour. International Journal of Hospitality Management, 6 (3): 177-181

Pretes M. 1995. Postmodern tourism: The Santa Claus industry. Annals of Tourism Research, 22 (1): 1-15

Rakhmangulov A, Sładkowski A, Osintsev N. 2016. Design of an ITS for Industrial Enterprises. In: Sładkowski A, Pamuła W. Intelligent Transportation Systems, Problems and Perspectives, Vol 32. Heidelberg. New York, Dordrecht, London: Springer International Publishing, Cham: 161-215

Rokeach M. 1973. The Nature of Human Values. New York: The Free Press

Russell A, Wallace G. 2004. Editorial: Irresponsible ecotourism. Anthropology Today, 20(3): 1-2

Ryan C. 1999. Editorial: Issues of sustainability in tourism. Tourism Management, 20(2): 177

Schmidheiny S, Zorraquin F J L. 1996. Financing Change: The Financial Community, Eco-Efficiency and Sustainable development. Cambridge: MIT Press

Schmitz-Günther T, Abraham L E, Fisher T A. 1999. Living Space (English edition). Cologne: Knemann

Sharpley R. 2000. Tourism and sustainable development: Exploring the theoretical divide. Journal of Sustainable Tourism, 8(1): 1-19

Sharpley R. 2003. Tourism, Tourists and Society (3rd ed). Huntingdon: Elm Publications

Wallace G, Pierce S. 1996. An evaluation of ecotourism in Amazonas, Brazil. Annals of Tourism Research, 23 (4): 843-873

第四章　新时代中国特色社会主义生态文明建设

第一节　理解中国特色——生态文明视野下的中国社会与中国文化

文明，是人类社会发展的成果。文明的产生与更迭是人类社会进步的象征。现阶段，人类文明主要经历了原始文明、农业文明和工业文明三个阶段。第一阶段是原始文明，人类在此阶段中必须依靠集体的力量才能生存，物质的来源主要有赖于采集狩猎。第二阶段是农业文明。铁器的发明与利用使人类的生存方式发生了根本性的变化，种植成为人类最主要的维生手段。第三阶段是工业文明。18世纪由英国主导的第一次工业革命开启了人类现代化生活的序幕。在工业化发展到极致的当下，尽管人类生活便利性的提升有目共睹，但现存的一系列全球性生态危机说明地球生态的平衡已走到了岌岌可危的边沿。在这种情况下，世界各国都在积极寻求一个能延续人类生存发展目标，维持人类社会可持续发展的新文明理念，这一新理念，就是"生态文明"。

如果说工业文明造成了严重的环境污染与破坏，是一种"黑色文明"，那生态文明就是基于对一味追求物质的深刻反思，是以人与自然、人与人、人与社会的和谐共生、良性循环、全面发展、持续繁荣为基础的"绿色文明"。生态文明覆盖经济、政治、社会和文化建设等的各方面，是系统性的文明建设工程。与前期的人类文明相比较，生态文明是更高级和优化的文明。

一、中国特色生态文明转型背景

由工业文明向生态文明转型是当今世界各国发展的主流趋势，但受各国不同的社会结构、文化传统等因素的影响，各国具体的转型需求存在不小的差异，转型道路也各有不同。发达国家所面临的环境问题，是在上百年工业化建设的过程中分阶段出现的。我国发展中所遇到的问题，却是在短时间内集中爆发的，并且呈现出结构化、复合化、压缩化的特点。我国生态文明转型过程中潜在的难题，显然不是简单的工程建设能够解决的（周生贤，2009）。

当前，我国社会经济发展中遇到的各种资源环境问题已经开始逐步显现，主要体现在五个方面（谷树忠等，2013）：一是资源存量逐渐见底，对生产发展形成制约；二是资源短缺现象持续扩散，已经从原始资源存量低的东南部沿海地区逐渐扩散到存量高的西部地区；三是稀缺资源种类增多，长期、大量的资源消耗使得部分原本充足的资源快速减少；四是可替代资源数量减少，资源约束强度向刚性转变；五是资源的约束性作用从隐性向显性转变。为了释放资源循环利用潜力，我国已将"城市矿产"的开发利用作为战略性新兴产业。"城市矿产"作为一种可循环利用的、环境友好型二次资源，对我国经济社会发展具有重大战略意义。"城市矿产"理念的推广,对我国生态文明建设也具有重要作用。

除了中国自身面临的工业化革命带来的严重土壤、河湖、空气等环境污染问题外,中国生态文明转型还需要应对来自外部的压力和阻碍。作为一个发展中国家,中国一直承担着进口处理发达国家垃圾的角色。作为发达国家垃圾的倾斜地之一,我国的环境治理任务一直承受着额外的压力。部分发达国家宣传的中国资源威胁论认为,随着中国经济的高速发展,中国对世界资源和能量的消耗需求必将继续加重世界环境危机。早在1994年,美国《世界观察》杂志发布的报告中就提到,中国对煤等燃料资源的初级利用不仅加重了中国境内的空气污染和酸雨问题,还在一定程度上对临近地区和国家的环境造成了影响(朱明仓,2006)。虽然这种观点较为偏颇,在忽视中国身为发展中国家这一背景事实的情况下,一味强求中国在发展初期就承担起额外的全球环境治理责任,但在中国国际地位逐渐提高的当下,中国在全球环境治理中的角色地位也越来越重要,中国势必承担起引导全球文明转型的重任。

二、生态文明视野下的中国社会

时下很多人简单地将生态文理解为生态保护和恢复的应对措施。这其实忽视了生态文明建设是一项动员全民的社会变革指南。生态文明建设要求从凸显的和隐性的社会现状和特征入手,从不同的社会现状与特色入手,按照生态文明的要求去制定社会转型的具体实施方案,而不是仅仅从环保的角度思考,简单开展污染治理工程。

作为一个高速发展中的大国,改革开放40年以来,中国社会发展取得了巨大的成果。改革开放初期,我国经济规模仅仅约为3000亿元人民币;到2017年,我国国内生产总值超过80万亿元人民币,是当前世界上第二大经济体。可以说,中国发展史是世界发展史上的一个"奇迹",这种举世罕见的长时间高速度发展离不开我国特色社会主义思想的指导。然而正是因为我国的发展道路是一条未有前人踏足的新道路,中国社会当下面临的生态文明转型需求也不能全盘借鉴西方国家的经验,而需要继续"摸着石头过河",从我国社会现状出发,走具有中国社会主义特色的生态文明转型道路。

1. 中国自然资源特色

自然资源在整个社会中的地位至关重要,可以说是社会发展的命脉之一。长期以来,我国的教科书上都明确指出中国幅员辽阔,地形复杂多样,各种矿物资源丰富,动植物品种多样化。作为一个拥有960万km^2的土地资源,淡水资源总量超过28 000亿m^3,矿产资源储存量居全球第三位的资源大国,地大物博一直是人们对我国自然资源情况的一个基本认知。

然而在位居世界前列的资源大国的情况下,我国还存在一个不可忽视的问题,那就是我国也是一个人口大国。我国的人均资源占有情况并不乐观,农业人口的人均耕地占有率不到美国的1%;水资源人均占有量仅为全球平均水平的1/4;林地资源人均占有量不足1.7亩,仅为世界平均水平的1/7(邱双宇,1997)。令人担忧的是,我国的能源利用效率远低于国际先进水平。发达国家平均能源利用效率约为43%,比我国企业平均能源利用效率高出近 10%；政府机构能源消耗占全国总消耗水平的 5%，但人均能耗量远超全国平均水平（孙柏，2005）。2018 年，由耶鲁大学、世界经济论坛、欧盟委员会联合研究中心发布的"环境绩效指数"排名中，中国在 180 个国家中位居第 120 位。同为资源大国的挪威、美国排名分别为第 14 位和第 27 位（Yale University，2018）。

在这种情况下，早在 20 世纪末，我国学者就提出要重新认识我国"地大物博，人口众多"的传统认知（何祚麻，1996）。首先，我国"物博"但分布不均。我国资源总量虽位居世界前列，但在时间和空间上存在严重的分布不均衡问题。以水资源为例，全国约 93% 的水资源分布在东南地区，西北干旱、半干旱地区水资源仅占 7%。因此中国虽然不属于缺水国家，但存在大面积的严重缺水地区。此外在时间分布上，华北地区虽属于严重缺水地区，但在春夏降水密集时，仍可能出现洪涝现象。可以说，中国水资源分布不仅严重不平衡，还存在较多灾害现象。其次，我国"人多"而平均占有少。我国不仅存在人均资源占有量少问题，还存在较为严重的人均资源分布不均问题。对比我国西北部与东南部人口密度可见，我国东南部发达地区人口密度高，西北部欠发达地区人口密度低；但西部欠发达地区却蕴藏着我国大部分自然资源。

由此可以发现，我国存在较为严重的人均资源短缺、自然资源分配不均问题。在资源对社会可持续发展的制约作用日益凸显的当前社会，中国发展道路的选择必须要能够克服资源环境对社会发展的瓶颈限制，实现资源的有效、可持续性利用。

2. 中国经济发展特色

改革开放 40 年以来，中国经济发展方式经历了较大变化。在改革开放初期，我国经济经历了粗放型发展的阶段，主要表现为以高投入、高消耗、重速度、轻效益的方式追求数量规模上的扩张。这是因为当时我国尚是一个农业国家，处于技术知识落后、劳动力素质较低的工业化初期阶段。更重要的是，为快速实现国家的进步与强大，我国在经济发展初期主要实行重工业优先赶超的战略，其特点就是高度依赖资源消耗。在特殊时期，这种发展模式虽然具有其合理性，符合当时我国的特殊发展需求，但实际上背离了我国人均资源高度稀缺、劳动力富余的生产资料结构。随着我国工业化进程的加快，环境资源对社会经济持续发展的瓶颈限制也越来越明显地暴露出来。

随着社会的进步，我国的经济发展方式出现了从粗放型到集约型的转变。资源消耗强度出现明显下降，生产过程中劳动力和资本的使用得到平衡。然而我国经济发展倾向于高投入、高消耗的发展方式仍未彻底改变。从资金投入来看，1979~2008 年，我国平均资本投资回报率与同时期美国的平均资本投资回报率和日本的平均资本投资回报率相比，还属于高投入的发展状况；从资源消耗来看，虽然在 1979~2008 年，我国能源消耗强度从 15.68 万 t 标准煤/亿元下降到不到 1 万 t 标准煤/亿元，但仍是世界先进水平的数倍（简新华和叶林，2011）。由此可见，虽然我国的生产方式不断进步，但现有生产效率仍低于世界领先水平，发展方式还有待改进。

与此同时，我国还存在着较为严重的区域经济发展不均衡现象。具体体现为东部-西部、农村-城市经济发展水平的差异问题。从地理位置上而言，我国东部城镇普遍交通更为便利，更有不少地区拥有沿海、沿江的便捷贸易通道，与道路险阻、交通闭塞的西部地区相比拥有天然的经济发展优势。虽然这一优势已经随着我国基础交通设施的快速发展而逐渐减弱，但长此以往累积而成的经济资本优势仍持续带动东部地区的快速发展。从农村-城市划分上而言，我国农村经济发展速度长期落后于城市经济发展速度。自20世纪80年代农村改革起，农村地区释放了大量富余劳动力。恰逢此时，城市经济迎来了跳跃式的发展，大量农村劳动力前往城市务工。农村青壮年劳动力缺乏不仅拉大了农村和城市的发展差距，还进一步导致了农村老龄化和留守儿童等问题。

无论是发展模式的转变，或是发展不对称问题的凸显，无可辩驳的是，我国的经济发展形态具有高度国家特色。因此，我国不可简单借鉴发达国家经验，而必须选择一条既符合时代发展需求又适应我国特殊国情的新型经济发展道路，把经济增长和资源可持续利用结合起来，在高效发展的同时均衡区域发展。

3. 中国社会制度特色

在我国政府的领导下，中国特色社会主义制度不断前行，取得了重大成就。当下，在经历了长时间高速发展后，我国短时间内集中出现了较为严重的环境污染问题。世界银行2006年发布的《世界发展报告》显示，全世界污染最严重的20个城市有16个在中国。目前，中国水资源污染严重，七大水系中54%的水已经不再适合人类饮用（World Bank and State Environmental Protection Administration of China，2007）；空气污染问题凸显，雾霾天气在全国各地大范围持续性出现（生态环境部，2018）。为解决这些问题，我国政府提出了具有中国特色的社会主义生态文明建设理念，将生态文明建设纳入社会主义建设"五位一体"的总布局中（黄勤等，2015）。在党的十九大报告中，习近平总书记进一步指出要树立"绿水青山就是金山银山"的发展观，做到人与自然和谐共处，经济社会发展不以破坏生态环境为途径。可以说，生态文明建设是实现中华民族永远续存的必要途径（周生贤，2012）。

以人为本，保护生态，人与自然的和谐相处是中国生态文明建设的特点。在我国人口与生态环境矛盾激化，经济发展受限于资源瓶颈的当下，推动生态型社会建设，可以有效促进我国社会和谐发展，经济的可持续发展。近年来，我国政府先后发布《中国落实2030年可持续发展议程国别方案》《"无废城市"建设试点工作方案》等，全面推动社会转型。《2017年中国国土绿化状况公报》显示，2017年全国造林超过1亿亩，城区绿地率达36.4%，治理沙化土地超3000万亩。

然而，在推动生态文明建设的过程中，一些问题开始显现：首先，部分地方政府出于改善生态环境和拉动当地投资的目的，大量实施绿色工程、景观项目、河道整治工程等，以期生态文明建设项目看得见、摸得着、见效快，但实际未能从经济发展与生态保护协调的角度进行统筹，急功近利、顾此失彼；其次，由于部分地区城乡统筹存在缺陷，新老环境问题交织共存，开展生态文明项目的区域性、布局性环境风险突显，监管责任难以落实，严重影响了生态项目开展的有效性（赵光强和罗晓琳，2018）。以政府造林绿化工程与农田"争地"为例，2017年，督察机构在湖南等地发现200余个挖田造湖、占用农地建造水上景观的项目，共计违规占用、破坏耕地近11万亩（自然资源部，2017）。这些问题出现的根源，还是在于对生态文明理念的理解出现了偏差，简单地将绿色发展观理解为绿化建设，片面地认为生态文明建设仅仅是搞绿化工程，忽略了对生态空间要素的综合性考虑，导致绿色发展仅体现为绿化发展，未能真正达到生态文明建设的可持续性目标。要真正扭转这一现象，除了需要相关部门做好管理监督工作外，更加需要在社会中树立起正确的绿色发展观，生态文明观，通过科普宣传，引导社会大众逐渐建立起生态参与意识和生态责任意识（张小军，2012）。

三、生态文明视野下的中国文化

如何落实中国特色社会主义生态文明型社会的转型，是一个长期以来困扰整个社会的问题。正如上文所提及，虽然有关部门正积极开展生态文明建设，但实际成果尚未达到理想的状态，部分生态工程项目在设计上甚至存在占用农耕地并与保障发展目标相冲突的情况；此外，不少企业也在环境保护问题上屡屡犯禁，不愿意自觉遵守政府的相关法律法规，使得生态保护工作的开展充满困难。表面上看，这是因为人们受地区条件、经济基础、文化素质等因素的限制而做出的短视决定，但实际上，这是因为中国特色生态文明型社会还处于转型的初期阶段，生态文明理念尚未被大众所接受，人们的行为仍然受整个社会的传统主流文化氛围的影响，还是以经济发展为首要目标，尚未能意识到生态环境可持续性与经济社会长期发展相结合的必要性（陈开琦，2015）。

法国哲学家赫伯特·哈特曾提出，"一个法律制度并不而且也不能仅仅依赖统治者的权力，它必须依赖道德义务感，或对制度的道德价值的信念"。只有在社会整体文化氛围发生转变的情况下，道德意识和规则意识才能真正培养起来，生态文明建设才能真正落到实处。由此可见，文化氛围的转变是生态文明理念和生态文明型社会转型的连接点。缺乏文化的熏陶和保障，生态文明理念就宛如空中楼阁，难以扎根在社会中，更难以引导现有社会形态向生态文明型社会转型。

1. 中国传统哲学思想

生态文明理念在中国传统文化中由来已久。天人合一思想则是其中具有代表性的中国古代生态文明智慧之一。在中国古代，天人合一思想的基础是人与道德自我、人与外在的强大力量，以及人与自然的一致。早期的天人合一思想中主要强调人与道德自我的关系，对人与自然的关系较为忽视。但随着人类社会的发展演变，在生态环境急剧恶化的当下，天人合一思想中人与自然关系的认识程度正逐渐加深。

作为古代中国人的智慧结晶，天人合一思想可以说是当今社会生态文明建设的基石：首先，天人合一思想将自然与人类看作一个整体，两者之间存在紧密的联系，与生态文明建设中人类长期发展需要与生态保护协调共进的和谐发展精神相符合；其次，天人合一的思想强调自然对人的重要作用，与生态文明建设中提倡的摒弃工业文明观念下人类对自然的统治地位的观点相吻合；最后，天人合一思想强调人类需要认识到天地万物都应按照自身的规律运作，才能达到自然层度上最大的和谐，与生态文明建设中提出的尊重自然规律，科学开展生态文明建设的观念保持了一致（李宗桂，2012）。可以说，天人合一思想代表了中国传统文化中对人与自然和谐的追求，与生态文明理论中对人与自然关系的认识高度符合。

2. 中国传统习俗特色

中国是一个农业大国，自古以来，保护生态平衡的理念就存在于传统的农业习俗中。

如农业中的撂荒、休耕、轮作，林业中的"以时禁伐""斧斤以时入山林"等，都是维持生态平衡的重要措施。中国历朝历代，都颁布过生态保护相关的律令，注重对滥杀、滥捕、滥伐等行为的遏制。据《周利·地官》中记载，有专门部门负责"掌山林之政令，物为之厉而为之守禁"，对"凡窃木者，有刑法"，以达到"令万民时斩木，有期日"的目的（张黎明，2013）。《礼记·月令》也记载了，当每年春天草木繁茂生长之时，要求"祀山林川泽，牺牲无用牝，禁止伐木，无覆巢，无杀孩虫胎夭飞鸟""无竭川泽，无漉陂地，无焚山林"，以此达到对生态环境进行保护的目的（杜超，2008）。这些制度习俗，都是由中国传统文化中亲近自然、爱护自然的观点所引导的，与当下生态文明建设的理念具有高度一致性。

在这些维护生态平衡的传统习俗之外，我国还有部分延续已久的习俗，虽然在形成的初期并未对生态环境造成过多影响，但随着人口的持续增长与工业化的不断推进，对环境造成的负担逐渐加重。以空气污染问题为例，国人每逢重要的节假日或婚丧嫁娶都有燃放烟花爆竹的传统，但燃放产生的废气中含有的有毒有害气体，以及各种可以被吸入肺内的微小颗粒等，都会对空气造成严重污染；与之类似的还有清明节焚烧纸钱悼念先祖的传统，焚烧纸钱虽然寄托了对先人的哀思、怀念之情，然而焚烧纸钱不仅会对空气造成污染，本身也是对纸张的大量浪费。这些习俗虽然是人民生活方式、价值观念，以及伦理道德方面的长久沿袭，但在城市生态环境脆弱、人口稠密度高居不下的当下，给生态环境造成了严重危害，与当前开展生态文明建设的目标相悖而行。在这种情况下，以政策、法律等方式强制性地改变人们的行为习惯，会困难重重。早在20世纪末期，我国诸多城市就出台了禁止燃放烟花爆竹的规定，但遭到了民众的强烈抵制，效果较差。直到步入21世纪后，民众的环境保护意识逐渐提升，"限制烟花爆竹燃放"的规定才逐步推行起来（罗莹和刘宏鹤，2013）。由此可见，只有逐步转变习俗传统，才能使民众自发地改变其行为习惯，推进中国社会向生态文明型社会转型。

3. 中国生态文化的传承与发展

中国自古以来就是礼仪之邦，具有深厚的传统文化底蕴。然而在近代，随着以西方发达国家为主导的经济发展理念的推广，我国传统文化的传承反而出现断层。在追求可持续发展，向生态文明型社会转型的当下，最根本和最迫切的问题，就是需要认识到人的生存对自然具有高度的依赖性。中国传统文化习俗中保护自然、尊重自然的理念，可以为开展生态文明建设提供珍贵的思想基础。

首先，中国古代天人合一的生态哲学智慧，可以为生态文明建设提供重要思想指导。早在20世纪初，德国社会学家马克思·韦伯就评价说，中国文化是合理的，是以自然价值为取向的，与当代的环境保护与社会发展需求是相适应的（孙亦平，2011）。2013年，联合国环境规划署第27次理事会通过决议认可了中国的生态文明理念。2016年，联合国环境规划署发布《绿水青山就是金山银山：中国生态文明战略与行动》报告，提出中国取得的生态文明建设经验可以为其他国家转型提供借鉴。

其次，中国传统文化中尊敬自然、保护自然的习俗，可以为生态文明建设构架桥梁。从现代的角度看待，中国传统习俗中有部分会对当下建设生态文明型社会造成一定消极影响，但究其原因，早期形成的习俗受限于当时的经济发展和科学认知水平，在环境保护意识上具有一定局限性（黄雯，2016）。随着经济社会的发展，这部分习俗未能及时调整转变，以至于并不适用于当下的生态文明型社会转型需求。对这部分习俗，还需要考虑到民众的情感表达需求，不可匆忙禁止，而需要逐步引导民众意识到这部分传统习俗对生态安全的威胁，积极寻求代替和改进措施。在现代社会中，中国传统习俗正面临着逐步弱化和消亡的困境，而世界一体化、世界文化的融合正使这一困境加剧。但这并不代表就应该放弃传承中国的传统文化与习俗。在生态文明建设中，中国传统习俗中强调"因地制宜、因时而节"，维护自然平衡的部分就对当下建设生态文明型社会的目标具有重要的意义。传承我国优良传统文化与习俗，不仅是对中国本土文化的保护，更是我国社会向生态型社会转型的基础。如果说文化氛围的转变是民众认识到转型需求的必要前提，那传统习俗的继承与迭新就是转型的践行工具。只有在这种基础上，生态文明理念才能真正扎根在我国的土壤，生态文明型社会才能真正建成。

随着经济社会的不断发展，中国的崛起毋庸置疑。全球近一半的制造业都落脚中国，中国是当前世界上第二大经济体，也是世界上第一大进出口国。但中国对世界的影响力仍较为有限，推动了工业文明发展的西方国家在世界舞台上仍占据主导地位，中国尚未争取到足够的话语权。在人类社会走到转折点的当下，世界各国都积极探索社会的转型方向，这正是中国凭借自己历史悠久的生态文化智慧增强自身国际话语权的宝贵机遇。崛起的中国将以"中国特色社会主义生态文明"思想引领世界生态文明思潮，创造新的世界格局。

四、生态文明建设的"两山"理论

2005年8月，时任中共浙江省委书记的习近平，在浙江省湖州市安吉县天荒坪镇余村考察调研时指出，"绿水青山就是金山银山"。我们把这一重要思想简称为"两山"理论（Green is Gold）。"两山"理论中的一山指绿水青山，代表人民对优美自然环境、良好宜居的生态空间的期待；另一山指金山银山，代表人类所追求的经济发展带来的物质财富。"两山"理论是中国共产党在认识自然、探索人与自然的依存关系中的最新理念，对于处理经济发展和生态环境保护之间的关系有着重要的指导作用。纵览人类文明史，从农业文明、工业文明再到生态文明，是否定之否定的历史过程。农耕时代虽然"绿水青山"，但生产力极不发达，食不果腹、衣不蔽体。工业革命以资源和环境为代价，将"绿水青山"变成"金山银山"，否定了农业文明，但带来了"两山"矛盾，人们饱受污染之苦，伦敦烟雾、洛杉矶光化学烟雾等"八大公害"事件都发生在工业文明时代。要解决"两山"矛盾，既不能为了"绿水青山"，退回"靠天吃饭"的农业文明；更不能停留在工业文明，为了"金山银山"而忍受雾霾污水。（方力，2018）。

1. "两山"理论的科学内涵

"两山"理论是中国特色社会主义生态文明理论的重要组成部分，是马克思主义中关于人与自然关系思考在中国的具体体现，是当代中国发展方式绿色化转型的本质体现，也是习近平生态文明思想的重要原则。在当代中国社会的法制、文化建设中，"两山"理论是主要的指导思想，覆盖社会建设的方方面面。

"两山"理论内涵实质是可持续发展问题，是我国处于新的资源环境、生态的新时期，如何发展的问题（UNEP，2016）。生态文明建设和"两山"理论是自然地理学领域区域可持续发展的前沿内容（Dugarova and Gülasan，2017）。"两山"理论为生态文明建设提供理论依据和衡量方法，即：未来如何发展才是绿色发展并达到人与自然的和谐统一。"两山"理论中的"绿水青山"和"金山银山"是辩证统一的。"既要绿水青山，又要金山银山"，强调要兼顾经济社会发展和生态环境保护，两者缺一不可；"宁要绿水青山，不要金山银山"，指的是当经济发展与自然生态的可持续性不相适应时，保护生态环境是优先考虑，经济发展不能以牺牲环境为代价。"绿水青山就是金山银山"，是"两山"理论的主旨，强调了绿水青山向金山银山转化的可能性，同时也充分肯定了绿水青山的本身价值。"两山"理论进一步诠释了"保护生态环境就是保护生产力、改善生态环境就是发展生产力"的先进理念。

"两山"理论充分体现了人与自然的有机统一。解决人类与自然界的冲突，减少突发性自然灾害，达到人与自然的和谐统一，实现人类社会的长久可持续发展。"两山"理论是我国开展生态文明建设统筹规划的重要指导。

2. "两山"理论的演化及形成

"两山"理论的发展脉络离不开人类文明的发展史，其演化过程也是人类从敬畏自然到依靠自然，再到改造自然，最终认识到人与自然相互依存的过程。

人类社会经历了原始文明、农业文明和工业文明三个阶段，对人与自然关系的认识也在不断改变。在原始文明阶段，人类对于自然现象不能科学地理解，在这一阶段，人类崇拜自然、畏惧自然；在农业文明阶段，人类通过自身努力发展，对自然有了一定的认识，在这一阶段，自然是人类的主要生产资料来源；在工业文明阶段，有限的自然资源对经济发展的制约作用日益凸显，以污染环境和高资源能源消耗为代价的经济发展的恶果也逐渐出现，在这一阶段，人类的态度变成了征服自然。而生态文明则是改变之前的态度，爱护自然、尊重自然，达到人与自然的和谐共处，实现人类社会与自然生态环境的共同可持续发展。

与此相对应的是，人们对于"绿水青山"和"金山银山"之间的关系的认识也先后经历了三个阶段（习近平，2006）。在原始文明和农业文明阶段，人们未能认识到自然环境的承载容量限制，大肆开采、破坏自然资源，走的是用"绿水青山"换"金山银山"的短视发展道路；在工业文明阶段，破坏自然生态的恶果逐步显现；现在，也就是生态文明阶段，人们终于意识到良好的生态环境对人类社会的可持续发展的重要意义，认识到只有"绿水青山"才能带来"金山银山"，"绿水青山"就是"金山银山"。生态文明是一种更为高级的社会文明，也是人类社会发展的必然方向。

3. "两山"理论的评估体系和实现途径

1）"两山"理论的量化分析

对于绿水青山转化为金山银山则需要进一步进行量化分析，真实准确地计量得出绿水青山的实际价值。近年来，不少专家学者已经开展对"两山"理论的量化分析工作，发表论文的数量从2007年之前的少数几篇，快速增加到2017年的80余篇。这说明生态文明已经引起了国内外学者的广泛重视。采用的量化研究方法，主要有生态资产评估、能值分析、生态文明建设指标设计等。

生态资产概念是一个新型概念，是对自然资产和生态系统服务功能的数据化转化。随着科学的发展，人类逐渐认识到自然生态系统提供的功能性服务是人类生存的基础，可以被称为生态资产。生态资产的价值，指的是在一定空间和时间范围内，可以以货币计量的自然资源的商品价值，包括矿产资产、森林资产等，也包括生态系统提供的功能性服务，如污水净化、废物消纳等（邹萌萌等，2017）。

评估生态资产的方法主要有三类，分别是直接市场法、替代市场法和模拟市场法。最常用的是直接市场法，包括市场价值法、费用分析法、净价法，基础是实物量核算。关于生态资产评估价值体系，澳大利亚学者 Robert Costanza 提出了生态系统服务价值估算原理和标准：生态系统具有效用价值，全球生物圈生态资产每年平均为 330 亿美元，国民生产总值每年为 180 亿美元（李俊莉和曹明明，2012；陈华荣和王晓鸣，2010）。其他的核算方法包括基于专家知识的价值体系标准核算（尹少华等，2017；曹世雄等，2018）、碳资产核算（安长明，2010）、存量核算和流量核算（王敏，2018）等。

能值分析法指的是将生态系统中难以量化的资产转为能值的分析方法，以太阳的能值作为衡量的基础标准，从而进行比较（傅伯杰，2018；Yang，2017；中共中央文献研究室，2017）。能值分析法的应用比较广，可以用来科学评价、合理利用资源、政策制定等。

生态文明建设指标是对生态文明的抽象概括，要求所选择的指标能够体现自然-经济-社会复合生态系统的有机整体特性，反映"五位一体"的系统特征，表征促进人与自然和谐发展的总体目标；同时，考虑到区域发展水平、生态功能区划、主题功能定位方面的差异，科学设计建设目标和指标权重，力求全面、准确地反映和描述生态文明建设成效（石庆焱和周晶，2017）。

我国在国家生态文明建设示范市县指标方面，至少经历了三个发展阶段。第一个阶段为国家生态县、市建设阶段，该阶段指标体系比较缺乏；第二个阶段为国家生态文明建设示范县、市，这是国家生态县、市的"升级版"，是区域范围内的生态文明建设试验田；第三个阶段是 2017 年 8 月环境保护部印发的《国家生态文明建设示范市县指标（修订）》所提出的指标体系。随着阶段的发展，生态文明的建设指标也随之增多。《国家生态文明建设示范市县指标（修订）》共在生态空间、生态经济和生态环境等 6 个方面，设置了 40 个建设指标。

2）"两山"理论的实现途径

我国国土面积约 960 万 km^2，虽然幅员辽阔，不同区域间存在明显的生态资源存量与经济发展水平差距，因此"两山"理论的实践途径也应因地制宜，符合当地特色。以生态环境禀赋和经济社会发展水平作为衡量指标，则可以大致将各地划分在四个区间内，分别是：生态好-发展快、生态差-发展快、生态好-发展慢以及生态差-发展慢。"两山"理论从顶层设计的高度明确提出了自然生态，即"绿水青山"的重要价值，提出优美的自然环境具有"金山银山"的经济价值。在实践上，各地可以通过开展生态旅游业、生态农业、生态工业等环境友好、具有经济价值的产业建设，探索节约资源、保护环境、治理污染的新模式、新方法等，开展经济社会建设。

第二节　构建人类命运共同体——生态文明视野下的国际关系

人类生活在同一个地球上，生活在同一个生态圈里，有着同样的世世代代繁衍发展的目标，构成了你中有我、我中有你的命运共同体。这个命运共同体包括人类的共同利益、共同目标、共同追求和共同责任，其本质是延续性地维护人类赖以生存的自然生态系统的完好性。自进入工业社会以来，人类只关注工业和经济高速发展，却忽略了生态环境的保护。生态环境危机不断出现，气候变化、臭氧层破坏、水资源短缺、生物多样性锐减、危险废物越境转移等跨地区、跨国家环境问题日益凸显。如何有效应对处理这些区域性、全球性环境问题，协调各国之间在环境治理责任分担上存在的分歧与矛盾，需要我们深入的反思与探索。

一、生态文明视野下的生态国际关系

随着全球经济与生态环境问题相互依赖、不断加深以及跨边界生态环境问题的日益严峻，生态问题的政治化与全球化日趋明显，生态环境议题开始进入国际关系的研究范畴；而事实上，生态政治早已突破国家界限，成为人类所面临的共同生态危机，从而成为一种国际政治与国家关系问题（赵春珍，2013）。

生态文明的概念由来已久，学术界、政府界、产业界对其认知在不断地变化发展。生态文明超越工业文明，以人类可持续发展为目标，强调经济环保、生活低碳、绿色消费，从而实现人与社会、人与自然、社会与自然的和谐共存。可以说，生态文明是继原始文明、农业文明、工业文明后的一种崭新的社会文明形态，只有在全球范围内牢固树立生态文明观念，转变生产生活方式，广泛深入地开展生态环境国际合作与技术交流，才能走出一条符合全人类共同利益的发展之路。

自20世纪下半叶，随着生态环境的严重恶化和资源的枯竭，人类逐渐把生态环境问题上升到政治问题的高度，将生态环境的发展纳入到政治体系中。环境政治问题在国际关系中受关注的程度较低，主流现实主义学派仅仅把生态环境问题看作国际政治博弈中的次要问题。20世纪70年代后，全球跨国界生态环境问题日益突出，特别是发展中国家所出现的诸多与生态环境相关的新事态和新趋势，生态环境问题在国际政治博弈中的地位才发生显著的变化，并在国际关系领域引发越来越多的关注。

20世纪后期以来，亚太区域国家在经济快速发展的同时，对自然环境也造成了严重损害。由于亚太地区各国在环境保护意识和技术上存在着明显差异，各国环保力度不一，部分国家对一些严重环境污染、生态危机事件并未及时作出反应，长此以往使亚太地区的生态环境日益恶化。在这样的背景下，日本政府充分认识到环境保护和环境国际合作的重要性，积极主动推进国际环境保护合作。1991年，日本环境署主办了第一届亚太环境大会，目的在于给亚太地区各国提供自由交换环保意见的平台，推动区域国家政府间环境交流与合作，促进有利于亚太地区可持续发展观的实现。截至2008年，日本已连续举办了16届亚太环境会议（李娜，2011），其成效得到了亚太地区乃至国际社会的高度认可，影响深远。

尽管如此，这些环境治理的尝试都是针对特定区域展开的，主要针对一定区域范围内的环境问题或几个国家之间的特定环境问题展开。在一系列全球性、跨世代环境危害迫在眉睫的当下，各国在相关环境治理责任担当方面不积极，合作的主观意愿却并不强烈甚至走到了剑拔弩张的地步。这是因为全球环境治理存在着"成本自担，利益共享"的现象。以气候变化为例，节能减排需要国家对自身产业结构进行调整。从宏观角度看，这意味着短期内放缓国家总体经济发展速度；从微观角度看，这意味着提高企业在节能减排要求上的运营成本，降低企业产品在国际市场上的竞争力。这些治理成本均是由推行气候变化减缓政策的国家自行承担的，但气候变化放缓带来的好处，却是由全世界所有国家共享的。在这种情况下，不少国家存在着在全球环境治理上"搭便车"的想法，不愿意为全球环境治理贡献一分力量（托马斯·伯诺尔等，2011）。

美国在这方面就是一个较为明显的例子。多年来，随着美国政府的不断更迭，美国在不同时期的生态环境策略也迥然不同。在克林顿政府执政期间，美国签署了应对全球气候变化的《京都议定书》，承诺承担起全球环境治理的领导责任，但随后小布什政府就宣布放弃执行《京都议定书》。奥巴马执政期间推行"气候新政"，签署了具有重要意义的《巴黎协定》，承诺在 2025 年前将温室气体排放量在 2005 年的基础上降低 26%～28%（NDCs，2018），但随后上台的特朗普政府就宣布退出《巴黎协定》，并大力鼓吹气候变化怀疑论，否定全球气候变化的科学性和真实性。美国政府在全球气候治理上的反复无常，究其原因，还是因为美国作为一个消费大国，总体排放量和人均排放量均居全球前列，承担相应的减排责任势必对美国的经济发展造成一定影响。正是利用全球环境治理中的"利益共享"现象，特朗普政府采取了只注重经济的狭隘发展道路，寄希望于其他各国承担起额外的减排责任。这不仅为《巴黎协定》的实施蒙上了一层阴影，还极大地打击了世界各国参与全球环境治理的积极性。

在这种情况下，习近平总书记提出的"人类命运共同体"新型国际关系理念具有其显著优势。从"人类命运共同体"理念视角来看，生态环境问题势必摈弃各自为政、利益自享的狭隘思维，而要从人类整体的共同利益角度来思考和认识全球经济活动给生态环境带来的不利影响，以全球范围上的大局观来协同推进全球可持续发展的变革（傅守祥，2017）。可以说，全球范围内的生态文明建设意义只有在"人类命运共同体"视野下才能真正实现到其本质所在，即任何"发展"必须以保障全球自然生态系统的可持续性为基础（钟茂初，2017）。

二、人类命运共同体的历史渊源

在西方政治理论和实践中，城邦或国家长期以来被认为是一个自给自足的基本政治单元，每个人的幸福都应当在城邦中实现。早在古希腊时期，柏拉图和亚里士多德就提及共同体概念。18 世纪启蒙思想家卢梭和哲学家黑格尔等也均主张构建共同体。19 世纪德国社会学家滕尼斯的著作《共同体与社会》则系统地阐述了共同体理念，对后世共同体理念思想产生了深远的影响（Day，2006）。然而从现在的角度反思，西方共同体理念很少从世界的角度思考人类的命运，在如何避免国家间争端、实现人类永久和平上，尚缺乏思考。

在中国传统文化中，世界大同的思想由来已久。儒家的重要经典《礼记·礼运》说，"大道之行也，天下为公"，就蕴含着所有人共有天下的价值意识。先贤们持守着"己所不欲，勿施于人"的人与人之间、国与国之间的相处之道，和公平正义的理念，从儒家的大同思想出发，超越邦、国的视野，从天下的视角看待人类的命运，进一步提出了诸如"协和万邦""四海一家"的共存观念（孙聚友，2016）。习近平总书记提出的"人类命运共同体"理念，正是继承了中西方传统文化思想的精髓，站在国际关系高速变革的当下，对现有国际治理体系是一种创新。

目前学术界对"人类命运共同体"理念的理解尚未形成一个完全统一的意见，但均认为"人类命运共同体"思想具有平等性、共赢性、安全性、包容性的本质属性和依存性、复合性、联动性、持久性的长期发展趋势（高薇和卢继元，2017）。习近平提出的"人类命运共同体"理念，是中国面对世界性的难题所做出的"中国诊断"和所提出的"中国方案"，为世界走向共同发展、和平安全与全球治理提供了现实可能（郭海龙和汪希，2016）。从国际关系政治学视角来看，"人类命运共同体"是由中国政府提出、倡导并推动的一种国际关系新理念，其强调在多元化社会制度共存的基础背景下，在各国之间仍存在利益竞争和观念冲突的现代国际条件下，每个国家在追求本国利益时应兼顾他国合理关切，在谋求本国发展中也促进各国共同发展，其核心理念是和平、发展、合作、共赢，其建构方式是结伴而不结盟，其实践归宿是增进世界人民的共同利益、整体利益和长远利益（李爱敏，2016）。简而言之，"人类命运共同体"强调的是"命运与共"，是站在全人类的视角下思考人类的生存与发展问题。

2013 年，习近平在莫斯科国际关系学院演讲中提出了"人类命运共同体"理念，指出我们现存的世界中各国相互联系、相互依赖的程度不断加深，人类生活在同一个地球村中，生活在历史和现实交汇的同一个时空中，越来越成为你中有我，我中有你的命运共同体（习近平，2013a）。2015 年 9 月，习近平总书记在第 70 届联大一般性辩论发表《携手构建合作共赢新伙伴 同心打造人类命运共同体》的重要讲话，首次在联合国讲坛系统地阐述人类命运共同体的内涵和途径，呼吁国际社会从伙伴关系、安全格局、经济发展、文明交流、生态建设五个方面作出努力，构建人类命运共同体（习近平，2015）。2017 年 1 月，习近平总书记在日内瓦联合国总部发表的演讲中提出"构建人类命运共同体，实现共赢共享"的中国方案，强调构建"人类命运共同体"是一个美好的愿望，也是一个需要数代人接力跑才能实现的目标，中国愿同广大成员国、国际组织和机构一道，共同推进构建人类命运共同体的伟大进程。2018 年 6 月 10 日，习近平总书记在上海合作组织成员国元首理事会第十八次会议上再次提出要加强同其他国家以及国际组织的交流合作，推动各国携手建设人类命运共同体（余孝忠和朱超，2018）。

作为一个宏大的概念，人类命运共同体理念不仅是中国与世界沟通的桥梁，更为人类世界描绘了新的蓝图，并为包括生态文明建设在内的全球治理变革指明了方向。在生态功能完整性不断损耗的当下，人类的生存传承条件不断恶化，人类整体必须基于共同体的利益而采取协同行动，维护修复生态系统的功能，才能确保人类社会的长期稳定发展（钟茂初，2017）。

三、人类命运共同体在国际关系上的实践

国际社会对习近平总书记提出的"人类命运共同体"理念反响强烈，包括墨西哥总统培尼亚、肯尼亚总统肯雅塔、秘鲁前总统乌马拉、贝宁前总统亚伊等在内的国外政要都十分赞赏"人类命运共同体"理念，认为"人类命运共同体"反映了发展中国家的共同心愿，代表了时代的发展趋势，是世界人民追求的目标（柯岩，2016）。2017 年 2 月，联合国社会发展委员会第五十五届会议首次将人类命运共同体写入决议，随后联合国安理会、联合国人权理事会又接连将"构建人类命运共同体"写入相关协议。

人类命运共同体的理念创新在于以人类整体为中心，以共同利益为基石，以共同价值为导向，以共同责任为保障，以共同发展为追求。其优势在于能够兼顾不同群体的利益需求，能够兼容不同的价值理念（胡鞍钢和李萍，2018）。中国提出构建"人类命运共同体"，一方面彰显了当代中国的责任担当；另一方面将人类命运共同体意识转换为国家治理理念。构建"人类命运共同体"致力于更高准则的国内秩序建设、对外国际秩序建构，以期对更加公正、合理的世界格局有所贡献（陈志敏，2016）。

在全球生态危机和越境环境污染难题的治理效果上，"人类命运共同体"理念的意义与成果主要展示在"区域性共同体"和"领域性共同体"中。上述共同体在治理生态危机和环境污染、维护人类共同利益、构建人类共同价值上已经发挥了重要作用。这些共同体的建立与演进，可以被视为构建"人类命运共同体"的前期探索实践。

区域共同体是自然区域与人类区域民族社会的有机统一体。区域共同体是以地理位置为依托、以共同价值为导向、以共同责任为保障，一定区域范围内国家以联盟形式构建的共同体，如欧盟、东南亚国家联盟、小岛屿国家联盟等。

中国在生态文明社会转型方面也做出了许多努力。目前，中国在东北亚、东南亚、中亚等区域都与相关国家或组织建立了环境合作机制并开展了富有成效的环境合作。例如，中国在"人类命运共同体"理念下，积极开展中日韩三国环境合作机制、大湄公河次区域环境合作机制和上海合作组织框架内的环境合作三个周边区域环境合作机制（朱春香，1996）。同时，中国积极开展环境保护领域的双边合作，先后与美国、日本、加拿大、俄罗斯等 42 个国家签署双边环境合作协议或谅解备忘录，与 11 个国家签署核安全合作双边协定或谅解备忘录，在环境政策法规、污染防治、生物多样性保护、气候变化、可持续生产与消费、固体废物管理、能力建设、试点示范、环境技术和环保产业等方面广泛进行交流与合作。2003 年 9 月 19 日，联合国环境规划署驻华代表处在北京正式揭牌成立，这是该机构在全球发展中国家设立的第一个国家级代表处（孙超，2017）。2011 年 5 月，中国政府与控制危险废物越境转移及其处置的巴塞尔公约缔约方大会正式签署了关于建立巴塞尔公约亚太区域中心的框架协议。

国内外学术界和各国政府对中国积极参与区域及双边环境合作机制进行研究并予以积极评价。在上海合作组织、东盟、中日韩"10+3"、七十七国集团等区域合作组织中，中国坚定地奉行"与邻为善、以邻为伴"的八字方针和"睦邻、安邻、富邻"的外交政策，致力于发展与区域各国的环境友好合作关系。2019 年 5 月，《巴塞尔公约》、《鹿特丹公约》和《斯德哥尔摩公约》三公约缔约方大会审议了全球所有在运行的巴塞尔公约区

域中心（共 13 个）和斯德哥尔摩公约区域中心（共 15 个）2015~2018 年度工作绩效和可持续性评估报告。中国政府主办的巴塞尔公约亚太区域中心、斯德哥尔摩公约亚太地区能力建设与技术转让中心再次在两个公约的评估中均获得满分 100 分，成为全球唯一一个连续两次（2013~2014 年和 2015~2018 年）在两个公约的评估中均获满分的区域中心。

领域共同体，主要有"经济共同体"、"文化共同体"、"智慧共同体"和"生态环境共同体"等。随着全球环境危机的出现，中国参与全球环境治理机制广度与深度不断加强，中国由全球环境治理体系的融入者、建设者发展为全球环境治理机制变革的推动者，提出"一带一路"倡议、发起成立亚洲基础设施投资银行（吴昊和麻宝斌，2011）。从全面参与全球治理到"构建人类命运共同体"，中国正在本土实践着中国特色的全球环境治理方案，主要的特色体现在多主体、多部门合作制度，政府在全球环境治理中的主导作用，以及全球价值和全球意识在参与全球治理过程中的培育和强化（郝立新和周康林，2017）。领域共同体在实践上以国际合作为基础，在具体领域上积极促进相关领域国际法的形成，如《关于持久性有机污染物的斯德哥尔摩公约》和《巴黎协定》等。在领域性共同体中，气候变化领域的治理演变具有一定的代表性。自 1990 年国际社会签署《联合国气候变化框架公约》，世界各国在气候变化的应对上一直难以达成共识。1997 年制定的《京都议定书》虽然提出了"将大气中的温室气体含量稳定在一个适当的水平，进而防止剧烈的气候改变对人类造成伤害"的目标，但随后美国和加拿大的退出为这个目标的实现蒙上了一层阴影。在 2009 年召开的哥本哈根气候大会上，各国仅能对部分问题达成初步共识，《哥本哈根协议》最终未能通过。随着世界各国对环境问题全球性特征认识的加深，在人类共有、共享、共护生态环境的认知上，巴黎气候大会改变了原本"自上而下"由大会统一制定各国减排目标的模式，转变为各国自行提交减排目标，积极承担各自"共同但有区别的责任"的"自下而上"模式。《巴黎协定》不仅明确了将 21 世纪全球平均气温上升幅度控制在 2℃以内的目标，更考虑到小岛屿国家的危急情况，提出了争取将全球气温上升控制在前工业化时期水平之上 1.5℃以内的倡议。2016 年 11 月 4 日，《巴黎协定》的成功生效意味着各国在气候变化问题上摒弃了"零和博弈"的狭隘思维，向各尽所能、合作共赢方向转变的努力（巢清尘等，2016）。

由此可见，"人类命运共同体"理念对环境治理中存在的各国博弈问题有着重要的指导意义。区域性共同体和领域性共同体在环境治理上的成果，都可以说是有赖于"人类命运共同体"倡导的合作共赢、互利共生、共同发展的理念。随着"人类命运共同体"理念的逐渐推广，各国在全球环境治理上的主动性在不断增强，承担相应的环境责任的意愿也在不断提高。"人类命运共同体"视角下的全球生态环境治理是权责共担、合作共赢的共生观念，传递的是"我中有你、你中有我"的共同责任观（王瑜贺，2018）。作为一种创新的国际合作机制和模式，进一步协调生态文明视角下的国际关系，发挥现有区域性共同体和领域性共同体的作用，推进全球环境问题治理，还有待世界各国的积极参与。

四、"一带一路"："人类命运共同体"理念下的中国方案

"一带一路"作为我国提出的重要合作倡议，体现了中国构建"人类命运共同体"的决心。"人类命运共同体"的内在思想根源在于鼓励各国以国际规则设计者的身份积

极参与国际活动，参加国际制度设计、制定和实施的全过程，在合作中融入国际社会、增强集体认同感，而不是在以往西方"一元主义"的压抑下被动地作为国际规则的服从者参与国际事务。充分体现这种思想的实践就是中国发起的"一带一路"倡议。

"一带一路"的历史渊源已久。古"丝绸之路"跨越尼罗河、底格里斯河和幼发拉底河等多个流域，中国将丝绸、瓷器、漆器传到西方，这也为中国带来了胡椒、亚麻和香料。中国的四大发明、养蚕技术也由此传向世界（习近平，2017b）。这些不同文明、宗教、种族开放包容、求同存异，积极寻求知识和观念上的交流创新。例如，源自印度的佛教在中国和东南亚得到了传承和发扬，中国的儒家文化也受到欧洲莱布尼茨、伏尔泰等思想家的推崇。古"丝绸之路"见证了陆上"使者相望于道，商旅不绝于途"的盛况，也见证了海上"舶交海中，不知其数"的繁华（习近平，2017b）。现代"一带一路"不仅是对古代"丝绸之路"的继承与发扬，更是中国打造开放型的合作平台，发展开放型经济，推动构建公正、合理、透明的国际关系体系。早在 2013 年习近平总书记出访哈萨克斯坦时，就强调中国可以同中亚国家共同建设"丝绸之路经济带"（习近平，2013c），同年习近平总书记在印度尼西亚发表演讲时，也提出与东盟国家共建"21 世纪海上丝绸之路"的倡议（习近平，2013b），这两者共同构成了我国"一带一路"构想的基本内容。同年李克强总理在出访中，也使用了"一带一路"建设的提法（冯孔，2015）。从目标上看，"一带一路"倡议旨在秉承和平合作、开放包容、互学互鉴、互利共赢的理念，与沿线国家共同构建政治互信、经济融合、文化包容的利益共同体以及命运共同体。从实践上看，"一带一路"倡议号召与沿线国家发展伙伴关系，使所有参与国家政策沟通、设施联通、贸易畅通、资金融通、民心相通，在追求自身发展的时候也带动伙伴国家的发展，将自身利益与各国利益融为一体（白宇，2018）。在"一带一路"倡议中树立生态安全理念，注重生态环境合作，不仅可以增加我国在全球经济合作中的筹码，而且还会增强我国的地缘政治影响力，更好地维护国家利益（叶琪，2015）。"一带一路"倡议是中国政府在全球生态环境不断恶化的严峻局势下，从全人类共同利益出发而做出的中国实践并向全球贡献中国的智慧与方案。"一带一路"倡议肩负着促进国家间生态环境合作的互惠化，建设具有生态环境意义上的互联互通基础设施，实现生态利益共享等艰巨任务（叶琪，2015）。

在当前全球环境问题突显形势下，"一带一路"倡议事实上已经成为我国构建"人类命运共同体"，建立新型全球生态环境国际关系的重要途径。"一带一路"建设不仅可以加强沿线国家生态环境保护，促成国家间生态环境合作的互惠，为全球的生态环境国际关系的发展提供指引。

首先，推动绿色"一带一路"探索对全球性环境问题作出贡献。"一带一路"作为贯穿亚欧非、连接东西方的通道和纽带，同时也把这些地区的生态环境串联在一起，凸显出了环境是一个不可分割的整体。为进一步推动"一带一路"绿色发展，2017 年 5 月，环境保护部、外交部、发展改革委、商务部联合发布了《关于推进绿色"一带一路"建设的指导意见》（国务院新闻办公室网站，2018）。2016 年 12 月中国与联合国环境规划署签署了关于建设绿色"一带一路"的谅解备忘录，在"一带一路"倡议推进环境保护，顺应了全球生态演化的趋势和潮流，更凸显了我国参与全球合作的责任。"一带一路"的全球化视野对发展环境保护理念和战略具有重要意义。

其次，"一带一路"国家的生态环境问题是历史遗留问题与现实出现的问题的交汇。"一带一路"生态环境的历史问题主要是由西方国家式的发展方法造成的，路上丝绸之路的严重污染和海上丝绸之路的生态恶化极大地破坏了"一带一路"沿线国家发展的可持续性。"一带一路"生态环境的现实问题是当下沿线国家经济发展对自然资源的严重依赖。据统计，"一带一路"沿线地区中土地荒漠化的比例为 15.95%，比世界平均水平（10.54%）高出 50% 左右，但这些国家却需要以全球 31% 的 GDP 总量供养着全球 62% 的人口，对于发展经济、改善民生有着强烈的需求（田颖聪，2017）。历史问题和现实问题交汇在一起形成了对"一带一路"生态环境改善巨大的挑战，也意味着"一带一路"生态环境的建设，既要着眼于历史污染责任分担，又要充分考虑到环境治理的可行性和未来长期发展的持续性，与当下国际生态环境治理中的关键问题相一致。

最后，"一带一路"赋予了生态文明建设新的活力。在新的社会发展阶段，对生态文明发展的追求已经大大超过了物质层面追求的界限，在探索人与自然、社会与自然的关系的背景下，中国提出的"一带一路"倡议既是对古代社会经济发展需求的传承，也是对人与自然和谐共存、经济发展与环境保护协调的现代社会的探索。"一带一路"建设开始就关注保护自然资源和生态环境，协调发展中国家开展环境保护的举措，倡导公平的发展权和公平的资源使用权。中国应凭借着日益增强的经济影响力，承担起大国责任，充分发挥丝绸之路的文明通道作用，与世界各国一起共同保护生态环境（叶琪，2015）。只有在这个基础上，"一带一路"才能真正为国际生态环境合作提供经验，世界各国才能携手解决共同面临的生态环境难题。

面对全球环境治理中的种种难题，世界各国应该迎难而上。对一个国家而言，变革如同破茧成蝶，虽会经历阵痛，但可换来新生。"一带一路"建设以开放为导向，以解决经济和环境协调发展为目标，正在打造开放型合作平台，维护世界经济的可持续性发展，共同创造有利于世界发展的环境，推动构建公正、合理、透明的国际经贸、生态环境保护规则体系（习近平，2018）。

总之，21 世纪是一个生态文明的新世纪。我们正处在历史转折点上。中国不仅是"人类命运共同体理念"的提出者，而且是国际社会在生态环境问题上强有力的践行着。"一带一路"倡议体现了中国对于世界共享、共建、共有的生态环境利益的责任与担当。建立人类命运共同体难以一蹴而就，但是这一概念的提出已成为国际领域环境正义的基础。人类的共同发展和共同兴盛有赖于人类共同依存的生态环境。只有在人类共同价值观的引领下，人类才能在共同美好的生态环境下共同发展、共同兴盛和共同繁荣。

第三节　中国方案——新时代中国特色社会主义生态文明建设道路

一、新时代"中国方案"的提出及其重要意义

1. 生态文明——可持续发展的"中国方案"

改革开放后 30 年间，中国经济年均增长率高达 9.8%（谢鸿光，2008），工业化与

城市化进程在不到 40 年里取得了发达国家一两百年间才能达到的发展成果。但与此同时，中国早期粗放的经济发展模式也伴随着严重的资源浪费和生态环境污染。2008～2011 年，全国共有三批 69 个城市和地区被列入资源枯竭型城市（县、区）。全国出现了如烟尘污染、酸雨、PM$_{2.5}$ 浓度上升、雾霾频发、水污染严重、生态退化等严重问题。近年来，水、大气、土壤等环境污染问题仍然突出，生态系统退化的形势严峻，各地区尤其是东部生态足迹大大超过了地区生态承载力，严重危害了经济、社会、环境的可持续发展。目前，我国正处于经济发展结构与模式转型的关键时期，工业生产和消费、城市和农村、工业和运输等不同来源的污染问题相互交织，经济发展与资源环境约束的矛盾日益突出。人民群众的温饱需求已经得到基本满足，对生态安全、精神文化、社会价值等需求越来越高，对优良生态环境的需求越来越普遍和迫切。在这种形势下，资源环境问题成为阻碍经济、社会发展甚至是政治稳定的重大问题。

中国政府一贯重视生态环境问题，并在发展实践中不断提升认识。1989 年，《中华人民共和国环境保护法》发布，环境保护成为基本国策；20 世纪 90 年代，我国将可持续发展作为一项国家战略。21 世纪初，党的十七大提出了"科学发展观"，即坚持以人为本、树立全面、协调、可持续的发展观。2012 年末，党的十八大把生态文明纳入到中国特色社会主义的"五位一体"蓝图，强调"创新、协调、绿色、开放、共享"的发展理念，为生态文明的实施提供了巨大的动力。习近平总书记提出了"绿水青山就是金山银山"，围绕加强生态文明建设提出了一系列新思想和措施，为推进生态文明建设提供了理论指导和实践指南（郭玮，2017）。中国积极推动国内生态文明体制改革与建设工作，探索实现可持续发展的"中国方案"。国际上，2015 年，习近平总书记在联合国发展峰会上作出了"建立南南合作援助基金，支持发展中国家落实 2015 年后发展议程"的庄重承诺，体现了中国作为世界最大的发展中国家，推动世界可持续发展的魄力和决心。在国内，2016 年 9 月《中国落实 2030 年可持续发展议程国别方案》发布，在这份行动指南中，五大发展理念及生态文明理念贯穿其中，为中国可持续发展指明了方向和具体措施。

2. "中国方案"的提出与形成

党的十八大首次将生态文明建设纳入中国特色社会主义事业"五位一体"总体布局，在新的发展形势下，中国在经济、社会、生态、制度、文化、外交等各方面进行了创新和实践，走出了一条适应中国实际的发展道路，为世界可持续发展、全球治理提供了可供选择、复制和借鉴的理论、方法和路径。随着全球化的发展，中国在积极参与国际社会治理活动的同时，正越来越多地贡献"中国智慧"，分享成果经验，提出全球治理的"中国方案"。

2013 年 9 月 6 日，"中国方案"一词首次在外交场合被提及。在二十国集团领导人第八次峰会结束以后，外交部部长王毅介绍习近平总书记出席峰会有关情况时说，"新形势下，中国正站在更高、更广的国际舞台上纵横驰骋。我们将为世界奉献更多的中国智慧，提供更多的中国方案，传递更多的中国信心，同各国一道，致力于建设持久和平、共同繁荣的和谐世界"（新华每日电讯，2013）。2014 年 3 月，习近平应德国科尔伯基金会邀请，在柏林发表演讲时指出："我们将从世界和平与发展的大义出发，贡献处理当代国际关系的中国智慧，贡献完善全球治理的中国方案，为人类社会应对 21 世纪的各种挑战作出自己的贡献"(杜尚泽，2014)　2014 年 7 月 14 日，习近平在出席金砖国家领导人第六次会晤期间，在接受拉美四国媒体联合采访时提出："我们将更加积极有为地参与国际事务，致力于推动完善国际治理体系，积极推动扩大发展中国家在国际事务中的代表性和发言权。我们将更多提出中国方案、贡献中国智慧，为国际社会提供更多公共产品"(人民日报，2014)。此后，"中国方案"在更多的场合被提及，内容覆盖了推进人类命运共同体、可持续发展、应对气候变化、网络空间、社会制度等各个领域。2016 年 7 月 1 日在中国共产党成立 95 周年的讲话中，习近平提出"中国共产党人和中国人民完全有信心为人类对更好社会制度的探索提供中国方案。"这一论断是对中国发展模式、道路、方案的自信，同时也以包容和开放的心态，为世界上类似的其他发展中国家提供可选择的道路。

3. "中国方案"对全球可持续发展的贡献

习近平总书记在十九大报告中提出，中国要"引导应对气候变化国际合作，成为全球生态文明建设的重要参与者、贡献者、引领者。"这表明中国在全球环境治理中角色正在发生转变，中国有意愿也有能力更多地参与到国际社会治理，以中国智慧为国际社会治理体系贡献力量。"中国方案"在国际上引起广泛关注，得到了认同和支持。2013 年 2 月，联合国环境规划署第 27 次理事会通过决议推广中国生态文明理念，标志着中国生态文明的理论和实践在国际上得到了认同和支持。2016 年，联合国环境规划署又发布《绿水青山就是金山银山：中国生态文明战略与行动》报告，指出中国生态文明建设理念和经验，是世界可持续发展的重要借鉴，给出了未来发展的"中国方案"。十九大报告中"中国方案"的阐述，获得了多国政界、学者和媒体的广泛关注。例如，俄罗斯科学院维诺格拉多夫表示，中国特色社会主义道路的成功实践，拓展了发展中国家走向现代化的途径。肯尼亚众议院议员罗伯特·希基穆·希坦基表示，非洲各国政党需要以中共为榜样，领导国家走出一条适合自己的路。法国前总理德维尔潘表示，相信在中国共产党的领导下，中国将在以往成就的基础上继续向世界提供宏伟的中国方案。"构建人类命运共同体"、"大众创业、万众创新"理念、"共商、共建、共享"原则等中国理念被纳入联合国决议。"构建人类命运共同体"在 2018 年上合组织青岛峰会上成为政治共识。

随着经济全球化的深入，各国的相互依存关系越来越紧密，资本、人才、商品、技术、信息、服务等跨国流动日益频繁，全球经济一体化越来越紧密。例如，1997 年的亚洲经济危机、2008 年的国际金融危机通过全球化机制迅速传播，导致全球性的经济危机。同时，气候变化、能源安全、环境污染、互联网安全等全球性问题越来越多。在这种背景下，全球化传导机制将人类社会变身"地球村"。利益的高度交融使不同国家成为共同利益链条的一环，环环相扣，成为一个利益共同体。基于对世界大势的准确把握，提出建设人类命运共同体，是中国向世界各国贡献的"中国方案"。

第一，积极推动"一带一路"倡议。中国 2013 年提出了"新丝绸之路经济带"和"21 世纪海上丝绸之路"合作倡议("一带一路"倡议)，积极发展与沿线国家的经济合作伙伴关系，共同打造政治上互信、经济上融合、文化上包容的利益共同体、命运共同体和责任共同体，为经济合作提供了一种务实方略。据商务部统计，2017 年中国与"一带一路"沿线国家贸易额达 7.4 万亿元人民币，基础设施项目、自贸区谈判、对外援助等稳步推进，同时与沿线国家金融合作、人文交流越来越紧密。在 2017 年第一届"一带一路"国际合作高峰论坛上，中国与"一带一路"沿线国家在经贸等领域签署近 280 项合作文件，成为推动全球发展合作的重要机制化平台。

第二，积极推进全球环境治理和国际合作。中国积极推动绿色经济纳入"里约+20"成果文件，参与联合国环境大会和 2030 年的可持续发展议程谈判，积极参与联合国重大环境文件和公约决议的谈判。支持和参与了绿色经济行动伙伴关系，并在江苏等四省实施项目。在"里约+20"峰会上，中国承诺向联合国环境规划署提供 600 万美元，用于支持发展中国家的环境能力建设，目前这个机制已经固化下来。近年来，在基金的支持下，环境署研究了各国实现可持续发展的途径，并实施了大量南南合作项目。例如，"加强南南合作——建设发展中国家促进绿色经济的能力"、"在蒙古和中亚的南南合作：分享关于包容性绿色经济和生态文明的知识"，以及"中国和中亚的南南合作：投资绿色丝绸之路"。

第三，推动制定和落实 2030 年可持续发展议程。中国是全球发展合作重要参与者和贡献者，积极落实联合国千年发展目标，在减贫、卫生、教育等领域取得了显著成就，并为 120 多个发展中国家实现联合国千年发展目标提供了支持和帮助。中国全面深入参与了 2030 年可持续发展议程谈判，为制定一个公平、包容、可持续的议程作出了重要贡献。习近平总书记在联合国发展峰会上宣布中国将设立"南南合作援助基金"、国际发展知识中心等一系列重大举措，为促进国际发展合作注入新动力。中国将坚持从本国国情出发，将落实 2030 年可持续发展议程融入国家发展战略，在实现高质量、好效益、可持续发展的同时，为广大发展中国家落实 2030 年可持续发展议程提供支持和帮助，促进共同发展。

第四，积极推动国际社会在气候变化问题上的交流与合作。中国与巴西、印度、欧盟、英国和美国等国联合发布了关于气候变化的联合公报，积极参与 2015 年巴黎气候协议国际谈判，对《巴黎协定》的达成起到了十分关键的作用。同年，设立中国气候变化南南合作基金，并于 2016 年启动了"十百千项目"。2017 年，中国还在南南合作援助基金项目下提供 5 亿美元的援助，帮助其他发展中国家应对饥荒、难民、气候变化、公共卫生等挑战。

基于世界发展的趋势判断，中国提出了"构建人类命运共同体"的思想理念，也得到了越来越多国家和相关组织的支持，通过积极开展国际合作，以开放、共赢的姿态推动人类发展，也体现了中国对推动世界可持续发展的责任担当。

二、新时代"中国方案"的基本内涵

1. 中国方案与新时代的关系

习近平总书记在党的十九大报告中明确指出，中国特色社会主义进入新时代，意味着中国特色社会主义道路、理论、制度、文化不断发展，拓展了发展中国家走向现代化的途径，给世界上那些既希望加快发展又希望保持自身独立性的国家和民族提供了全新选择，为解决人类问题贡献了中国智慧和中国方案（习近平，2017a）。

中国方案是新时代特征的集中体现。在人类漫长的文明历史进程中，中华民族曾创造过灿烂的中华文明，为人类社会发展作出了卓越贡献。步入近代，中华民族历经落后与沉沦、压迫与抗争，在此过程中，中国共产党人经过长期摸索、不懈奋斗，实现了中华民族从站起来、富起来到强起来的历史性飞跃。以习近平同志为核心的党中央引领中国特色社会主义进入新时代，不再仅仅只是追求国内经济、社会、文化、生态文明等发展，还从全人类角度出发，提出了构建人类命运共同体的伟大构想，形成了一系列具有鲜明特色、充满智慧的中国方案。

新时代也为中国方案的实施提供了坚实保障。改革开放四十年以来，中国人民艰苦奋斗、顽强拼搏，极大解放和发展了社会生产力。党的十八大以来，坚定不移贯彻新发展理念，转变发展模式，发展质量和效益不断提升。中国经济保持中高速增长，国内生产总值从 2012 年的 54 万亿元增长到 2017 年的 80 万亿元，稳居世界第二。数字经济等新兴产业蓬勃发展，高铁、公路、港口、桥梁、机场等基础设施建设发展迅速。我国城镇化率年均提高 1.2 个百分点，8000 多万农业转移人口成为城镇居民。区域发展协调性增强，"一带一路"建设、京津冀协同发展、长江经济带发展成效显著（习近平，2017a）。这些成就为"中国方案"的实践探索奠定了坚实的经济、社会、文化、生态基础，也成为论证"中国方案"科学性、合理性、可行性的真实写照。

2."中国方案"的内涵和特征

构建人类命运共同体，关键在行动。国际社会要从伙伴关系、安全格局、经济发展、文明交流、生态建设等方面作出努力（习近平，2017c）。近年来，我国围绕以上领域形成了一系列特色鲜明且具有积极参考借鉴意义的"中国方案"。"中国方案"内涵丰富，兼具国际视野和中国国情，是以习近平同志为核心的党中央深刻把握中国与世界发展大势，将中国优秀传统文化、中国特色社会主义、国际现代化发展范式完美融合的跨越国界的重大理论和实践成果。新时代"中国方案"的核心内涵，是以中国的发展促进世界的发展，以中国的崛起实现各国的共赢，以中国的现代化实践扩展人类美好生活的可选路径。理解"中国方案"应紧紧抓住以下四个方面的特征。

第一，反映全人类普遍愿望。某种程度上讲，"中国方案"从更为宏观的视野出发，将全球各国发展问题上升到构建人类命运共同体的战略高度。国与国之间、地区与地区之间，除了竞争、博弈，还可以和谐相处、共同繁荣。习近平总书记指出"和平、发展、公平、正义、民主、自由，是全人类的共同价值"，摆脱贫穷落后、走向现代化是世界许多国家所追求的共同目标，对美好生活的向往是全人类的普遍愿望，没有国别之分、地区之分、民族之分、性别之分、年龄之分，是全人类社会发展的普遍愿望。""中国方案"恰恰为实现这一愿望提供了方法论，为"构建人类命运共同体"的推动注入了中国动力。

第二，内容丰富、体系宏大。涵盖了经济发展、环境能源、区域安全、互联网等多方面的内容，并且随着实践探索的不断深入，相关内容体系正在不断拓展、丰富、完善。中国提出了"构建人类命运共同体"、"一带一路"倡议、"大众创业、万众创新"理念、"共商、共建、共享"原则、生态文明建设、脱贫攻坚等一系列全方位、多领域、跨国界的"中国方案"。从发展方式看，包括生产方式、产业结构、空间格局、能源结构、经济体系、科技体系等。从生活方式看，包括文明意识、思维习惯、消费方式、消费结构等。从资源环境领域看，则包括生态文明建设、绿色低碳循环发展、资源节约和循环利用、环境污染治理、生态环境保护和修复等。

第三，以共建共享为导向。"中国方案"突破了工业文明以来人类社会发展面临的贫富差距、世界安全、经济增长乏力、应对气候变化等全球治理困境，秉持"独行快、众行远"的理念，倡导各国摈弃"国强必霸""零和博弈"的思维桎梏，实现共建共享共治和公平正义，即各国间的合作不再仅仅只是简单的技术、资金、产业层面的交流，还应该包括意识形态、发展理念、文化风俗的深度融合。"中国方案"基于对西方现代化带来的矛盾的深深的反思，重塑义利观，为发展中国家走向现代化的途径提供了新范式，也为各国的合作模式指明了方向。在生态文明建设领域，中国历来尊重自然、热爱自然，形成了勤俭节约的传统美德，在绿色低碳循环发展方面有着许多瑰宝可以挖掘。中国在追求自身生态文明建设的同时，也在不断推动全球的生态文明建设，在推动形成绿色发展方式和生活方式领域提供了许多"中国方案"。

第四，充分彰显大国担当。近年来，在很多国际经济、社会、政治领域，中国都不遗余力，主动担当，为推动相关合作付出了巨大努力和卓越贡献。在"一带一路"倡议方面，中国向丝路基金新增资金 1000 亿元人民币，鼓励金融机构开展人民币海外基金业务。在全球气候治理方面，中国已相继与英国、欧盟、美国、法国、印度、巴西等国家和地区发布了双边气候变化联合声明，对《巴黎协定》的签署和生效，中国均起到了十分重要的推动作用，作出了历史性贡献（刘航和温宗国，2018）。"中国方案"也充分彰显了中国负责任的大国担当。

行胜于言，正如习近平总书记所指出的，"中国将始终做全球发展的贡献者，坚持走共同发展道路，继续奉行互利共赢的开放战略，将自身发展经验和机遇同世界各国分享，欢迎各国搭乘中国发展'顺风车'，一起来实现共同发展。"

三、"中国方案"的经验与故事

1. 绿色发展——模式转型实现中华民族永续发展

中国人口众多，人均资源严重不足，只能自力更生解决发展中的资源环境问题，特别需要妥善处理好发展与保护的关系。中国在发展中经历了重发展轻保护、边发展边保护、保护优先绿色发展三个阶段。在党的十八届五中全会确立了绿色发展战略，以推动中华民族永续发展的实现。绿色发展理念正式确立之后，"十三五"规划中提出了实现绿色发展的具体目标，包括：①到 2020 年，单位 GDP 的水耗、能耗和 CO_2 排放比 2015 年分别减少 23%、15%和 18%；②森林覆盖率达到 23.04%；③能源和资源利用效率大幅度增加；④整体生态环境质量极大改善，城市空气质量明显提升，市级及以上城市空气质量良好的天数应超过 80%。从更早的"十一五"、"十二五"时期起，中国政府就采取一系列措施来推进产业结构、能源结构和生产模式进行持续调整，包括：①推进产业结构调整，淘汰落后产能；②推进能源节约与能源结构调整，实施节能行动；③扶持包括节能环保产业、清洁生产产业、清洁能源产业在内的绿色产业的发展；④构建市场导向的绿色技术创新体系，鼓励技术研发与应用推广；⑤在重点行业和产业园区全面推进清洁生产和循环化改造；⑥推进资源循环利用基地的建设，实现资源全面节约和循环利用，实现工业生产系统和居民生活系统循环链接等。

在上述产业政策与能源政策的推动下，中国通过结构调整和技术进步取得了绿色发展的显著成效，整体能源资源消耗强度下降。

中国对各类资源的消耗已经开始与经济发展增速脱钩。2013年的资源消耗强度和废物排放强度相比2005年分别改善了34.7%和46.5%，工业用地固定资产投入强度/收入等指标均增长；尽管废物的回收再利用情况的改善相对较缓慢，但据国家统计局公布，我国循环经济发展指数得分也从2005年的100增长为2013年的137.6（Mathews and Tan，2016）。

整体能源消耗强度下降。2016年规模以上煤炭企业利润同比增长223.3%，但同时煤炭去产能2.5亿t，煤炭消费占比下降到62%；与2011年相比，2016年单位国内生产总值二氧化碳排放下降26.9%，单位国内生产总值能耗降低20.9%（UNEP，2016）。

绿色环保产业发展壮大。"十一五"以来，中国绿色环保产业快速发展，对经济发展的贡献初现端倪。与2004年相比，2011年环保产品、服务、资源循环利用产品、环境友好产品在营业收入及其占GDP比重、利润等方面有很大的提高；尽管资源循环利用产品的从业单位和从业人数及其占GDP比重略有减少，但营业收入的年平均增长速度达到了14.1%（吴舜泽等，2014）。"十二五"期间，绿色环保产业产值更是由2010年的2万亿元增长到2015年的4.55万亿元，年均增长率超过15%；2016年更是达到5万亿元。目前，在烟气脱硫脱硝除尘、城镇污水处理、危险废物、生活垃圾等领域形成世界规模最大的产业供给能力，布袋除尘和电袋复合除尘装备的应用范围和领域不断拓宽；风电、光伏、太阳能、地热利用等清洁能源技术水平和产业规模居世界第一。

2. 绿色生活——培育和践行绿色文化和消费体系

近年，由于经济繁荣增长和城镇化的快速发展，中国商业模式、消费模式多样化发展，居民消费规模持续扩大。2013～2017年社会消费品零售总额年均增长11.3%，网上零售额年均增长30%以上。生活领域的资源能源消耗量、污染排放量以及废弃物产生量明显上升，过度消费、铺张浪费普遍存在。这既与勤俭节约的传统美德相悖，又加剧了我国资源环境瓶颈约束（温宗国，2018）。

2015年，为贯彻落实中央《关于加快推进生态文明建设的意见》和新修订的《中华人民共和国环境保护法》中"培育绿色生活方式"的要求，环保部印发《关于加快推动生活方式绿色化的实施意见》。实现生活模式的绿色转型是一个涉及社会各领域，政府、居民、企业三方共同参与，从观念到行为全方位转变的过程。一是要提倡现代文明的生活理念和价值观，培育居民绿色消费行为，形成绿色生活方式；二是要坚持推进供给侧改革，创新商业模式，增强绿色商品与服务供给。

1）培育推进全民绿色生活意识和行为

在社会意识形态的塑造上，需要强化绿色生产生活的国民意识教育，营造生态环境文化。将绿色生产和绿色生活文化建设纳入国民基础教育体系，作为学前教育、义务教育阶段的必修内容，全面纳入素质教育、职业教育和终身教育。广泛开展绿色学校、绿色机关、绿色社区等创建工作。充分发挥传统媒体和新兴媒体的作用传播绿色生产生活的知识和理念。在全国节能宣传周、全国低碳日、世界环境日等广泛开展宣传，营造生活方式绿色化良好舆论氛围。

倡导推广健康消费、适度消费，通过绿色消费转型从需求端倒逼绿色生产。2016年，国家发展改革委等部门共同发布《关于促进绿色消费的指导意见》，提出了推动消费向绿色转型的重点任务和行动指南，倡导在衣、食、住、行、游等各个领域向绿色转变。

2）供给侧改革增强绿色产品与服务供给

持续推动服务业绿色转型。餐饮、住宿、休闲等服务行业逐步淘汰一次性餐具、一次性日用品等的使用。推动绿色物流体系建设，在电商、快递、外卖行业推广新能源物流配送车，倡导减量包装、使用可降解包装。发挥流通领域的带动效应，推动绿色批发市场、绿色商场/购物中心、绿色超市、绿色电商平台等新型流通主体与业态模式建设，不断提高绿色产品市场供应能力，加速非环境友好型产品的市场替代，促进形成绿色消费新风尚。

有序推进共享经济、二手交易等新业态、新模式发展。完善相关产业环境健康保护、信息安全管理、信息公开机制等行业管理政策措施，建立信息化监管机制，推动共享经济、租赁、二手交易等商业化平台规范发展，强化平台企业、资源提供者、消费者等主体的信用管理，为闲置资源有序流动和合理利用提供基本保障。

3. 污染治理——重拳出击解决突出环境问题

在过去 40 年的快速发展历程中，中国环境问题压缩式爆发，区域性环境问题频发、环境污染严重，如何解决突出环境问题是发展新阶段面临的重要挑战。"十二五"以来，除了坚持源头防治、完善生态环境监管执法体系外，中国还采取了一系列行动来解决突出环境问题。通过积极推进蓝天、碧水、净土三大污染防治攻坚战和农村环境整治等行动重拳治污，环境污染得到了遏制，生态环境逐步好转。

（1）蓝天、碧水、净土污染防治攻坚战。2013 年"大气十条"、2015 年"水十条"、2016 年"土十条"先后出台，通过向污染宣战，重拳出击、联防联治、多措并举，对解决区域复合型重污染等突出环境问题提供了可供借鉴的模式。

名为"蓝天保卫战"的大气污染防治行动以京津冀及周边、长三角、汾渭平原等重点区域为主，推进产业、能源、运输、用地等结构调整优化，强化区域联防联控和重污染天气应对（国务院，2018）。目前中国大气污染防治已取得显著成效。到 2018 年，京津冀、长三角和珠三角这三个重点区域的 $PM_{2.5}$ 平均浓度分别比 2013 年下降了 48%、39% 和 32%。首批实施《环境空气质量标准》的 74 个城市，$PM_{2.5}$ 平均浓度同比下降 42%，SO_2 平均浓度下降 68%（生态环境部，2019b）。同时，中国积极履行国际责任，2018 年单位 GDP 的 CO_2 排放较 2005 年降低 45.8%，超过《巴黎协定》中承诺的 2020 年单位 GDP 的 CO_2 排放降低 40%~45% 的目标。2013 年以来已淘汰含氢氯氟烃生产 7.1 万 t 和消费 4.5 万 t，超额完成《蒙特利尔议定书》中承诺的消耗臭氧层物质第一阶段淘汰目标（生态环境部，2019b）。

碧水保卫战以《水污染防治行动计划》（简称《水十条》）为纲领，自 2015 年起投入水污染防治专项资金约 20.1 亿美元，用于增加全国的地表水监测点的数量、建立和完善水生态系统保护补偿机制、治理黑臭水体、清理非法排污等工作（UNEP，2016）。水十条实施至今，全国水环境质量总体呈持续改善趋势。截至 2018 年，全国地表水国控断面 Ⅰ～Ⅲ 类比例为 71%，相比 2015 年提高 3.2 个百分点；劣 Ⅴ 类比例为 6.7%，同比减少 1.9 个百分点。36 个重点城市的黑臭水体治理效果明显，长江、黄河、珠江等十大重点流域水质稳中向好（李干杰，2019）。由点到面扎实推进的"河长""湖长"制，将水生态环境治理工作纳入到领导干部的绩效考核体系，截至 2018 年 6 月，全国 31 个省（自治区、直辖市）共明确省、市、县、乡四级河长 30 多万名（鄂竟平，2018）。

2016 年《土壤污染防治行动计划》（简称《土十条》）发布以来，净土保卫战稳步推进。环境保护部（现生态环境部）于 2017 年牵头成立全国土壤污染防治部际协调小组，启动了土壤污染状况详查，开展了土壤污染综合防治先行示范区建设工作，构建了国家土壤环境监测网络，共布设 2 万个左右监测点位，覆盖我国 99% 的县、98% 的土壤类型、88% 的粮食主产区（邱启文，2017）。为根本提升土壤污染监管和风险防范能力，在固废、危废和化学品污染防治和管理领域还推进了一系列重大改革和专项行动。2017 年起中国开始构建禁止洋垃圾入境长效机制，强化洋垃圾非法入境管控，到 2018 年全国固体废物进口总量同比减少 46.5%；坚定不移推进生活垃圾分类处置、非正规垃圾堆放点整治、打击固体废物及危险废物非法转移和倾倒等工作；"无废城市"建设试点于 2019 年起启动；继续落实"清废行动"和废铅蓄电池污染防治这两大专项行动（李干杰，2019；生态环境部，2019a）。

（2）农业农村污染治理攻坚行动。随着城镇化的持续推动，中国农村既面临着从城市向农村转移的扩散的污染问题，又面临基础设施落后的难题。农村人居环境普遍存在脏乱差现象，农业面源污染严重。

"十二五"期间，中央财政投入 48.7 亿美元在超过 78 000 个乡村进行了环境保护与综合治理工作，惠及 1.4 亿农村群众。2015 年起政府全面推进的"美丽乡村"建设，在约 13.8 万个村庄进行农村环境综合整治，开展编制村级规划、加强农村基础设施建设、整治农居环境、调整农业结构、发展农业循环经济、治理农业污染等行动，近 2 亿农村人口直接受益。

2015 年农业部提出农业面源污染治理攻坚战，确定到 2020 年实现农业用水总量控制、化肥农药使用量减少、畜禽粪便秸秆地膜基本资源化利用的"一控两减三基本"的目标任务（农业部，2015）；2017 年进一步聚焦畜禽粪污资源化利用、果菜茶有机肥替代化肥、东北地区秸秆处理、农膜回收和以长江为重点的水生生物保护行动这五个环节，启动并实施农业绿色发展五大行动（农业部，2017）。2018 年生态环境部与农业农村部共同发起农业农村污染治理攻坚战，提出到 2020 年实现"一保（保护农村饮用水水源）两治（治理农村生活垃圾和污水）三减（减少化肥、农药使用量和农业用水总量）四提升（提升污染物超标水体水质、农业废弃物综合利用率、环境监管能力和农村居民参与度）"的目标（生态环境部和农业农村部，2018）。

4. 生态恢复——用系统性方针进行生态保护与修复

自 1998 年起，中国陆续启动了三北防护林、天然林保护、退耕还林还草等 16 项投资巨大、在世界范围内都具有重要生态影响的生态环境修复治理工程。至 2015 年，这 16 个工程共投资了 3700 多亿美元、调动了 5 亿劳动力，影响区域面积高达 620 万 km^2

（约占中国国土面积的 65%），取得了积极成效——森林覆盖率上升到 22%；土地荒漠化趋势得到了有效扭转；遏制了水土流失，河流沉积和水质得到明显改善，如黄河泥沙负荷下降了 90%，长江的情况也有明显改善（Bryan et al.，2018）。"十二五"以来，中国加紧了生物多样性保护，加强了生态修复和改善农村环境的投入，推进优化生态安全屏障体系、生态文明示范点和试验区建设等工作，以系统性、整体性的思路加大生态环境保护力度。落实生态文明体制改革工作，划定生态保护红线、永久基本农田、城镇开发边界三条控制线。其中一个抓手是推进一系列生态修复和治理的专项行动和重点工程，同时建立市场化、多元化生态补偿机制以保障专项行动和重点工程的持续推进。

中国长期以来对生态系统的修复治理也对全球植被覆盖率的增长作出了贡献。2000～2017 年，全球绿化面积增加了 5%，而中国和印度的人工植树造林活动和集约化农业对全球绿化起了主要拉动作用（Nasa，2018）。相较于印度新增绿化面积主要来自农业，中国新增绿化面积中 42% 来自于植树造林、荒漠治理等对生态退化的人工干预行动，有效推动了全球绿色覆盖面积甚至森林覆盖率的增加（Chen et al.，2019）。

5. 体制改革——为生态文明建设提供制度保障

党的十八大以来，生态文明体制改革工作受到高度重视，党中央、国务院要求通过深化体制改革，完善激励约束机制，加快建立起生态文明制度的"四梁八柱"，强化自上而下的生态环境保护意愿。

1）加强顶层设计，完善生态文明制度体系

习近平总书记指出，"用最严格制度最严密法治保护生态环境，加快制度创新，强化制度执行，让制度成为刚性的约束和不可触碰的高压线"。制度建设是生态文明建设的重要内容与根本保障，也是实现生态环境监管的重要手段。2015 年，中国政府相继出台了一系列的制度文件，打出了一套理念先行、目标明确、顶层设计、系统推进的生态文明体制改革"1+6"组合拳，详见图 4-1。

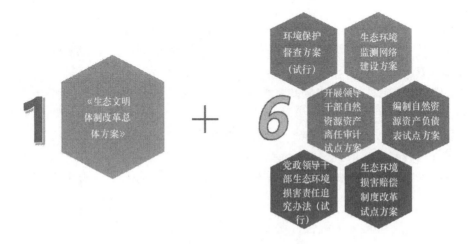

图 4-1　生态文明体制改革"1+6"组合拳

"1"是出台《生态文明体制改革总体方案》，作为纲领性文件全面部署中国生态文

明制度建设工作。《生态文明体制改革总体方案》明确了生态文明体制改革工作的总体目标、要求和八大制度建设任务，要求建立起"产权清晰、多元参与、激励约束并重、系统完善的生态文明制度体系"，为生态文明制度建设搭建好基础性制度框架，全面提高中国生态文明建设水平。

"6"可概括为两大部分：一是建立健全环境治理体系，即加强环境监测能力，推行生态环境损害赔偿制度，推动环保督查机制长效化、常态化；二是完善评价考核和责任追究机制，即编制自然资源资产负债表，开展领导干部自然资源资产离任审计，实施党政领导干部生态环境损害责任追究制。当前，"1+6"的生态文明体制改革方案正在推进落实，各项法律法规政策体系逐渐完善。

（1）探索建立环保督察长效机制。环保督查是中央督查地方政府履行环保职责、扭转地方环境治理失灵的重要手段（张新文和张国磊，2019）。2015年中国政府出台《环境保护督察方案（试行）》，提出严格落实环境保护主体责任等有力措施，实行"党政同责""一岗双责"，将地方党委与政府的环保责任作为重点监督范围（陈海嵩，2017），并将督察结果作为对领导干部考核评价任免的重要依据。2019年6月，中共中央办公厅、国务院办公厅共同印发《中央生态环境保护督察工作规定》，这是生态环保领域的首部党内法规，为环保督察工作提供了法治保障。

从2016年起，中央环保督查正式启动，至2017年环保督查全部完成，已经在中国实现全覆盖，解决了一大批突出生态环境问题。2018年5月以来，分别启动了第一批、第二批中央环保督查"回头看"，使得一部分整改不力、敷衍整改的问题得到了有效解决。2019年7月，第二轮中央环保督查正式启动，环保督查已经基本建立起常态化的工作机制。

（2）完善评价考核和责任追究制度。科学合理的考核评价制度是生态文明制度建设的重要组成部分，也是推动生态文明建设的"指挥棒"。坚持以生态环境质量改善为目标导向，以绿色发展指标、生态文明建设指标作为考核重点，加大资源消耗、环境损害、生态效益等指标的权重，将生态文明建设成效作为党政领导干部政绩考核的重要内容，以此调动各级领导干部投入生态文明建设的积极性与自觉性。探索编制自然资源资产负债表，开展领导干部自然资源资产离任审计，审计结果与领导干部选拔任用直接挂钩。

2）建立生态文明"底线"管控制度

中国政府明确提出要"树立底线思维，严格落实资源利用上限、环境质量底线、生态保护红线，将各类开发活动限制在资源环境承载能力之内"（中共中央国务院，2015）。

严守生态保护红线。2017年中办、国办印发了《关于划定并严守生态保护红线的若干意见》，为生态红线划定工作奠定了基础。在"山水林田湖草是一个生命共同体"的理念指导下，科学评估，摸清家底，把湿地、草原、森林、海洋等具有重要生态功能的生态空间划入生态保护红线的管控范围。实施用途管制，强化刚性约束，用红线严控开发活动，构建结构完整、功能稳定的生态安全格局。

严守环境质量底线。为了切实提升生态环境质量，国家和各级政府设定了不同级别的大气、水、土壤环境质量目标，即环境质量底线，基本要求有三点，一是加强环境污染治理，打好大气、水、土壤三大污染防治攻坚战，着力解决突出环境问题；二是促进环境质量持续改善，以绿色发展推动经济、社会高质量发展，实施污染物排放总量控制；三是加强环境风险防控，定期开展地下水、饮用水源地、重点污染源监测，重点开展危废、土壤等领域的环境风险防控工作。

落实资源利用上限。以可持续发展理念为引领，进一步加强土地资源、水资源、能源等重要资源总量管控和全面节约制度，推进自然资源环境承载力研究，探索建立资源环境承载能力监测预警机制，通过转变粗放的开发利用方式，提高资源开发和利用效率。

6. 试点带动——生态文明制度创新的实践

2016~2017年，福建省、江西省和贵州省被中国政府列为首批生态文明试验区。这三个区域积极履行国家建设生态文明试验区的历史使命，充分发挥主动性和创新精神，针对38项重点任务开展先行先试，成绩斐然，在部分领域形成了一批可复制可推广的制度创新成果，为其他区域生态文明建设提供经验和借鉴。

生活垃圾分类。福建省立法出台《福建省生活垃圾分类管理条例》和多项配套制度，注重激励、加强监管，建立起全链条的制度保障体系、全流程管控体系以及全方位宣传引导机制。厦门市作为46个垃圾分类试点城市之一，多次在住建部对生活垃圾分类情况的考核中位列第一。厦门市在思明区、湖里区两大主城区的全部小区，120家市直机关，85家星级宾馆，1124所学校以及车站等公共区域已全部实行垃圾分类收集。

培育农村生态治理市场主体。为了提升农村生活垃圾和污水处理的水平，福建省实施投资工程包机制，以县域为单位，将农村生活垃圾收集转运、镇村污水处理等多个项目整体打包，实现规模化运营。采取PPP等模式，委托有资质、经验丰富的企业进行规划设计和后期运营，根据区域实际合理选择技术路线。在垃圾和污水处理收费方面，建立财政奖补与村民付费相结合的资金机制。福建省所有乡镇已实现生活垃圾转运全覆盖，78%的乡镇建成污水处理设施，75%的行政村形成完善的垃圾处理常态化机制，约6000个行政村建成生活污水处理设施，治理效果显著提升，运营管理专业化、市场化程度显著提高。

重点生态区位商品林赎买。福建省率先在中国开展重点生态区位商品林赎买等制度改革（陈吉龙，2018），针对东山县、政和县、武夷山市及永安市，因地制宜分类施策的采取直接赎买、合作经营、租赁、置换、改造提升等多样化的改革方式（林琰等，2017），建立以财政资金引导为基础、受益者合理分担、社会资金广泛参与的赎买资金筹措机制，利用政策性银行长期贷款等市场化机制扩大赎买资金来源，确保工作顺利、可持续地推进。截至2018年年底，福建省累计完成商品林赎买面积27.2万亩[①]，打造"生态得绿、林农得利"的双赢局面。

全面推行"五级"河长制，打造河长制升级版。江西省高位推动流域保护与生态治理，推行独具特色的省、市、县、乡、村"五级"河长制，全面实现河长制工作水域全覆盖（温天福等，2018）。通过探索"河长认领制"推进管护主体转变，实行"互联网+河长"智能化监管模式，启动全省河湖管理信息系统建设，为各级河长管理决策提供依据和支撑。完善健全"五位一体"运行机制，加强综合执法。

---

① 1亩≈667m²，下同。

构建"N2N"生态循环农业模式。江西省持续推进绿色生态农业"十大行动",推广测土配方施肥、严格畜禽养殖"三区"管理、推进高标准农田建设（江西省人民政府公报,2017）,倾力培育"生态鄱阳湖 绿色农产品"特色品牌。江西省新余市统一系列探索,形成了"N2N"生态闭链循环农业发展模式,即 N 家养殖企业的畜禽粪污、N 家种植企业的农作物秸秆等,通过 2 个核心平台,即"农业废弃物资源化利用中心"和"有机肥处理中心",向下游 N 家农业种植企业、种植大户和合作社提供有机肥,形成生态循环农业系统（刘晖等,2016）,减少化肥施用量,提升农业废弃物资源化利用水平。

加强生态立法,推动环境资源法庭全覆盖。作为长江、珠江上游重要生态屏障,为了加强生态环境保护,贵州省出台了《贵阳市促进生态文明建设条例》《贵州省生态环境保护条例》《贵州省生态文明建设促进条例》等 30 余部生态文明地方性法规。此外,贵州省在加强生态环境司法保障方面成效明显,2007 年,在贵阳中院及清镇法院成立了全国首家市县两级生态保护审判专门机构。目前省、市、县三级法院专门化环境资源审判机构由 10 个扩展为 29 个,基本实现省域全覆盖。

建立横向生态补偿制度。赤水河流域是跨界河流,为了实现赤水河流域的协同治理及上游、下游协同发展,2016 年,在贵州、四川、云南三省的协商努力下,共同签订《赤水河流域横向生态保护补偿协议》,就补偿原则、范围、期限、目标以及资金筹集等核心问题达成共识,根据协议约定,贵州、云南、四川三省按照 5∶1∶4 的比例,共同出资 2 亿元设立生态补偿资金,跨省流域生态补偿取得积极进展。

参 考 文 献

安长明. 2010. 塞罕坝机械林场生态资产价值核算研究报告. 河北林果研究, 25(3): 272-275

白宇. 2018. 重温习近平"一带一路"金句: 和平合作、开放包容、互学互鉴、互利共赢. http://politics.people.com.cn/GB/n1/2018/0826/c1001-30251688.html. [2018-8-26]

曹世雄, 刘玉洁, 苏蔚, 等. 2018. 中国陆地生态系统服务净价值评估. 中国科学(地球科学), 48(3): 331-339

巢清尘, 张永香, 高翔, 等. 2016. 巴黎协定——全球气候治理的新起点. 气候变化研究进展, 12(1): 61-67

陈海嵩. 2017. 环保督察制度法治化: 定位、困境及其出路. 法学评论, (3): 181-192

陈华荣, 王晓鸣. 2010. 基于聚类分析的可持续发展实验区分类评价研究. 中国人口·资源与环境, 20(3): 149-154

陈吉龙. 2018. 完善重点生态区位商品林赎买等改革——陈吉龙委员代表福建农林大学省政协委员小组的发言. 政协天地, (Z1): 39

陈开琦. 2015. 生态文明与环境文化——兼议中国环境文化的二元构建. 社会科学家, (1): 146-153

陈志敏. 2016. 国家治理、全球治理与世界秩序建构. 中国社会科学, (6): 14-21

杜超. 2008. 生态文明与中国传统文化中的生态智慧. 江西社会科学, (5): 183-188

杜尚泽. 2014. 习近平在德国发表重要演讲. 人民日报, 2014-03-30(001)

鄂竟平. 2018. 水利部举行全面建立河长制新闻发布会. http://www.gov.cn/xinwen/2018-07/17/content_5307165.htm#1. [2018-12-10]

冯孔. 2015. 做大做好合作"蛋糕", "一带一路"大有可为. http://finance.cnr.cn/jjpl/20150330/t20150330_518170370.shtml. [2015-10-12]

傅伯杰. 2018. 新时代自然地理学发展的思考. 地理科学进展, 37(1): 1-7

傅守祥. 2017. 人类命运共同体的中国智慧与文明自觉. 求索, (3): 15-20

高薇, 卢继元. 2017. 关注人类前途命运——对当前人类命运共同体思想研究的思考. 宁夏党校学报, (6): 22-28

谷树忠, 胡咏君, 周洪. 2013. 生态文明建设的科学内涵与基本路径. 资源科学, 35(1): 2-13

郭海龙, 汪希. 2016. 习近平人类命运共同体思想的生成、价值和实现. 邓小平研究, (3): 40-46

郭玮. 2017. 生态文明建设视阈下提高社会治理能力的思考. 云南开放大学学报, (1): 64-67

国务院. 2018. 关于印发打赢蓝天保卫战三年行动计划的通知(国发〔2018〕22 号). http://www. gov. cn/zhengce/content/2018-07/03/content_5303158. htm. [2018-6-27]

国务院新闻办公室网站. 2018. 关于推进绿色"一带一路"建设的指导意见. http://www. scio. gov. cn/xwfbh/xwbfbh/wqfbh/37601/38609/xgzc38615/Document/1633106/1633106. htm. [2018-10-3]

郝立新, 周康林. 2017. 构建人类命运共同体——全球治理的中国方案. 马克思主义与现实, (6): 1-7

何祚麻. 1996. 对"地大物博, 人口众多"的再认识. 中国社会科学, (5): 44-51

胡鞍钢, 李萍. 2018. 习近平构建人类命运共同体思想与中国方案. 新疆师范大学学报(哲学社会科学版), 39(5): 9-16

黄勤, 曾元, 江琴. 2015. 中国推进生态文明建设的研究进展. 中国人口·资源与环境, 25(2): 111-120

黄雯. 2016. 培育践行适应生态文明建设的绿色习俗. 思想教育研究, (4): 94-97

简新华, 叶林. 2011. 改革开放前后中国经济发展方式的转变和优化趋势. 经济学家, (1): 5-14

江西省人民政府公报. 2017. 深入推进绿色生态农业"十大行动". (17): 1

柯岩. 2016-1-7. "人类命运共同体理念反映了发展中国家的心愿"——外国政要和媒体眼中的习近平. 学习时报, 第 3 版

李爱敏. 2016. "人类命运共同体": 理论本质、基本内涵与中国特色. 中共福建省委党校学报, 28(2): 96-102

李干杰. 2019. 国务院关于 2018 年度环境状况和环境保护目标完成情况的报告. http://www. sxjscx. com/page92?article_id=355&pagenum=3 [2019-4-22]

李俊莉, 曹明明. 2012. 榆林国家可持续发展实验区发展水平评价. 干旱区资源与环境, 26(1): 35-40

李娜. 2011. 日本区域环境外交研究——以亚太环境会议为例. 太原: 山西大学

李宗桂. 2012. 生态文明与中国文化的天人合一思想. 哲学动态, (6): 34-37

林琰, 陈治淇, 陈钦, 等. 2017. 福建省重点生态区位商品林赎买研究. 中国林业经济, (2): 11-17

刘航, 温宗国. 2018. 全球气候治理新趋势、新问题及国家低碳战略新部署. 环境保护, (2): 50-54

刘晖, 俞莹, 王惠明. 2016. 现代区域生态循环农业模式的探索——以新余罗坊 N2N 模式为例. 江西科学, 34(5): 734-738

罗莹, 刘宏鹤. 2013. 生态文明建设中民众习俗的不适应表现. 人民论坛, (32): 174-175

农业部. 2015. 关于打好农业面源污染防治攻坚战的实施意见(农科教发〔2015〕1 号). http://www. moa. gov. cn/ztzl/mywrfz/gzgh/201509/t20150914_4827678. htm. [2015-9-14]

方力. 2018. 践行"两山"理论推进首都生态文明建设. http://www.wang1314.com

农业部. 2017. 关于实施农业绿色发展五大行动的通知. http://www. moa. gov. cn/nybgb/2017/dwq/201712/t20171230_6133485. htm/ [2017-12-15]

邱启文. 2017. 在环境保护部 2017 年 6 月例行新闻发布会上答记者问. http://www. gov. cn/xinwen/2017-06/21/content_5204423. htm/ [2017-12-25]

邱双宇. 1997. 对"地大物博"的再认识. 福建环境, 14(2): 27

人民日报. 2014-7-15. 习近平接受拉美四国媒体联合采访. 人民日报, 第 1 版

生态环境部, 农业农村部. 2018. 关于印发农业农村污染治理攻坚战行动计划的通知(环土壤[2018]143号). http://www. mee. gov. cn/xxgk2018/xxgk/xxgk03/201811/t20181108_672959. html. [2018-11-7]

生态环境部. 2018. 环境保护部通报部分城市空气质量情况. http://www. zhb. gov. cn/gkml/hbb/qt/201301/t20130129_245694. htm [2018/7/9]

生态环境部. 2019a. 2019 年全国固体废物与化学品环境管理工作要点. http://www. dyhb. cn/news_info70. html [2019-3-30]

生态环境部. 2019b. 中国空气质量改善报告(2013—2018 年). http: //www. gov. cn/xinwen/2019-06/06/content_5397950. htm [2019-6-6]

石庆焱, 周晶. 2017. 我国生态文明统计核算方法研究. 中国工程科学, (4): 67-73

孙柏. 2005. "地大物博"与人均占有. 金融博览, (12): 13

孙超. 2017. "支持中国南南合作, 借鉴中国经验"——访联合国开发计划署驻华代表处国别主任文霭洁. 中国发展观察, (9): 54-58

孙聚友. 2016. 儒家大同思想与人类命运共同体建设. 东岳论丛, 37(11): 63-67

孙亦平. 2011. "即世而超越": 论道教的出世与入世——读马克斯·韦伯《儒教与道教》. 深圳大学学报(人文社会科学版), 28(2): 22-28

田颖聪. 2017. "一带一路"沿线国家生态环境保护. 经济研究参考, (15): 104-120

托马斯·伯诺尔, 莉娜·谢弗, 刘丰. 2011. 气候变化治理. 南开学报(哲学社会科学版), (3): 8-19

王敏. 2018. 上海市生态资产核算体系研究. 环境污染与防治, 40(4): 484-490

王瑜贺. 2018. 命运共同体视角下全球气候治理机制创新. 中国地质大学学报(社会科学版), 101(3): 31-38

温天福, 吴向东, 成静清. 2018. 江西全面升级河长制工作实践与探索. 中国水利, (4): 29-31

温宗国. 2018. 为建设美丽中国注入绿色新动能: 推动形成绿色发展方式和生活方式. 人民日报, 2018-07-29(08 版 适势求是)

吴昊, 麻宝斌. 2011. 中国参与全球环境治理: 背景、现状与对策. 长春工业大学学报(社会科学版), 23(5): 8-11

吴舜泽, 逯元堂, 赵云皓, 等. 2014. 第四次全国环境保护相关产业综合分析报告. 中国环保产业, (8): 4-17

习近平. 2006. 从"两座山"看生态环境. 浙江日报, 2006 年 3 月 23 日

习近平. 2013a. 国家主席习近平在莫斯科国际关系学院的演讲 http: //www. gov. cn/ldhd/2013-03/24/content_2360829. htm, 2013

习近平. 2013b. 习近平: 中国愿同东盟国家共建 21 世纪"海上丝绸之路". http: //www. xinhuanet. com/world/2013-10/03/c_125482056. htm

习近平. 2013c. 习近平在哈萨克斯坦纳扎尔巴耶夫大学发表重要演讲. http: //www. gov. cn/ldhd/2013-09/07/content_2483425. htm. [2013-9-7]

习近平. 2015. 习近平出席第 70 届联合国大会一般性辩论. http: //tv. cctv. com/2015/09/29/VIDE14435-25300334469. shtml. [2015-9-29]

习近平. 2017a. 习近平在中国共产党第十九次全国代表大会上的报告. http: //cpc. people. com. cn/n1/2017/1028/c64094-29613660. html [2017-10-28]

习近平. 2017b. 携手推进"一带一路"建设, 在"一带一路"国际合作高峰论坛开幕式上的演讲. http: //www. xinhuanet. com/world/2017-05/14/c_1120969677. htm. [2017-12-5]

习近平. 2017c. 习近平谈治国理政第二卷. 北京: 外文出版社

习近平. 2018. 习近平对推动"一带一路"建设提出五点意见. https: //wenku. baidu. com/view/3ff27b40b5daa58da0116c175f0e7cd185251811. html. [2018-12-5]

谢鸿光. 2008. 辉煌的数字, 伟大的成就. 中国经济景气月报, (S1): 5-6

新华每日电讯. 2013-9-7. 宣示中国理念提供中国方案传递中国信心. 新华每日电讯, 第 2 版

叶琪. 2015. "一带一路"背景下的环境冲突与矛盾化解. 现代经济探讨, (5): 30-34

尹少华, 王金龙, 张闻. 2017. 基于主体功能区的湖南生态文明建设评价与路径选择研究. 中南林业科技大学学报(社会科学版), (5): 7-13+50

余孝忠, 朱超. 2018. 上海合作组织青岛峰会举行 习近平主持会议并发表重要讲话. http: //www. chinanews. com/gn/2018/06-10/8534678. shtml. [2018-6-30]

张黎明. 2013. 中国古代"禁伐"思想中的生态意识研究. 天津: 科学发展·生态文明——天津市社会科学界第九届学术年会优秀论文集(上). (未正式发表资料)

张小军. 2012. 中国社会主义生态文明建设探析. 经济与社会发展, 10(8): 81-83

张新文, 张国磊. 2019. 环保约谈、环保督查与地方环境治理约束力. 北京理工大学学报(社会科学版), 21(4): 39-46

赵春珍. 2013. 生态国际关系理论的当代价值与反思. 前沿, (18): 33-38

赵光强, 罗晓琳. 2018. 生态建设与耕地保护如何统筹协调. 资源导刊, 331(7): 18-20

中共中央国务院. 2015. 中共中央国务院关于加快推进生态文明建设的意见. http: //www. xinhuanet. com/politics/2015-05/05/c_1115187518. htm [2015-5-5]

中共中央文献研究室. 2017. 习近平关于社会主义生态文明建设论述摘编. 北京: 中央文献出版社

钟茂初. 2017. "人类命运共同体"视野下的生态文明. 河北学刊, (3): 120-127

周生贤. 2009. 积极建设生态文明. 环境保护, 22(12): 8-10

周生贤. 2012. 推进生态文明 建设美丽中国——在中国环境与发展国际合作委员会 2012 年年会上的讲话. http: //www. zhb. gov. cn/gkml/hbb/qt/201212/t20121214_243762. htm [2018/7/9]

朱春香. 1996. 中国积极开展环境保护领域的国际合作. 中国对外贸易, (5): 39

朱明仓. 2006. 农用地质量评价与粮食安全研究. 成都: 西南财经大学

自然资源部. 2017. 自然资源部关于 2017 年国家土地督察工作情况的公告. http: //www. chinapolicy. net/bencandy. php?fid-65-id-63200-page-1. htm [2018-5-30]

邹萌萌, 杜小龙, 张静静, 等. 2017. 城市生态文明建设评价指标体系构建. 环境保护科学, (5): 82-86

Bryan B A, Gao L, Ye Y, et al. 2018. China's response to a national land-system sustainability emergency. Nature, 559(7713): 193-204

Chen C, Park T, Wang X, et al. 2019. China and India lead in greening of the world through land-use management. Nature Sustainability, 2(2): 122-129

Day G. 2006. Community and everyday life. London: Routledge

Dugarova E, Gülasan N. 2017. Global Trends: Challenges and Opportunities in the Implementation of the Sustainable Development Goals. New York: United Nations Development Programme

Mathews J A, Tan H. 2016. Circular Economy: Lessons from China. Nature, 531(7595): 440-442

Nasa A. 2018. Human Activity in China and India Dominates the Greening of Earth, NASA Study Shows. https://www.nasa.gov/feature/ames/human-activity-in-china-and-india-dominates-the-greening-of-earth-nasa-study-shows/ [2019-2-12]

NDCs (Nationally Determined Contributions). 2018. UNFCCC https: //unfccc. int/process-and-meetings/the-paris-agreement/nationally-determined-contributions-ndcs. [2018-12-10]

UNEP. 2016. Green is gold: The strategy and actions of China's ecological civilization. Geneva: UNEP

World Bank, State Environmental Protection Administration of China. 2007. Cost of Pollution in China: Economics Estimates of Physical Damages. Beijing and Washington: World Bank

Yale University. 2018. 2018 EPA Results. https: //epi. envirocenter. yale. edu/epi-topline. [2018/7/6]

Yang H. 2017. The United Nations Sustainable Development Goals. Taiyuan: BIT's 4th Annual World Congress of Orthopaedics-2017(data unpublished)

第五章　我国生态文明建设的对策研究

第一节　我国生态文明建设的试点探索

生态文明建设兼具复杂性、系统性和地域性，不存在普适性的生态文明建设的最优模式。各地应根据自身社会、经济发展情况，以环境与资源承载力为基线，以生态环境利益为优先保障对象，探索形成适合地方发展的生态文明建设模式，充分认识到"绿水青山就是金山银山"。我国对于生态文明建设的推进，是以具体试点为抓手，先行先试，以试点探索的先进经验，为我国其他地区提供借鉴。

人类社会文明形态的转变，伴随着生态的现代化进程（薄海和赵建军，2018）。在我国社会主义建设的不同阶段，开展的生态文明建设试点探索呈现出多维度和内容逐步丰富的特点，对建设水平的要求逐步提高。纵观我国生态文明建设的发展进程，在发展与保护关系上，经历了从单纯关注经济增长、忽视环境保护，到统筹经济发展与环境保护，进而转变为以环境质量改善为核心、构建生态安全屏障（周宏春，2018b）。

1992 年，国务院办公厅转发了外交部、国家环保局《关于出席联合国环境与发展大会的情况及有关对策的报告》，提出了我国"环境与发展十大对策"，指出"各级人民政府和有关部门在制定和实施发展战略时，要编制环境保护规划，切实将环境保护目标和措施纳入国民经济和社会发展中长期规划和年度计划"，明确了在经济发展中统筹考虑环境保护的基本原则（周宏春，2018b）。自 1995 年起，原国家环保总局先后开展了国家环保模范城、环境优美乡镇，以及全国生态示范区（表 5-1）等的创建工作。从 2003 年发布的《生态县、生态市、生态省建设指标（试行）》来看，指标的设置重点考虑了与 2002 年约翰内斯堡可持续发展世界首脑会议提出的社会进步、经济发展、环境保护的可持续发展的三大支柱的对接（庄国泰，2013）。生态市、县是我国全面建成小康社会所应努力达到的生态文明水平。

随着党的十七大提出生态文明理念，我国加紧了对于生态文明建设探索的步伐。2008 年，国家环保部发布了《关于推进生态文明建设的指导意见》（环发[2008]126 号），指出"积极组织开展生态文明建设试点、示范活动。生态省（市、县）、环境保护模范城市等建设活动是大力推进生态文明建设的重要载体和有效途径，也是开展生态文明建设试点的基础和前提。"2009～2013 年，国家环保部共批准了 6 批 125 个全国生态文明建设试点地区（表 5-2）。作为"生态文明建设示范区"的高级阶段，生态文明建设试点示范区的建设要求，代表我国实现中等发达社会时所应达到的生态文明水平。此外，国家水利部自 2011 年开始，组织实施了针对市县、小流域、建设项目的国家水土保持生态文明工程建设（表 5-3）。

表 5-1　全国生态示范区建设情况简表

牵头部委	国家环保局、国家环境保护部
建设领域	区域尺度、地区尺度、园区尺度（包括生态省、市、县、乡镇、村和生态工业园区）
试点范围	9 批 658 个市、县（区） 4 类地区：①经济落后、群众生活贫困和生态环境质量较差的地区；②中等经济水平和生态环境质量一般的地区；③经济发达和生态环境质量较好的地区；④生态破坏恢复治理区
执行期	1995～2009 年
战略目标	推动区域生态建设与社会经济发展相协调，改善生态环境质量和人民生活水平，逐步实现资源永续利用和社会经济可持续发展
建设内容	1. 区域生态建设，包括 （1）生态农业示范区建设 （2）乡镇合理规划布局示范区建设 （3）生态旅游示范区建设 （4）生态城市示范区建设 （5）农工贸一体化示范区建设 （6）综合建设 2. 生态破坏恢复治理示范建设，包括 （1）矿区生态破坏恢复治理示范区建设 （2）农村环境综合整治示范区建设 （3）湿地资源合理开发利用与保护示范区建设 （4）土地退化综合整治示范区建设
相关政策	《关于开展全国生态示范区建设试点工作的通知》（环然[1995]444 号） 《全国生态示范区建设试点验收暂行规定》（环办[1998]272 号） 《关于进一步深化生态建设示范区工作的意见》（环发[2010]16 号）

表 5-2　生态文明建设试点情况简表

牵头部委	国家环境保护部
建设领域	地区尺度（市、县、区）
试点范围	6 批全国生态文明建设试点地区，共计 125 个
执行期	2009～2013 年
建设内容	生态经济、生态环境、生态人居、生态制度、生态文化
相关政策	《关于推进生态文明建设的指导意见》（环发[2008]126 号） 《国家生态建设示范区管理规程》（环发[2012]48 号） 《国家生态文明建设试点示范区指标（试行）》（环发[2013]58 号）

表 5-3　国家水土保持生态文明工程建设情况简表

牵头部委	国家水利部
建设领域	市、县、生产建设项目
试点范围	2011 年至今，共命名了 5 个城市为"国家水土保持生态文明城市"；29 个县为"国家水土保持生态文明县"；12 个小流域为国家水土保持生态文明清洁小流域建设工程；43 个生产建设项目为"国家水土保持生态文明工程"
执行期	2011 年至今
建设内容	水土保持
相关政策	《关于开展国家水土保持生态文明工程创建活动的通知》（水保[2011]504 号） 《关于进一步做好国家水土保持生态文明工程创建工作的通知》（办水保[2014]143 号）

　　党的十八大提出"五位一体"总体布局思想，将生态文明建设融入经济建设、政治建设、文化建设、社会建设各方面和全过程。2013 年，国家环境保护部发布了《关于大力推进生态文明建设示范区工作的意见》（环发〔2013〕121 号），指出"经中央批准，由环境保护部组织开展的'生态建设示范区'（包括生态省、市、县、乡镇、村、生态工业园区）正式更名为'生态文明建设示范区'。""生态省市县和生态文明建设试点是生态文明建设示范区的主要内容，是其在不同阶段的创建模式。生态省、市、县是第一

阶段,生态文明建设试点是第二阶段。"从《国家生态文明建设试点示范区指标》中可以看出,生态文明建设示范区的建设主要包括生态经济、生态人居、生态制度和生态文化四个方面,这是落实十八大精神,将生态文明建设融入国家建设的全过程的体现(表5-4)。根据《中共中央国务院关于深入实施西部大开发战略的若干意见》(中发[2010]11号)关于选择一批有代表性的市、县开展生态文明示范工程试点的要求,国家发展改革委在2011~2015年期间,在西部12省(自治区、直辖市)87个试点开展了西部地区生态文明示范工程试点(表5-5),重点建设内容包括生态建设和环境保护;调整优化产业结构,转变经济发展方式;优化消费模式等。为了落实十八届三中全会关于加快生态文明制度建设的精神,根据《国务院关于加快发展节能环保产业的意见》(国发〔2013〕30号)中关于在全国范围内选择有代表性的100个地区开展国家生态文明先行示范区建设,探索符合我国国情的生态文明建设模式的要求,国务院在2014年、2015年分两批在全国选择100个地区铺开了国家生态文明先行示范区建设工作(表5-6)。为贯彻落实党中央、国务院关于长江经济带发展的战略部署,国家发展改革委于2015年发布了《关于建设长江经济带国家级转型升级示范开发区的实施意见》(发改外资[2015]1294号),旨在构建生态文明先行示范带,强调长江经济带区域间产业协作对接,发展外向型产业集群,提升开放型经济发展水平(表5-7)。在水生态文明方面,国家水利部于2013年发布《关于加快推进水生态文明建设工作的意见》(水资源[2013]1号),组织实施水生态文明城市建设试点(表5-8),旨在推动从水资源开发利用为主向开发保护并重转变,从局部的

表5-4　生态文明建设示范区情况简表

牵头部委	环境保护部(现生态环境部)
建设领域	区域尺度、地区尺度、园区尺度 (具体包括生态省、市、县、乡镇、村和生态工业园区)
试点范围	2014年5月首批授予37个市(县、区)"国家生态文明建设示范区"称号 2017年授予46个市、县"第一批国家生态文明建设示范市县"称号;2018年授予45个市、县"第一批国家生态文明建设示范市县"称号
执行期	2013年至今
建设内容	(1)继续推进生态文明建设示范区第一阶段工作,工作重点依然是生态省、市、县、乡镇、村和生态工业园区 (2)力争生态文明建设示范区第二阶段工作取得重点突破 (3)积极开展跨行政区联动的生态文明建设示范区工作 (4)适时启动重点行业生态文明建设示范工作
相关政策	《关于大力推进生态文明建设示范区工作的意见》(环发[2013]121号) 《国家生态文明建设示范区管理规程(试行)》(环生态[2016]4号)适用于国家生态文明建设示范市、县、乡镇的创建工作管理。国家生态文明建设示范村的管理办法委托省级环境保护部门制定 《国家生态文明建设示范县、市指标(试行)》(环生态[2016]4号) 《国家生态工业示范园区管理办法》(环发〔2015〕167号)

表5-5　西部地区生态文明示范工程试点建设情况简表

牵头部委	国家发展改革委
建设领域	地区尺度(市、县、区)
试点范围	西部12省(自治区、直辖市)87个试点
执行期	2011~2015年
建设内容	(1)生态建设和环境保护 (2)调整优化产业结构,转变经济发展方式 (3)优化消费模式
相关政策	《关于开展西部地区生态文明示范工程试点的实施意见》(发改西部[2011]1726号)

表 5-6　国家生态文明先行示范区建设情况简表

牵头部委	国家发展改革委
建设领域	地区尺度（市、县、区）
试点范围	2014 年 6 月，第一批生态文明先行示范区，共 55 个 2015 年 12 月，第二批生态文明先行示范区，共 45 个
执行期	5 年
建设内容	（1）科学谋划空间开发格局 （2）调整优化产业结构 （3）着力推动绿色循环低碳发展 （4）节约集约利用资源 （5）加大生态系统和环境保护力度 （6）建立生态文化体系 （7）创新体制机制 （8）加强基础能力建设
相关政策	《关于印发国家生态文明先行示范区建设方案（试行）的通知》（发改环资[2013]2420 号）

表 5-7　长江经济带国家级转型升级示范开发区建设情况简表

牵头部委	国家发展改革委
建设领域	园区尺度。旨在构建生态文明先行示范带，强调长江经济带区域间产业协作对接，发展外向型产业集群，提升开放型经济发展水平
试点范围	长江经济带 33 个开发区
执行期	2016 年 5 月起
建设内容	把长江经济带建成生态文明先行示范带 （1）强化生态环境保护 （2）大力发展企业、产业、园区循环经济 （3）积极推行绿色制造 （4）培育壮大主导产业集群，促进产业结构调整优化 （5）强化企业技术创新能力，完善创业创新服务体系 （6）提升开放型经济发展水平，推动区域间产业协作对接 （7）全面提升营商环境，推进运营模式创新
相关政策	《关于建设长江经济带国家级转型升级示范开发区的通知》（发改外资[2016]1111 号）

表 5-8　水生态文明城市建设试点情况简表

牵头部委	国家水利部
建设领域	市、县
试点范围	2013 年 7 月发布了首批 45 个试点，2014 年 5 月发布第二批 59 个试点
执行期	3 年
建设内容	（1）优化水资源配置 （2）加强水资源节约保护 （3）实施水生态综合治理 （4）加强制度建设从以水资源开发利用为主要内容转向开发与保护并重，从局部水生态治理向全面建设水生态文明转变
相关政策	《水利部关于加快推进水生态文明建设工作的意见》（水资源[2013]1 号） 《水利部关于开展全国水生态文明建设试点工作的通知》（水资源[2013]145 号） 《水利部关于加快开展全国水生态文明城市建设试点工作的通知》（水资源函[2013]233 号） 《水利部关于开展第二批全国水生态文明城市建设试点工程的通知》（水资源函[2014]137 号）

水生态治理向全面建设水生态文明转变。在建设内容的设置上，不再局限于水土保持，还包括优化水资源配置、加强水资源节约保护、实施水生态综合治理，加强制度建设等。

　　2015 年国务院发布了《关于加快推进生态文明建设的意见》，就生态文明建设做出了重要部署。随后发布的《生态文明体制改革总体方案》明确了我国生态文明的体制建设方案，并指出"积极开展试点试验"是生态文明体制改革的一项保障措施。2016

年，国务院发布了《关于设立统一规范的国家生态文明试验区的意见》，要求各部门不再分别开展生态文明建设的综合试点，统一开展国家试点试验，各部门分别推动和指导试点建设的相关工作。首批选择生态基础较好、资源环境承载能力较强的福建省、江西省和贵州省作为试验区。在《生态文明体制改革总体方案》中，在摸清我国生态文明建设现状的基础上，识别并针对性地部署了 16 项重要的试点建设内容，包括：水域、岸线等水生态空间确权试点；湿地产权确权试点；国家公园试点；省级空间规划试点；市县"多规合一"试点；地下水征收资源税改革试点；生态补偿试点；退田还湖还湿试点；长株潭地区土壤重金属污染修复试点；华北地区地下水超采综合治理试点；环境保护管理体制创新试点；按流域设置环境监管和行政执法机构试点；碳排放权交易试点；排污权有偿使用和交易试点；市县层面自然资源资产负债表编制试点；领导干部自然资源资产离任审计试点等。由此可见，现阶段我国开展的生态文明建设试点，在国家层面进行了统一部署，并针对特定问题开展了专项试点。例如，我国 2016 年、2017 年分两批将 29 个地区命名为"绿水青山就是金山银山"实践创新基地，旨在提升地方生态产品供给水平和保障能力，创新生态价值实现的体制机制。

截至目前，我国在省、市、县、乡镇、村和生态工业园的层面，均开展了大范围的生态文明建设试点。此外，创建节约型机关、生态街道、绿色家庭、绿色学校和绿色社区等的生态文明建设的"细胞工程"也在全国范围铺开。此外，由不同管理部门牵头从不同角度出发，开展的《中国 21 世纪议程》地方试点、国家可持续发展实验区建设、循环经济试点、资源节约型和环境友好型社会建设等，对推动我国生态文明建设也起到了至关重要的作用。目前，首批国家生态文明试验区已从试点实践中总结出了可供推广的经验。福建省已有 36 项重点改革任务按要求形成改革成果（刘丰，2018），并于 2017 年首批向全省推广 11 项成果，2018 年向全省推广 7 项成果（吴舟和陈蓝燕，2018）。

表 5-9　"绿水青山就是金山银山"实践创新基地情况简表

牵头部委	原国家环境保护部（现生态环境部）
建设领域	地区尺度（市、县、区）
试点范围	2016 年，将浙江省安吉县列为唯一的"绿水青山就是金山银山"理论实践试点县；2017 年，命名浙江省安吉县等 13 个地区为第一批"绿水青山就是金山银山"实践创新基地；2018 年，命名 16 个地区为第二批"绿水青山就是金山银山"实践创新基地
执行期	2017 年至今
建设内容	提升生态产品供给水平和保障能力，创新生态价值实现的体制机制

第二节　我国生态文明建设的路径分析

党的十九大提出的"两步走"战略，描绘了我国现代化建设的时间表和路线图：第一个阶段，2020~2035 年，在全面建成小康社会的基础上，再奋斗 15 年，基本实现社会主义现代化；第二个阶段，2035~2050 年，在基本实现现代化的基础上，再奋斗 15 年，把我国建成富强、民主、文明、和谐、美丽的社会主义现代化强国。在建设社会主义的道路上，我国不断摸索前行，逐步完善了我国现代化建设的布局，十六大报告提出了"三位一体"（经济建设、政治建设、文化建设），十七大报告提出了"四位一体"（经济建设、政治建设、文化建设和社会建设），十九大报告提出了"五位一体"（经济建设、政治建设、文化建设、社会建设、生态文明建设）。

一、充分提升对人与自然关系的认识

生态文明思想主要来源于对人与自然关系的认识升华，是优良的中华文化、马克思主义生态观与可持续发展的国际共识（周宏春，2018a）。在可持续发展的道路上，中国发展纲领与世界发展纲领，在基本精神和基本方向上就是完全一致的（诸大建，2016）。联合国 2030 年可持续发展议程的内容由经济、社会、环境、治理四大部分组成。全球可持续发展目标是按照经济、社会、环境三重底线的原则，强调块与块之间发展的融合，每一个目标的实现都要依托于多方面的协同与平衡（诸大建，2016）。环境社会学家阿瑟·摩尔认为，21 世纪以来，中国在环境保护和自然资源利用方面实现了较大的转变，在其现代化方案中逐步加强了对于环境保护的重视（阿瑟·摩尔，2012）。

十九大报告对社会主义初级阶段新形势下我国的主要社会矛盾形成了一个综合判断，指出"中国特色社会主义进入新时代，我国社会主要矛盾已经转化为人民日益增长的美好生活需要和不平衡不充分的发展之间的矛盾"。这一论断是对我国现阶段协调发展经济、社会与环境，实现可持续发展的战略目标的清晰界定。习近平总书记在十九大报告中指出，我们要建设的现代化是人与自然和谐共生的现代化，既要创造更多物质财富和精神财富以满足人民日益增长的美好生活需要，也要提供更多优质生态产品以满足人民日益增长的优美生态环境需要。我国生态文明建设要求坚持人与自然和谐共生的原则，综合系统地建设生态经济、生态环境、生态人居、生态制度与生态文化，逐步实现经济发展与资源环境"脱钩"（周宏春，2013）。我国生态文明建设的远景目标为，到 2050 年，经济增长与资源环境绝对脱钩（中国现代化战略研究课题组，2007），人居环境达到发达国家水平。

十九大后，我国进入了绿色和文明发展的关键转折期，在实现 2020 年绿色发展目标的同时，要为 2020 年后以及 2035 年后的可持续发展打好基础（常纪文，2017）：一方面要全面推进经济生态转型；另一方面要减少转型过程中产生的新的生态环境问题。在解决生态环境污染的历史遗留问题的同时，实现部分环境指标与经济增长的良性耦合，初步实现环境与经济的双赢（诸大建，2016）。欧洲、北美洲等国家在资本主义社会建设过程中，为解决传统工业带来的环境问题，推行生态转型，形成了生态现代化理论。我国由政府主导的"自上而下"的生态文明建设模式，不同于西方国家从企业、社会层面发起的"自下而上"的生态文明建设模式（张修玉等，2018）。基于我国的国情和发展阶段的特征，应按照"五位一体"的总体布局，以系统性的制度革新和文化建设来全盘推动生态文明建设。

二、推动生产与消费领域的生态转型

人类的生产和消费活动（Huber，2008）实现了人与自然界之间的物质与能量的代谢。经济发展方式的转变可以通过产业结构的调整来推动，大力发展生产性和生活性服务业，逐步提升服务业对我国经济发展的贡献，促进产业集约化发展，优化产业布局。经济绿色化转型的重点在于工业，工业绿色化应从传统工业绿色化和发展绿色产业两个方面推动。加强生产全过程管理，节约集约利用资源，降低单位 GDP 的资源、能源、水资源、土地资源的使用强度，提高资源产出率。发展战略性新兴产业和节能环保产业，推动产业结构转型升级。

发挥技术创新的促进作用，调整社会经济发展中的物质代谢，推动社会生态转型。以技术创新推动产业升级，实现资源、能源的高效利用，使环境保护由末端治理转向源头防控。加大技术创新资金投入，促进新技术产业化应用，补贴企业在生产过程中对于新技术的应用。鼓励企业开展技术研发创新，加强行业标准与国际标准对接，提升企业绿色产品供应能力。

消费透过市场作用于生产，是塑造生产结构的内在驱动力。调整消费品的供给模式和结构，重建消费者生态理性，实现消费生态化转型。引导消费转向绿色生态模式，鼓励生产商开展产品生态设计，鼓励企业开展绿色产品认证工作，加强绿色产品市场供给。发挥各级政府部门的带头作用，率先采购绿色产品标识的产品。大力推动共享经济、分享经济，以"租赁代替购买""购买服务代替购买商品""购买二手消费品"等形式，延长商品使用寿命，降低闲置率，实现物权再分配等，提高资源利用率，减少资源投入总量。开展绿色商场、绿色学校、绿色社区等细胞工程，"自下而上"构建消费生态理性，反对超前消费、铺张浪费，倡导适度消费，营造绿色消费社会氛围。

三、构建城乡一体化的生态人居环境

为贯彻落实《生态文明体制改革总体方案》提出的坚持城乡环境治理体系统一的生态文明体制改革原则，生态文明背景下的城乡建设，应合理规划城市布局和功能分区，将绿色共生理念融入城乡规划，统筹城乡资源配置与生态建设。控制城市规模，实现由单一中心向多个中心的转变。加强中小城镇建设，促进不同区域与城乡之间的无差异发展。按照节能环保标准规划建设城乡建筑，建立严格的建筑拆除、重建、改建审批程序，对不同功能建筑物使用寿命予以规定。鼓励建设体现地方人文特色的节能建筑，促进城市建筑与生态环境相融合。建设城市低碳交通运输体系，实现多种交通运输方式有效组合与衔接，减少空驶率和不必要出行。建设海绵城市，促进洪涝防治和雨水资源利用。加强"无废城市"建设，促进生产和生活废弃物的综合管理、循环利用和终端处置，实现城乡发展与生态环境和谐共生。

农村建设是我国建成小康社会的重中之重。加大基础设施建设和基本公共服务投入，加强农村公路铁路改善工程、饮水灌溉工程、互联网工程、沼气、电网和危房改造。运用先进科学技术改造农业，推动农业机械化和信息化。加强农民职业能力与素养，提高单位土地产出率、资源利用效率和劳动生产率。促进农村剩余劳动力转移，改善农民工就业、居住、就医、子女入学等基本生活条件；提高对农村的资金、技术、人才等要素投入，加强农村人口文化、教育、医疗卫生和社会保障；完善公共财政保障制度。合理施用农药化肥，开展畜禽养殖粪污综合治理，加强地膜回收、农作物秸秆资源化利用，全面治理农业面源污染。

四、全力以赴打好污染防治攻坚战

坚持以生态保护红线、环境质量底线、资源利用上线作为发展的三重底线，以低碳发展、循环发展、绿色发展促进产业转型，在保护中发展，在发展中保护。深入落实主体功能区战略，严格实施环境功能区划，合理布局生产、生活、生态空间。建立健全区域环境影响评价制度和区域产业准入负面清单制度，建立绿色技术创新体系，推动产品全生命周期绿色管理，促进环境管理由全过程管理转向源头预防。组织实施重大生态修复工程，切实解决人民群众关心的重大环境问题，坚决打赢蓝天保卫战，着力打好碧水保卫战，扎实推进净土保卫战。针对流域性、区域性、行业性等特征问题，制定有针对性的解决办法，全面提升生态环境质量。加强中央财政对重要生态功能区的转移支付，合理确定生态补偿标准。

完善生态环境保护法律法规体系，健全生态环境保护行政执法和刑事司法衔接机制，依法严惩重罚生态环境违法犯罪行为。深化生态环境保护体制机制改革，严格环境标准，完善经济政策，注重国家政策在地方贯彻执行的可操作性，增强科技支撑和能力保障，提升生态环境治理的系统性、整体性、协同性。加大节能环保产业与资源综合利用产业的投资力度，重视环保设施的运行与维护，为打赢污染防治攻坚战提供资金保障。提升地方生态文明建设管理能力，实行地方党委和政府领导成员生态文明建设一岗双责制。

五、建立生态文明建设的保障措施

制度能够保障社会系统向着有序的趋势发展（薄海和赵建军，2018）。为了落实将生态文明建设融入经济建设、政治建设、文化建设、社会建设的目标，要求政府在制定经济产业政策的过程中，将环境要素作为核心要素，渗透在生产、流通、消费的全过程，并通过环境和资源立法为经济社会生活提供激励和约束。以生态文明根本制度的构建，实现人、社会与自然之间和谐共生目标，确立与之相适应的社会与个体行为准则。国务院 2015 年印发的《生态文明体制改革总体方案》提出了我国生态文明制度建设的总体布局，现阶段应在各项制度试点探索过程中，总结试点经验，以立法的形式将先进经验逐步向全国推广。

为形成政府、企业、社会三元共治的环境治理局面，应加大生态环境意识提升活动的资金投入和人员配置，长时间持续不断面向个人和企业消费者开展意识提高活动。鼓励和引导生产者履行企业环境责任，加强面向社会的企业环境信息公开。提高公众对于重要环境问题的认知程度的信息发布传播，促进公民参与政策决策过程。对于公民开展生活垃圾分类，以积分奖励或邻里表扬等方式调动市民积极性。将中国传统生态思想与当代文化相结合，构建生态环境友好的社会氛围，发挥伦理道德对公民文化的约束作用。

第三节　我国生态文明建设的对策建议

我国生态文明建设起步于生态环境建设，但这绝不是终点。现阶段，我国生态环境尚不容乐观,经济发展方式转变面临诸多挑战,先进的生态文明理念与落后的生态意识、技术、做法并存。为坚持不懈推进生态文明建设,应加强深化对生态文明战略性和理论性的认识,围绕习近平生态文明思想构架落实生态文明中国方案,充分发挥生态文明在中国特色社会主义建设中的指引作用,以绿色发展系统推动生态文明建设,形成协同创新机制,并切实做好中国生态文明建设与联合国2030年可持续发展议程的衔接工作。

一、从大转型视角深刻认识生态文明建设的角色与地位

文明是漫长经济社会发展进程中持续酝酿形成的发展秩序。工业文明,这一无节制追求经济增长的发展秩序已经遭遇到了生态失衡和社会矛盾全球化的挑战,更为严重的是工业文明的内在矛盾使之难以自我更替。作为文明的更替,生态文明替代工业文明,是人类经济社会发展进程中不可避免的必然趋势,而当前我国正处于从工业文明迈向生态文明的关键转型时期。

改革开放40年,使我国迅速完成了西方国家用了200～300年才得以完成的工业化历程,从一个落后的农业国家成为世界工厂,并成为世界经济增长的引擎和稳定器。在社会发展与生态环境保护的过程中表现出三个显著的特征:首先是环境管理要求的快速跃迁,从专注环境污染的末端治理跃迁到关注生产全过程管理的清洁生产,跃迁到关注产品环境与人体健康影响的全生命周期管理,并最终跃迁到关注整个系统生态化转型的可持续管理;其次是战略层面的提升,从最初的微观层面企业环境改善上升到整个宏观战略层面上经济增长方式或发展模式的转变;最后是推动力的根本性转变,由自发秩序上升为企业自觉乃至国家自觉,以往零敲碎打式的环境改善正在转向自上而下的顶层设计模式。这些改变使得我国从生态文明的参与者和贡献者快速转到引领者。

生态文明的引领不仅仅在于生产和消费领域所采取的各种环保措施和手段,也不仅仅在于社会和文化领域中所形成的可持续行为及规则,更在于经济增长和社会发展的动力机制及模式。与主导工业文明的西方模式比较,我国正在形成中国特色生态文明建设模式。

在这个划时代的历史转折关口,我们需要从历史视角思考和探索(表5-10)生态文明建设理论的问题,形成解决方案。

表5-10　生态文明建设理论研究需要进一步解决的问题

编号	领域	具体问题
1	战略性问题	①我国在生态文明大转型的历史时期如何进行角色定位? ②我国生态文明建设的目标、战略及路线图是什么? ③生态文明建设的中国模式是什么? ④我国如何引领全球生态文明建设?
2	分析性问题	①我国生态文明建设如何参与、贡献和引领世界可持续发展目标? ②从可持续发展的观点看,我国生态文明建设的关键要素和环节有哪些? ③我国生态文明建设的动态格局、内在关联和反馈机制有哪些? ④我国生态文明建设存在哪些重要的类型,形成机制是什么? ⑤我国生态文明建设如何处理和应对重大的经济、社会和环境事件?
3	规范性问题	①我国生态文明建设应遵循什么样的发展原则? ②我国生态文明建设的适宜范围是什么? ③生态文明建设要求什么样的生产和消费体系? ④生态文明建设要求什么样的经济、社会和政治制度? ⑤如何整合和调整现有的运行机制向生态文明方向过渡?
4	操作性问题	①生态文明建设的评价指标体系是什么? ②如何收集、分析和处理生态文明建设评价所需要的数据? ③如何规划生态文明建设示范区或实验区? ④如何建立模型来动态反映和预测我国生态文明建设的水平?

二、以习近平生态文明思想来统领生态文明理论建设的中国方案

中国生态文明理论研究大致可分为三个阶段：1981～2006 年为理论的孕育阶段，2007～2011 年为理论的快速发展阶段，2012 年之后为理论的稳定发展和广泛实践阶段。2007 年前，中国学者围绕生态文明这一全新的概念对其定位、内涵和意义进行了广泛的探讨，为这一概念的正式提出奠定坚实的基础。十七大之后，对生态文明的哲学研究、伦理学研究、理论与实践的综合研究，特别是对马克思主义中生态理念的挖掘和对生态马克思主义的研究成为生态文明理论研究的主流。十八大之后，生态文明理论研究主要围绕"五位一体"战略布局、"两山"理论等中国特色社会主义生态文明理论成果进行研究和阐释。同时，生态文明政策制度、实现机制，生态文明建设融入经济建设、政治建设、文化建设和社会建设的全过程也成为理论研究的热点。

纵观中国生态文明理论研究发展路径，我国的生态文明理论和应用研究取得了诸多成果，实现了生态文明建设实践智慧的凝练与升华。然而，在面对生态文明这一综合性、全局性问题时，从任一领域出发对它的研究都可能有失偏颇，理论体系的建立仍有很长的路要走。此外，尽管"生态文明"这一词汇早已提出多年，但至今在世界范围内它仍是一个开放性、探索性的理念。生态文明建设是一个长期的过程，建设实践中可能遇到的问题远未全部显现，也无法逐一预知。

习近平生态文明思想的提出为我们在实践中进一步充实和扩展生态文明理论大厦，为构建中国生态文明理论体系给出方向标。习近平生态文明思想可确保我国生态文明建设实践少走弯路，具有十分重要的意义。同时，围绕习近平生态文明思想来进一步完善中国方案。在思想指引和党的领导下，总结以往生态文明建设成就，继续丰富和落实"构建人类命运共同体"、"一带一路"倡议、"大众创业、万众创新"理念和"共商、共建、共享"原则，从生产方式、产业结构、空间格局、能源结构、经济体系、科技体系、文明意识、思维习惯、消费方式、消费结构、绿色发展、低碳发展、资源节约和循环利用、环境治理、生态保护与修复等领域提出一系列全方位、多领域、跨国界的"中国方案"，意义重大，也彰显大国担当。

三、发挥生态文明在中国特色社会主义建设中的引领作用

建设生态文明是一场全方位的变革，涉及价值观念、生产生活方式与发展格局。生态文明建设始于生态环境治理但其主战场绝不仅止于生态环境治理。目前生态文明建设中遇到的很多问题，其根源都是将生态文明与其他文明的建设割裂开来，甚至对立起来。我们认为，必须重视生态文明的生态学导向，坚持系统科学和整体论的观点，站在"五位一体"的高度来推动生态文明建设。

矛盾是事物发展的根本动力，主要矛盾决定了事物发展的基本方向。党的十九大报告指出，中国特色社会主义进入新时代，社会主要矛盾已经转化为人民日益增长的美好生活需要和不平衡不充分的发展之间的矛盾。在这一论断中，美好生活是目标方向，发展依然是主旋律，不平衡、不充分则是为了实现目标方向而亟须打破的约束和障碍。这

一论断表明走向社会主义生态文明新时代，建设人与自然和谐共生的现代化，其根本着力点不是单纯追求发展速度，也不是停下发展的步伐返身追求过去田园牧歌生活，而是应该将经济、政治、文化、社会和生态视作互为条件、相互依存的有机整体，追求系统的、全面的、均衡的和充分的发展。联合国将消除贫困、消灭饥饿、男女平权、优质教育等纳入可持续发展目标的做法值得在生态文明建设中借鉴。当我们谈到什么是生态文明建设的对象时，绝不应该将眼光仅仅放在蓝天、碧水、净土上，而应该深刻地意识到我们建设的对象涵盖了整个生态系统与社会系统。忽略了这一点，美好生活的目标将永远可望而不可即。

充分认识生态文明建设的系统性要以坚持生态文明建设的导向性为前提。党的十八大报告指出，把生态文明建设放在突出地位，融入经济建设、政治建设、文化建设、社会建设各方面和全过程，努力建设美丽中国，实现中华民族永续发展。"融入"是方式，"突出"是方向。将生态文明建设融入其他四个文明建设的全过程，并非是对生态文明建设意义的消解，并非是只要在其他文明建设过程中注重生态环境保护就够了，而应着力突出生态文明对其他四个文明建设的指导意义。偏离生态文明导向的经济建设无法从根本上避免"资本的逻辑"，终究难以逃脱增长的极限，走上征服自然的老路；缺乏生态文明导向的政治建设将激发政府经济调节与公共服务职能的矛盾，生态环境无法得到有效保护；缺少生态文明导向的文化建设无从正确处理人与自然的基本关系，无法引导公众摆脱对工业文明物质观和价值观的依赖，难以支撑社会经济转型；忽视生态文明建设，缺少公共产品和基本生活条件的有效支撑，社会建设也将寸步难行。正确认识生态文明对其他四个文明的导向性作用，是理解和落实"五位一体"战略布局的前提和关键。

充分发挥生态文明建设的导向性作用，需要进一步梳理政府生态职能与生态责任，强化体制构建。中华人民共和国成立以来，我国生态环境管理部门历经了六次大的调整，直至2018年组建自然资源部和生态环境部，将分散在发展改革委、国土、水利、农业、林业等部门自然资源的调查、确权登记和保护职能统一归口，实现了自然资源、生态环境的管理权和执法权的分离，完善了政府生态环境管理体制，强化了政府生态环境责任意识。但应看到，在"五位一体"总体布局理念指导下，重构政府生态环境管理体制不应仅局限于理顺自然资源、生态环境的管理体制，还应包括如何建构组织，充分发挥生态文明的突出引领作用，实现在生态文明理念导向下其他四个文明的协调发展。深化政府生态管理体制，仅设置专门的生态环境和自然资源管理、保护部门是不够的，还需要设立更高层面的机构开展顶层设计并发挥协调推进作用，打破条块分割的桎梏，系统推进生态文明建设，充分发挥生态文明建设对其他四个文明建设的导向作用。从这个角度而言，在国家层面上建立专门的生态文明领导机构具有十分重要的意义。

四、以绿色发展系统推动生态文明全方位转变

生态文明新秩序的构筑，是以生产方式、消费模式、经济增长、制度建设、文化建设的全方位系统性转变为主要内容和工作任务的。

绿水青山就是金山银山。"两山"理论深刻揭示了今天经济建设与绿色发展的一体两面性。我们所倡导的经济建设是向着产业生态化、生态产业化方向发展的经济建设，

是经济、生态、社会价值最大化的经济建设，是经济增长与资源环境负荷脱钩的经济建设。十九大报告指出，"中国经济已由高速增长阶段转向高质量发展阶段，正处在转变发展方式、优化经济结构、转换增长动力的攻关期。"这一论断为理解如何转变发展方式，促使经济发展真正走上绿色发展道路指明了方向。

走绿色发展道路，"高质量发展"是目标，"优化经济结构、转换增长动力"是方式，推动战略型新兴产业发展，促进传统产业的绿色转型是落实举措。从当前经济转型的全局来看，传统产业的绿色转型面临系列瓶颈，仍是最为关键的薄弱环节。

传统产业区别于信息产业和其他新兴技术密集型产业，突出特征为要素密集、资源依赖、污染严重。传统行业发展所依靠的要素红利正在消失，其造成的"价值链锁定"等弊端则在逐步显现。我国虽然大力推进传统行业生态化、清洁化改造，但实际效果不能尽如人意。另外，产业结构调整也不能一蹴而就。在我国产业结构调整、转换增长动力的大背景下，虽然传统行业的支柱地位逐渐消失，但仍对经济发展有较大的贡献，剧烈的产业结构转变造成的经济增速断崖式回落将对社会稳定造成严重的影响。促进传统产业的绿色转型，需要细化产业分类，制定差异化政策，需要把握生态环境规制强度与配套措施力度，需要政策、管理、经济和技术领域共同发力，是一项系统性工作。

促进传统产业绿色转型，首先要把握产业内部异质性特征，实现产业细分，制定差异化政策。对低附加值的资源密集型、污染密集型产业应加强政策干预、限制发展、强制兼并重组。对高附加值的则着力推动清洁生产和全过程治理，重点培育龙头企业，形成"鲶鱼效应"，引领行业整体技术进步和企业效率提升；大力发展延伸产业链，提升价值链，提高资源利用效率，为传统产业转型走出新路。

促进传统产业绿色转型，其次是要准确把握行业生态环境规制与资源环境效率的关系，以促进行业着力提高效率、推进清洁生产。对生态环境规制强度边际效应递增的行业，要稳步强化生态环境规制强度，完善产业生态化激励机制；对生态环境规制强度边际效应递减的行业，要适度控制生态环境规制强度，灵活运用政策工具，充分发挥市场作用，在控制总量的基础上促进行业内部生态转型；如若对生态环境施加的规制强度过大，则会影响环境效率的行业，正确的做法是应在加强监管的基础上适度放松规制水平，避免政策导向偏离产业优化路径而出现资源环境聚集型的"薄利多销"式企业的生存空间，发生产业的逆淘汰。

促进传统产业绿色转型，也要着力打破政策、市场、技术、资金瓶颈。深化行政体制改革，破除地方保护主义，严控高污染低附加值产业转移，促进政府职能转变，充分发挥市场调剂作用；对传统产业聚集的城市群，要形成区域联动发展的格局，统一生态环境规制，共享技术力量，创新绿色金融产品，拓宽融资渠道；要制定并完善科技政策，加强知识产权保护，深化产学研结合，鼓励企业进行绿色自主创新。

五、发挥文化建设促进作用，形成绿色消费和生态文明建设的协同机制

文化是一个国家、一个民族的灵魂。谈到文明，不单指物质和技术，更重要的是精神和规范。文化建设对于生态文明建设具有十分重要的意义。我国现阶段生态教育水平相对滞后，大部分公众生态意识淡漠，这也构成了制约生态文明建设的瓶颈。主要体现

在三个方面：一是生态文明教育理念、方法和水平的相对滞后；二是落后社会文化引发的价值观、消费观异化，继而影响社会整体风气和市场结构，带来恶性循环；三是正确的政绩考核标准尚未树立。

发挥文化建设对生态文明建设的促进作用，首先应着力构建多层次、广覆盖的生态文明教育体系。当前我国以生态环保基础理念宣传为主，无差别面向全体公众的生态文明教育模式在唤醒公众生态环境意识方面发挥了积极的作用。在深入推进生态文明建设的过程中，公众需要承担更为关键的执行责任和监督责任，深化生态文明教育体系建设成为了一项刻不容缓的重要工作。深化生态文明教育体系，一是体现在教育覆盖面上，要构建"家庭-学校-社会"全方位的生态文明教育体系，通过生活全过程、多渠道，让更多的人在更长的时间里理解和接受生态文明的思想和做法；二是体现在面向不同对象的差异化教育上，除了针对普通公众和中小学生的普及式教育，应重点开设面向高学历人员、专业技术人员、政策制定者和政府工作人员的专门教育培训，培养他们的绿色发展理念，传授成熟先进的绿色科技知识，促使上述不同行业、不同岗位的人能够理解并在学习、研究和工作中自觉应用这些理念和知识，成为生态文明建设的中坚力量；三是建立健全生态文明教育保障体系，推进师资队伍建设，保障教育经费和教学资源投入。

发挥文化建设对生态文明建设的促进作用，其次要弘扬先进的绿色价值观，塑造尊重自然、崇尚节约、和谐发展的社会风尚。将绿色价值观纳入国家层面的核心价值观，树立以生态文明为核心的公民道德准则，培育生态职业素养、生态社会公德、生态个人品德，以法制力量和道德力量共同构成生态文明时代的社会规范。

以文化建设促进生态文明建设，推动建立正确的政绩观。一是健全绿色评价体系，建立与生态文明建设相适应的政绩考核和责任追究制度，二是提高管理者的生态伦理认知，三是促进管理者与公众生态利益一致化，四是强化公众监督。

生产和消费是人类的主要经济活动，也是产生很多生态环境问题的根本原因。过去几十年，产业界所取得的环境成就有目共睹，但是生态环境问题并没有得到根本的解决。研究表明消费数量的增加抵消了工业技术进步所带来的成果。生产是消费的基础，消费则是生产的动力。绿色消费有利于促进产业生态化，反之则会刺激无视资源消耗、环境污染的生产规模无序扩张，生产的扩张导致利润的增加，利润的增加又将进一步刺激企业引导社会文化风气，诱导价值观和消费观的变异，从而导致公众消费模式的进一步异化，走上"大量生产-大量消费"的老路，形成恶性循环。要打断这一恶性链条，最根本的着力点是在塑造绿色消费模式、构建生态文明导向的社会文化上。塑造绿色消费模式，最直接、最主要的战场仍然在社会文化建设上。

1992年发布的《21世纪议程》第4章"改变消费形态"中提出了最早的绿色消费理念，提倡"自然资源和有毒材料的使用量最少，使服务或产品的生命周期中所产生的废物和污染物最少"的服务及产品，以满足人类的基本需求，提高生活质量。产业生态学中的"强可持续消费"概念强调"通过调控消费者本身的生态环境意识，改变消费行为，从而激发一种可持续的供给和生产体系，减少社会经济系统的资源能源消耗，同时提升生活质量"。

消费在生产与消费两者的关系中始终处于主导地位，绿色消费的两种主要实现途径是减少消费量和改变消费方式。

促进绿色消费，要引导公众消费方式的改变。通过政策促进、经济导向、舆论引导影响公众消费倾向，鼓励公众购买高效率、低资源消耗、低污染产品；提供资源节约、环境友好生活方式指导，促进公众消费结构调整；发展丰富服务业，向消费市场提供更多低能耗、无污染产品。

促进绿色消费，要倡导节用尚俭的社会文化风气。扭转不适应生态文明要求的风俗习惯，反对铺张浪费、拒斥排场攀比、拒绝过度包装。强化宣教力度、拓宽宣教渠道，弘扬传统文化中崇尚节约、敬畏自然、尊重自然的主张，引领绿色消费风尚，塑造有利于推动绿色消费的道德和舆论环境。

促进绿色消费，应加强公众消费模式研究。通过对公众消费模式变化趋势、消费模式的影响因素、消费造成的生态环境影响评估等问题的研究不断完善绿色消费理论，制定有针对性的措施，引导公众改变消费方式，寻求既符合生态文明导向又能够提高公众生活质量的消费模式。

六、有序推进中国生态文明建设与联合国 2030 年可持续发展议程的衔接

可持续发展目标在中国的实现与我国的生态文明建设相辅相成，密不可分。为更好地实施可持续发展目标，助力生态文明，现对我国实施联合国 2030 年可持续发展议程提出以下几点建议。

（1）战略融合。进一步将可持续发展议程的 17 项目标及 169 项二级目标内容与国家中长期发展战略进行对接，并落到各省、各市的具体规划中，同时保证资金资源的投入，实现国家各级发展与国际可持续发展进程的有效接轨。

（2）部门协调。联合国 2030 年可持续发展议程的 17 项目标涵盖当前经济、社会、环境议题下各领域人类所面临的诸多问题与挑战。可持续发展目标的实现有赖多方部门协力共进，因此部门之间的良好合作协商将是目标实现的重要前提。建议成立专门的可持续发展目标领导小组进行统筹规划，协调部门行动，以促进可持续发展议程在中国的政策转化与落地实施。

（3）监测评估。对各级相关规划的实施情况进行周期性数据采集、监测，以更好地满足可持续发展目标全球监测网络对监测数据的要求，同时帮助政策制定者了解可持续发展议程在中国的实施进展，为后续工作计划的制定提供数据支撑。

（4）科学研究。继续深入开展可持续发展目标相关科学研究，促进资源得到更好的分配，推动达成可持续发展目标，探求有效实现可持续发展目标的可行发展路径。

（5）国际合作。联合国 2030 年可持续发展议程覆盖的是全世界、全人类。其在全球及区域、国家的成功实施离不开各国间的相互配合与合作。应加强我国与世界各国的伙伴关系，构建人类命运共同体，推动在全球范围内落实联合国 2030 年可持续发展议程。

（6）鼓励参与。我国对可持续发展的宣传、贯彻与施行力度有待加强。须进一步采取多渠道的宣传、教育方式，普及可持续发展目标相关理念，鼓励更多普通民众参与到可持续发展目标实施的行动中来。

参 考 文 献

阿瑟·摩尔. 2012. 中国的崛起与非洲的环境. 谢来辉, 译. 国外理论动态, (10): 72-81

薄海, 赵建军. 2018. 生态现代化: 我国生态文明建设的现实选择. 科学技术哲学研究, (1): 100-105

常纪文. 2017. 生态文明进入党的全国代表大会报告的十年. 中国环境管理, 9(6): 13-19

刘丰. 2018. 首个国家生态文明试验区已有 36 项改革成果 第二批 7 项将在福建全省推广. http: //m. people. cn/n4/2018/0413/c1142-10824618. html [2018/12/20]

吴舟, 陈蓝燕. 2018. 福建全省推广首个国家生态文明试验区 7 项改革成果. http: //fj. people. . com. cn/n2/2018/0413/c181466-31459498. html [2018/12/20]

张修玉, 植江瑜, 汪中洋, 等. 2018. 生态文明建设规划的方法与思路. 城乡规划, (2): 91-97

中国现代化战略研究课题组. 2007. 实施生态现代化 建设绿色新家园——《中国现代化报告 2007》内容综述. 环境经济, (3): 18-26.

周宏春. 2013. 生态文明建设的路线图与制度保障. 中国科学院院刊, (2): 157-162

周宏春. 2018a. 习近平生态文明思想的深刻内涵, 习近平生态文明思想研讨会. 天津: 天津大学

周宏春. 2018b-11-12. 中国生态文明建设发展进程. 天津日报, 第 9 版

诸大建. 2016. 世界进入了实质性推进可持续发展的进程. 世界环境, (1): 19-21

庄国泰. 2013. 关于《国家生态文明建设试点示范区指标》的解读. 中国生态文明, (1): 33-34

Huber J. 2008. Pioneer countries and the global diffusion of environmental innovations: Theses from the viewpoint of ecological modernization theory. Global Environmental Change, (1): 361